U0211218

研究资助：

浙江省发展和改革委员会立项课题：浙江省资源环境承载能力监测预警报告

杭州市发展和改革委员会立项课题：国家生态文明先行示范区建设——杭州市资源环境承载能力监测预警机制研究

浙江省发展规划研究院立项课题：杭州湾经济区战略谋划与行动

区域资源环境承载能力监测预警研究与实践

主　编　吴红梅

ZHEJIANG UNIVERSITY PRESS
浙江大学出版社

《区域资源环境承载能力监测预警研究与实践》
编委会

前　言

　　建立资源环境承载能力监测预警机制,对水土资源、环境容量和海洋资源超载区域实行限制性措施,是中央全面深化改革的一项重大任务。《中共中央关于全面深化改革若干重大问题的决定》《加快推进生态文明建设的意见》《生态文明体制改革总体方案》《关于建立资源环境承载能力监测预警长效机制的若干意见》等重要文件中明确提出要在全国层面开展这项工作。2016 年,按照党中央、国务院的部署要求,国家发展改革委会同有关部委和科研单位联合印发了《资源环境承载能力监测预警技术方法(试行)》(以下简称《技术方法(试行)》),为全国各地开展资源环境承载能力监测预警工作提供了比较权威的方法体系。

　　从 2014 年开始,浙江省发展规划研究院课题组开展了一系列有关资源环境承载能力监测预警的课题研究工作,以浙江省为研究对象,从省域、市域、区域等多个维度,评价资源环境承载能力状况,分析超载问题,研究方法参数和指标体系,探索监测预警机制建设。其中,2014—2016 年,课题组受杭州市发展和改革委员会委托,围绕杭州市域开展资源环境承载能力监测预警机制研究,针对土地资源、水资源、生态、环境、风景名胜区五大领域,评价全市各县区资源环境承载能力,创新监测预警机制。2016—2018 年,课题组受浙江省发展和改革委员会委托,联合省内相关技术单位,开展全省资源环境承载能力监测预警试评价,分析 14 个领域资源环境承载能力、划分预警等级、研究限制性政策,从省级部门管理层面研究了资源环境承载能力监测预警长效机制,并谋划搭建"浙江省资源环境承载能力监测预警平台",具体落实浙江省资源环境承载能力监测预警长效机制。2017—2018 年,课题组围绕浙江省杭州湾经济区建设,开展了基于资源环境承载能力的产业负面清单研究,并将相应研究成果应用于浙江省大湾区建设产业布局、浙江省空间规划试点等工作,得到了省领导的批示肯定,为各级政府和专业部门的决策提供资源环境承载能力方面的系统、科学参考。相关研究成果获 2018 年度全国优秀工程咨询成果类一等奖及国家发展和改革委员会优秀研究成果奖二等奖。本书汇集了课题组近年来开展资源环境承载能力监测预警研究工作的系列成果,共设 7 章。

第 1 章是总论。主要阐述资源环境承载能力监测预警的定义，国家相关政策和要求，以及课题组在浙江的探索与实践。

第 2 章是资源环境承载能力监测预警技术方法研究。主要阐述国内外有关资源环境承载能力评价方法的相关研究成果，介绍了《技术方法（试行）》，分析该方法对浙江省的适用性，并进行了技术方法创新探索研究。

第 3 章是省域资源环境承载能力评价研究。主要按照《技术方法（试行）》及第 2 章提出的调整方法，对浙江省各县（市、区）开展资源环境承载能力评价，划分预警等级，开展超载成因分析，包括对典型性超载问题开展定性和定量分析。

第 4 章是基于资源环境承载能力的区域产业负面清单研究。主要以浙江省杭州湾经济区为例，分析区域内各县市区的资源环境承载能力情况，研究资源消耗和环境影响较大的主要产业类型，并根据各地承载力情况，建立有差异的产业负面清单及管控措施。

第 5 章是省域资源环境承载能力监测预警长效机制建设研究。主要探索在省域层面建立资源环境承载能力监测预警机制的方向和思路，包括建立资源环境监测、定期评价、结论统筹应用、政府和社会协同监督、可操作的管控制度等长效机制，为浙江省出台建立资源环境承载能力监测预警长效机制的实施意见提供研究支撑。

第 6 章是风景名胜区资源环境承载能力研究。以杭州西湖风景名胜区为研究对象，建立西湖资源环境承载力指标体系，识别主要承载压力特征和变化趋势，分析游客时空分布不均衡对景区承载力的影响，并针对资源环境超载问题，从短期应急管理对策和长效缓解机制两个方面提出对策建议。

第 7 章是资源环境承载能力监测预警平台建设思路研究。主要研究探索省级资源环境承载能力监测预警技术支撑平台建设的思路框架，为科学评价国土空间的资源环境承载能力状况提供技术支撑。

我们希望本书提出的研究思路、方法和观点，能为相关研究人员和管理人员提供一些参考和启发。随着国家空间管理体系建设、资源环境承载能力评价方法和监测预警机制建设不断进步完善，以及我们的认知水平不断提高，书中的一些观点可能存在一定的局限性，如有不当之处，请广大读者包涵、指正。

本书编写组
2022 年 5 月

目 录

第1章 总　论

随着我国人口数量的急剧增加和经济规模的高速发展,人地矛盾日趋尖锐并带来一系列负面影响,严重制约了区域经济和社会发展,"自然－经济－社会"复合系统的可持续发展日益受到广泛重视。可持续发展应该建立在生态持续承载的基础上,人类活动必须限制在生态系统的弹性范围之内。建立资源环境承载能力监测预警机制,对水土资源、环境容量和海洋资源超载区域实行限制性措施,是中央全面深化改革的一项重大任务,也是实现国家可持续发展的重要基础工作。本章主要阐述资源环境承载能力监测预警的定义,国家相关政策和要求,以及课题组在浙江的探索与实践。

1.1 资源环境承载能力监测预警概念

自然资源环境是人类社会的承载体,以人为本的经济、社会的发展,包括生产消费的所有环节,是资源环境所要承载的对象,资源环境的数量、质量和空间分布,是承载力的决定性因素[1]。资源环境承载能力是一个涵盖资源和环境要素的综合承载力概念,按照国家《资源环境承载能力监测预警技术方法(试行)》(以下简称《技术方法(试行)》)的定义,资源环境承载能力是指在自然生态环境不受危害并维系良好生态系统前提下,一定地域空间可以承载的最大资源开发强度与环境污染物排放量,以及可以提供的生态系统服务能力。资源环境承载能力评估的基础是资源最大可开发阈值、自然环境的环境容量和生态系统的生态服务功能量的确定。

资源环境承载能力监测预警,是指通过对资源环境超载状况的监测和评价,对区域可持续发展状况进行诊断和预判,为制定差异化、可操作的限制性措施奠定基础。资源环境承载能力监测预警,是对自然基础条件变化过程的认知和掌握,是区域可持续发展研究的重要载体和平台,应当成为未来评估主体功能区规划、战略和制度实施成效的重要标准,也是今后主体功能区划方案调整的重要依据[2]。

1.2 国家相关政策和要求

2013 年,党的十八届三中全会通过了《中共中央关于全面深化改革若干重大问题的决定》,首次明确提出"建立资源环境承载能力监测预警机制,对水土资源、环境容量和海洋资源超载区域实行限制性措施"。建立资源环境承载能力监测预警机制,是全面深化改革的一项创新性工作,对提升政府社会治理能力、转变经济发展方式、优化国土空间开发格局、推进可持续发展具有重大意义[3,4]。为落实全面深化改革任务,国家部署由中国科学院牵头开展"资源环境承载能力监测预警指标体系和技术方法"研究。

2013 年,国家发展改革委、财政部、国土部、水利部、农业部、国家林业局等六部委联合印发了《国家生态文明先行示范区建设方案(试行)》,决定在全国范围内开展国家生态文明先行示范区建设试点工作。同年,公布了首批国家生态文明先行示范区,并把"探索建立资源环境承载能力监测预警机制"作为示范区在体制机制创新方面的一项重要任务。

2016 年,国家印发《国民经济和社会发展第十三个五年规划纲要》,提出要"塑造要素有序自由流动、主体功能约束有效、基本公共服务均等、资源环境可承载的区域协调发展新格局",并"根据资源环境承载力调节城市规模,实行绿色规划、设计、施工标准"。

同年 9 月,国家发展改革委会同工业和信息化部、财政部、国土资源部、环境保护部、住房城乡建设部、水利部、农业部、统计局、林业局、海洋局、测绘地信局等部门和中科院等科研单位,制定了《技术方法(试行)》,要求各省区市组织开展以县级行政区为单元的资源环境承载能力试评价工作,科学评价、精准识别承载能力状况,分析超载成因,开展限制性政策预研,为建立经济社会和资源环境科学管理长效机制奠定基础。

2017 年 5 月,为了更深入贯彻落实党中央、国务院关于深化生态文明体制改革的战略部署,推动实现资源环境承载能力监测预警规范化、常态化、制度化,引导和约束各地严格按照资源环境承载能力谋划经济社会发展,中央全面深化改革领导小组第三十五次会议,再次强调了要建立资源环境承载能力监测预警长效机制,坚定不移实施主体功能区制度,坚持定期评估和实时监测相结合、设施建设和制度建设相结合、从严管制和有效激励相结合、政府监管和社会监督相结合,开展承载能力评价,规范空间开发秩序,合理控制开发强度,促进人口、经济、资源环境的空间均衡。同年 7 月,中共中央办公厅、国务院办公厅联合印发了《关于建立资源环境承载能力监测预警长效机制的若干意见》(厅字〔2017〕25号)(以下简称《意见》)。根据《意见》,将按资源环境承载能力等级和预警等级对区域进行综合管控,对红色预警区、绿色无警区及资源环境承载能力预警等级降低或者提高的地区,分别实行对应的综合奖惩措施。与此同时,《意见》还对下一步建设监测预警数据库和信息技术平台,建立一体化监测预警评价机制、监测预警评价结论统筹应用机制、政府与社会协同监督机制等方面做了具体要求。同年 10 月,中共中央、国务院印发《关于完善主体功能区战略和制度的若干意见》(中发〔2017〕27 号),要求按照不同主体功能,开展资源环境承载能力和国土空间开发适宜性评价,采取上下结合的方式,精准落实主体功能区战略格局。特别是在划定城镇开发边界和城镇空间时,需要按照资源环境承载状况。同时,要严格执行相应资源环境承载临界区域和超载区域的管控措施,对地方政府重点考核资源环境承载能力状况等方面的指标。这对资源环境承载能力监测预警工作提出了更高的要求。

1.3　浙江探索与实践

浙江省作为"绿水青山就是金山银山"理念的发源地和先行实践地区,理应在生态文明建设和体制机制创新方面走在全国前列。开展资源环境承载能力监测预警工作,既是落实中央重大改革任务的必然要求,也是建设"两美"浙江的迫切需求,对于建立绿色可持续的空间开发和保护格局具有重要意义。

(1)有助于摸清浙江省资源环境家底。通过开展定期评价、建设监测预警机制和平台,帮助各级政府及时掌握本地资源环境承载能力状况,为科学制定区域经济社会发展战略和重大决策提供有力支撑。

(2)有助于落实主体功能区战略。通过对全省陆域和海域功能区资源环境进行系统监控和分类管理,实现监测预警动态化、常态化,能有效检测主体功能区规划、战略和制度实施成效,为制定经济社会发展和国土空间规划,主体功能区建设政策制度提供可靠依据。

(3)有助于提升政府治理能力。建立资源环境承载能力监测预警机制,是全面落实生态文明绩效评价体系、开展领导干部自然资源离任审计和完善环境损害责任追究制度的重要基础,也是建立自上而下的具有约束性、限制性的治理体系,实现政府社会治理能力现代化的有效途径。

2014 年，浙江省杭州市成功入选国家生态文明先行示范区建设第一批名单[《关于开展生态文明先行示范区建设（第一批）的通知》（发改环资〔2014〕1667号）]。按照国家要求，"探索建立资源环境承载能力监测预警机制"是杭州创建国家生态文明先行示范区在体制机制创新方面的重要任务。2015 年，课题组承担"杭州市资源环境承载能力监测预警机制研究"课题，在研究土地、水、生态、环境等资源环境要素的基础上，将西湖景区的承载力作为杭州市特色专题进行了研究，研究是对浙江省资源环境承载能力监测预警工作的有益探索。

2017 年，浙江省按照国家十三部委文件的要求，正式启动资源环境承载能力监测预警试评价工作，并建立了工作推进组和技术保障组，统分结合，分步推进，共同开展工作。工作推进组由省发展改革委牵头会同省经信委、财政厅、国土资源厅、环保厅、建设厅、水利厅、农业厅、统计局、林业局、海洋渔业局、测绘与地理信息局、地震局、气象局等部门组成。技术保障组由省发展规划研究院牵头，会同相关领域科研机构联合成立综合技术组，总体把握工作要求、进度、成果体现等，在专题评价的基础上进行综合集成，形成最终评价结果，对《技术方法（试行）》进行整体校验，并开展超载预警分析和限制性政策研究，形成相关综合成果报告。该项工作在推进过程中，得到了省委省政府主要领导的高度重视，时任省委书记车俊、省长袁家军、常务副省长冯飞先后对工作给予批示。

2018 年，课题组承担了"浙江省资源环境承载能力监测预警长效机制研究"，课题主要研究成果被省委省政府采纳，浙江省委办公厅和省政府办公厅联合印发《关于建立资源环境承载能力监测预警长效机制的实施意见》，成为浙江省开展该项工作的重要依据。按照课题提出的监测机制、评价机制，建立了"浙江省资源环境承载能力监测预警平台"，并上线调试，有力支撑了"数字浙江"建设，并启动每年的定期监测工作，具体落实浙江省资源环境承载能力长效机制。同年，浙江省启动大湾区建设行动，课题组应用资源环境承载能力评价成果，开展"基于资源环境承载能力的杭州湾经济区产业负面清单研究"，为浙江省大湾区建设产业布局提供参考。此外，课题组的相关研究成果还被应用于《浙江省空间规划》，成为城乡空间布局的重要的定量支撑。

参考文献

[1] 张彦英,樊笑英.生态文明建设与资源环境承载力.中国国土资源经济,2011
    (1):9-11.

[2] 樊杰,王亚飞,汤青,等.全国资源环境承载能力监测预警(2014 版)学术思路与总体技术流程.地理科学,2015(1):1-10.

[3] 姚士谋,张平宇,余成,等.中国新型城镇化理论与实践问题.地理科学,2014,34(6):641-647.

[4] 王传胜,朱珊珊,樊杰,等.主体功能区规划监管与评估的指标及其数据需求.地理科学进展,2012,31(12):1678-1684.

第 2 章　资源环境承载能力监测预警技术方法研究

本章围绕资源环境承载能力监测预警技术方法，梳理国内外相关文献资料，系统分析《技术方法（试行）》中各个领域的评价方法对浙江省的适用性。结合浙江省实际，基于结论合理性、技术可达性、体现差异性、去除冗余性 4 个原则，提出优化调整的思路和建议，对《技术方法（试行）》进行了创新探索研究。同时，分析浙江省资源环境承载能力监测预警的关键因素，并提出若干特色指标，作为监测预警指标体系的补充。

2.1　国内外研究方法综述

2.1.1　预警机制研究

预警机制理论最早运用于军事当中，是指通过卫星、雷达等监测手段，提前预知敌方的行军路线和方向，并将信息及紧迫程度传递到指挥中心，从而能够提前采取预防措施。随着经济社会的不断进步，各类研究领域的不断发展，预警机制逐步被深入运用到社会、经济、资源、环境保护等多个方面。

1888 年，法国经济学家阿尔弗雷德·福里利（Alfred Fourile）率先引入预警的思想，以黑、灰、淡红和大红等颜色，对法国经济进行了测定。但世界公认的最早的经济预警标志，是 1909 年巴布森统计公司（由美国经济统计学家巴布森创办）提出的巴布森经济活动指数。但这一时期的预警机制并不完善，即使是当时影响最深远的"经济晴雨表"和"哈佛指数"等景气监测指数，也仅仅是对预警机制的基本运用。

20 世纪 40 年代以后，更多监测方法为预警机制研究带来了新的活力，新的监测技术和预警系统走向了实际运用当中。日本于 1968 年发布"日本景气预警指数"，1970 年德国也编制了德国景气指数。同期美国开始将其调查方法引入监测预警系统，并建立了"国际经济指标系统（IEI）"，用于监测西方主要工业国家的经济景气变化。此外，在这一时期，在预警机制理论和实践更为深入的同时,预警研究的广度也在增加。一方面,预警机制的研究与应用从发达国家向发展中国家扩散;另一方面,预警机制的应用从经济景气预警向其他领域拓展,如金融预警、企业营销预警、资源环境预警、项目预警等。

2.1.2　土地资源安全预警研究

20 世纪 90 年代,随着宏观经济预警研究的不断深入,土地资源安全预警机制的研究也开启了新的篇章。从研究领域来看,土地资源安全预警机制的研究主要包括土地生态安全预警与土地价格安全预警两个领域。本研究主要涉及土地生态安全预警。

土地生态安全预警机制的研究起步于 20 世纪 90 年代后期,首先开展的主要是耕地生态安全预警研究。曲福田等在耕地生态系统动态监测研究的基础[1]之上,提出了耕地生态经济预警的方法,认为应从人地关系密度、耕地利用投入水平、生态环境背景和投资潜力这 4 个方面来建立预警指标体系,并根据预警机制的不同,提出黑色预警、黄色预警、红色预警和白色预警 4 种方法[2]。彭补拙等以温州市为例,对耕地预警系统进行了分类并详细分析了城市边缘区耕地预警系统建立的方法与结果[3]。龚红波等从耕地动态平衡的角度设计了预警系统,并引入了"标准亩""标准生产力水平""预加工粮兑换比"等警示指标[4]。2009 年,由中国农业科学院农业资源与农业区划研究所完成的"中国区域性耕地资源变化影响评价与粮食安全预警研究",探讨了耕地变化的监测机制和方法、预警系统的设计和相关政策建议[5]。随着科技信息的进步,地理信息系统(GIS)等地理信息技术手段也被运用于耕地预警中。近年来,多数土地预警机制的研究都是基于 GIS 的预警方法研究,如《基于 WebGIS 的耕地质量预警系统》《基于 GIS 的耕地供需平衡预警模型与系统实现》《基于 3S-ANN 技术的县域农地石漠化预警分析——以广西壮族自治区都安瑶族自治县为例》等研究,均采用了最新的技术手段建立耕地预警系统。

近年来,面对可持续发展的重大要求,土地生态保护和可持续利用预警系统成为土地生态安全预警机制研究的核心。陶青山等描述了土地可持续利用预警的原理,并选取生产力、稳定性、保护性、经济可行性、社会等方面的指标构建了土地可持续利用预警系统[6]。毛子龙应用遥感(RS)、GIS、环境信息系统(EIS)等技术分析了吉林省通榆县土地生态安全程度,并建立了预警指标体系[7]。吴冠岑等选取土地生态安全自然因素、经济因素、社会因素 3 个方面 27 个指标,建立了土地生态安全预警评价体系,并以 BP(baek propagation,误差反馈)神经网络为基础建立警情预测模型[8]。徐美选取社会经济、产业结构等方面的 13 个指标对湖南省土地生态安全影响机制进行了分析，并在现状警情的基础上，运用径向基函数神经网络（RBF）模型对 2011—2020 年土地生态安全演变趋势进行预测并提出了有效的调控手段[9]。谭敏选取土地冲突最为激烈的大都市边缘区为研究对象，从资源、空间、生态、社会等方面选择预警指标，设定预警指标精度的测定方法，并构建了相应的预警指标体系，提出了预警调控手段[10]。

2.1.3　水资源承载力研究

水资源承载力是在特定条件下，对某一地区社会经济发展所能提供的最大支撑能力[11]。水资源承载力研究涉及水文学与水资源、人口学、经济学、生态学、环境学等多个学科，是可持续发展理论在水资源管理领域的具体体现和应用。国家"九五"科技攻关"西北地区水资源合理配置与承载能力研究"中，将水资源承载力定义为：在某一具体历史发展阶段下，以可预见的技术、经济和社会发展水平为依据，以可持续发展为原则，以维护生态与环境良性循环发展为条件，经过合理的优化配置，水资源对该区经济社会发展的最大支撑能力[12]。

水资源承载力的研究大致可分为 4 个阶段：1985—1991 年为概念及内涵的形成阶段；1992—1999 年为理论探索阶段；2000—2005 年为方法模型的发展阶段；2005 年至今为技术和应用的拓展阶段[13]。对于水资源承载力的研究必须综合考虑水资源系统、社会系统、经济系统及生态系统的协调发展，同时要充分考虑水资源承载力评价指标的多层性、综合性、不确定性与模糊性[14]。

水资源承载力研究方法主要有常规趋势法、多因素综合评价法、主成分分析法、多目标规划方法、系统动力学法等。国内外学者也建立了一些用于评价区域水资源承载力的指标体系，主要包括水资源自然条件、利用效率、工程设施等方面。其中，许有鹏以新疆和田河流域为例，提出了我国西北干旱区水资源承载能力综合评价的方法，并结合模糊综合评判方法，建立了分析评价模型[15]；万坤扬等运用层次分析法，从水资源工程安全、经济安全、生活安全、环境安全、可持续发展安全等 5 个方面构建了包含 16 个评价指标的城市水资源安全的评价指标框架体系[16]；王春杰等以辽河干流为例，利用主成分分析法定量分析影响水资源承载力变化的最主要的驱动因素，将辽河干流水资源承载力的影响因素归纳为水资源开发利用因素、人口因素和社会经济因素 3 类[17]；薛小杰等应用系统科学的原理和方法，建立了水资源承载力多目标核心模型，归纳了主要约束条件，提出了多目标模型求解思路和方法，并应用提出的模型和算法，对西安市水资源承载力进行了实例研究[18]；Slesser 运用系统运动学(SD)方法提出了承载力估算的综合资源计量技术模型(Enhancement of Carrying Capacity Options)，模拟人口数量与承载力之间的动态变化[19]；牛志强等也利用 SD 方法建立了区域水资源承载力模型，结合河南省区域经济发展状况设计了 3 种水资源利用方案并进行分析和计算，得出规划水平年的承载能力和用水状况[20]。Sawunyama 等利用遥感与 GIS 技术对非洲东南部流域小水库的调蓄能力进行承载能力评估[21]。Harris 将水资源可利用量作为影响农作物产量的一个因素，研究了基于逻辑增长方程的农业承载力的上限[22]。

2.1.4 环境监测预警研究

区域环境监测预警以区域持续发展为目标，以环境质量评价为核心，建立在区域全局监测、观测和统计分析的基础上，对区域社会经济发展的生态环境后果与生态环境质量的变化进行评价、预测和警报。它能从时间和空间尺度对区域环境变化做出预测，对超负荷的区域和重大生态环境问题做出预警，以便采取必要的措施，调整社会经济政策，改善生态环境结构。

环境监测预警体系的建设与应用可以使管理者及时掌握环境污染动态，了解环境污染的发展趋势，发布具有针对性的应急措施，提高环境管理工作效率，有效预防和及时控制突发性环境污染事件的发生。环境监测预警体系一般包括：现状监测与评价、趋势预测分析、应急预警 3 部分。要按照"预防、预警与应急并重"和"平时重防范，险时抓应急"的原则[23]，把环境监测预警纳入常态化工作。环境预警监测一般需要具备的能力：动态持续监测、全面诊断、准确判断、即时反馈、远程保真传输。

在环境监测预警体系中，必须选择合适的指标进行趋势预期和预警判断。指标的评价标准可根据以下原则来确定：①国际、国家标准；②国家或研究地区的发展规划和环境保护规划；③国际或社会公认的标准；④参考专家、学者的研究成果；⑤历史数据，如正向预警指标的标准值取研究年限中的最大值，逆向预警指标的标准值取研究年限中的最小值[24]。资源环境承载状态评价以单项指标的"短板效应"为主，指标组合状态识别为辅，利用资源环境约束上限或人口经济合理规模等关键阈值开展资源环境承载能力超载状态评价[25]。预警判断的定量方法主要有统计方法和数学模型方法[26]。统计方法中最常见的是"决策树"，在各个决策对象或决策因素之间按照因果关系、复杂程度和从属关系分为若干等级，各等级之间用线条连接，构成"决策树"，进而划分出预警区间；而数学模型方法在环境方面较为常用的是人工神经网络(ANN)模型和 SD 模型。

2.1.5 生态承载力监测预警研究

最初的生态承载力,多基于生态系统对承载对象的容纳能力。从种群生态学视角,在食物供应、栖息地等因子共同影响下,生态系统中任何种群的数量均存在一个阈值,超过此阈值,生态系统将失去平衡以致遭到破坏。复合生态系统理论认为,生态承载力是"在生态系统结构和功能不受破坏的前提下,生态系统对外界干扰特别是人类活动的承受能力"。但是,在一定社会经济条件下,生态系统维持其服务功能和自身健康的潜在能力并非固定不变,而是与社会经济发展水平直接相关。而且,生态承载力还具有明确的空间尺度性。总体上,生态承载力内涵从生态系统中的单一要素转向整个生态系统,更多地关注生态系统的完整性、稳定性和协调性。目前,生态承载力内涵至少包括 3 个方面:①对象是包括人在内的复合生态系统;②自然系统的自我调节能力和人类社会活动对系统的正负能动反馈;③具有显著时空尺度依赖性。因此,生态承载力反映了人类活动与生态安全之间的平衡关系,是辨识人地关系的科学工具。

生态承载力评价主要从压力和支持力两个角度展开,主要方法有净初级生产力估测法、生态足迹法、供需平衡法、综合指标评价法等。总体上,随着研究对象由简单到复杂,由物质性资源到功能性资源,由外在现象到内部机制,方法也从定性描述发展到定量分析和机制探讨的综合。

通过研究,人们认识到生态承载力既是对生态系统自身水平的表征,也是判断社会经济与生态系统协调与否的重要依据[27],是度量区域可持续发展的核心工具之一。但其也存在尚未构建起通用的标准方法体系、指标阈值生态学意义不够清晰、对区域经济可持续发展解释力不强等不足。

2.1.6 海洋资源环境承载能力监测预警研究

海洋资源环境承载能力是指一定时期和一定区域范围内,在维持区域海洋资源结构符合可持续发展需要且海洋生态环境功能仍具有维持其稳态效应能力的条件下,区域海洋资源环境系统所能承载的人类各种社会经济活动的能力[28]。近年来,随着海洋生态文明建设的不断深入,开展海洋资源环境承载能力监测预警研究的重要性日益凸显。当前,众多研究者围绕海洋资源环境承载能力的评价方法与指标体系、现状评估应用、业务体系构建、管理制度等方向开展了相关研究,为进一步完善海洋资源环境承载能力监测预警工作提供了有力支撑。

围绕制定评价方法与指标体系,研究人员开展了多对象、多技术、多层次的研究应用。张振冬等针对珊瑚礁生态系统,构建了珊瑚礁生态承载状况监测预警评价指标体系,划定了评价等级和评价标准,并以西沙珊瑚礁生态监控区为研究案例,对我国西沙珊瑚礁生态系统的生态承载状况和变化趋势进行了研究评估,并给出了提高其生态承载能力的对策建议[29]。魏虎进等以大亚湾滩涂区域为例,梳理了大亚湾生态系统服务功能,在此基础上构建了包括 4 大类 14 个小类的指标体系,对大亚湾滩涂区域的资源环境承载能力进行了评估[30]。孙倩等基于主客观综合赋权法,建立了海洋资源环境承载能力综合评价方法,并以长江经济带邻近海域 43 个县级评价单元为例,对海洋资源环境承载能力综合评价方法进行了实证分析[31]。这些研究为制定海洋资源环境承载能力评价方法与指标体系提供了重要的参考与借鉴。

当前评价方法与指标体系基于海洋功能区划和环境质量标准,以及指标多年变化情况,确定超载阈值。它是原有管理思路和前期区划及标准成果的综合集成,为海洋资源环境管理提供了重要支撑[32]。研究人员在京津冀海域、浙江省、三沙湾等多地开展了评价研究,验证了当前方法的科学性和可行性。与此同时,一些研究人员也发现当前评价方法与指标体系尚有不足,主要包括评价对象存在明显的规模差异,区域性、流动性特点会对结论产生较大误差,部分领域资源环境受损的原因界定较困难,海域和海岛开发效益量化较困难等问题[33,34]。从结论合理性、体现差异性、技术可达性、强化特征性等角度考虑,可以在基础和专项评价指标优选、海洋渔业和环境领域评价单元重组划分、过程评价突出客观程度变化、超载等级划分细化、参数和阈值设计兼顾地区差异性等 5 个方面进一步优化完善,逐步构建多参数、多目标评价体系,加强区域特征性评价,从而更加科学、客观、准确地评价海洋资源环境承载能力,并进一步促进我国海洋资源环境管理从要素管理到人海关系科学治理、从现状管理到过程管理和风险管理的重要转变[35]。

此外,为推动落实海洋资源环境承载能力监测预警长效机制,研究人员针对业务体系开展了相关研究。索安宁等从业务组织体系、监测方案综合协调机制、数据库和软件模块 4 个方面,国家与地方 2 个层次,构建了海洋资源环境承载能力监测预警业务体系,为推动海洋资源环境承载能力监测预警工作广泛开展提供了重要参考[36]。

综上所述,海洋资源环境承载能力是评估测度区域经济社会可持续发展水平的重要指标,也是调控优化"生态、生产、生活"空间布局,促进发展方式转变和产业结构升级等的重要依据。下一步应立足未来国家海洋资源环境管理需求,结合具体实践经验,继续加强海洋资源环境承载能力监测预警研究,从而更好地支撑我国海洋资源环境管理与经济社会发展高水平协同共进。

2.2　国家技术方法对浙江省的适用性研究

《技术方法(试行)》比较全面地反映区域资源环境承载能力状况,但由于全国各地自然地理和经济社会发展水平差异较大,该方法在部分指标、计算方法和参数设置上对浙江省和其他同类地区存在一定的不适用问题。

针对这些问题,研究按照以下 4 个原则对评价方法提出修改建议:①结论合理性。各专题和集成评价结果能够合理反映评价单元的实际情况,充分考虑评价单元的现实基础,理清总量和增量的关系,并且可以追溯到评价单元自身的问题和原因。②技术可达性。评价方法采用的监测数据应具备定期监测和实时监测的条件、受人工干扰和采样误差相对较小等特质,便于监测预警长效机制的建设。③体现差异性。评价方法应突出当前资源环境超载的重点问题和重点区域,尽可能体现各评价单元在承载能力上的差异性,便于分类奖惩和政策引导。④去除冗余性。14 个领域评价方法应尽可能避免方向的重复和指标的冗余,去除相关性较大的指标,保留能够反映评价单元特征的指标。

2.2.1　陆域评价方法适用性及调整思路研究

《技术方法(试行)》包括了陆域和海域 14 个单项评价,其中陆域评价包括土地资源、水资源、环境、生态 4 个基础领域,以及城市化地区、农产品主产区、重点生态功能区 3 个基于主体功能区划的专项领域。

2.2.1.1　土地资源评价

按照《技术方法(试行)》,土地资源评价采用土地资源压力指数作为评价指标。该指标由现状建设开发程度与适宜建设开发程度的偏移程度来反映。其中,现状建设开发程度评价,分析现状建设用地与最适宜、基本适宜建设开发土地之间的空间关系,并计算区域现状建设开发程度;建设开发适宜性评价,运用专家打分等方法,对区域建设开发适宜性的构成要素进行赋值,根据影响程度对要素进行评价分级,采用限制系数法计算土地建设开发适宜性,将其划分为最适宜、基本适宜、不适宜和特别不适宜 4 种类型。考虑到国家技术方法针对的是全国范围内的普遍性,为使评价成果更加接近浙江实情,更有效地应用到土地资源管理工作,研究提出以下 4 点建议思路。

(1)建立土地资源分类评价体系。土地资源评价主要表征土地资源条件对人口集聚、工业化和城镇化发展的支撑能力。土地资源压力指数作为评价指标,其大小与选取的区域内适宜建设开发的限制因子息息相关。浙江省域内海陆兼备,拥有山地、丘陵、台(岗)地、盆谷、平原等形态类型,其组合分布区域差异显著,适宜建设开发的限制因子及其限制程度差异显著。在用《技术方法(试行)》评价建设开发适宜程度时,选取强限制因子 4 个,分别为永久基本农田、生态保护红线、采空塌陷区、行洪通道,这些因子限制的仅为少量的区域面积;选取较强限制因子 4 个,分别为一般农用地、坡度、突发地质灾害、蓄滞洪区,这些因子在生态源头山地区、低山丘陵区、沿海地区、水网与河口平原区等 4 类区域的限制程度不尽相同。因此,将全省土地资源分为生态源头山地区、低山丘陵区、沿海地区、水网与河口平原区等 4 类区域,根据土地资源利用、适宜承载的程度,分别建立适宜这 4 类区域的评价体系。

(2)针对耕地资源紧缺情况,增加耕地资源评价。自 1996 年以来,浙江省耕地资源的人口承载能力呈下降趋势。耕地单位面积产量虽有上升,但是耕地总量,尤其是播种耕地面积呈下降趋势,而人口总量呈上升趋势,人口数量一直超过耕地承载力水平,成为土地资源问题的主要特征之一。同时,浙江省耕地后备资源潜力小,耕地开发利用程度高。省域内耕地后备资源分布不平衡,主要分布在台州市、宁波市,且主要以荒滩未利用地开发、农村建设用地整治为主。补充耕地难度大,耕地占补平衡难度较大。因此,为适应新形势新要求,对土地资源压力指数小,但是区域内耕地后备资源少的评价单元,更需要处理好经济发展与耕地保护的关系。

(3)增加现状建设用地布局匹配度分析。截至 2015 年,浙江省建设用地总面积为 128 万公顷,主要分布于各市、县级中心城区,且布局较为集中,其他区域的建设用地由于受到自然地形及交通便利程度等影响,分布较为零星分散。但有一定规模的建设用地,因涉及坡度、生态等因素限制,位于不适宜与特别不适宜土地建设开发区内,主要用地类型为水库水面、村庄、采矿用地、交通用地、风景名胜及设施用地。根据国家关于加强耕地保护和改进占补平衡的相关要求,从严控制建设占用耕地,特别是优质耕地,实行新增建设用地计划安排与土地集约利用水平、补充耕地能力挂钩,对建设用地存量规模较大、利用粗放、补充耕地能力不足的区域,适当调减新增建设用地计划。因此,通过现状建设用地布局匹配度分析,对现状不匹配建设用地空间、规模、成因、类型等进行全面分析,促进全省建设用地布局优化,以更好地保障生态安全,同时通过村庄与矿山复垦补充耕地,缓解全省的耕地占补平衡压力。

(4)增加节约集约利用水平、人口规模等因素分析。浙江全省的土地资源节约集约利用水平位于全国前列,2015年人均建设用地面积为232平方米/人(不包括水库水面约为210平方米/人),但是省域内的节约集约利用水平差异明显。部分县域空间内虽然现状建设开发程度较低,适宜建设开发的土地资源较丰富,但其现状节约集约利用水平远远低于全省平均水平,人口集聚力低。因此,建议增加节约集约利用水平、人口规模等因素分析,促使评价成果更有效地应用到土地资源管理工作中。

2.2.1.2 水资源评价

按照《技术方法(试行)》,水资源评价主要表征水资源可支撑经济社会发展的最大负荷。采用满足水功能区水质达标要求的水资源开发利用量(包括用水总量和地下水供水量)作为评价指标,对比用水总量、地下水供水量和水质与实行最严格水资源管理制度确立的控制指标,同时考虑地下水超采情况。根据用水总量和地下水供水量,结合水质达标情况,将评价结果划分为水资源超载、临界超载和不超载3种类型,该方法基本能够反映浙江省各地水资源量水平。

2016年,水利部印发《全国水资源承载能力监测预警技术大纲(修订稿)》,指出水资源承载能力主要包括水量、水质两个指标。水量指标是指在保障合理生态用水的前提下,允许经济社会取用的最大水量;水质指标是指在满足水域试用功能水质要求的前提下,允许进入河湖水域的最大污染物负荷量。初期先考虑水量指标,未来将水质指标(水功能区达标率、入河污染物量)纳入水资源评价。

考虑到《技术方法(试行)》集成评价采用"短板理论",水资源评价如采用水质指标,则将与环境评价中的水环境指标有一定的冗余问题。因此,本研究在评价水资源承载能力时也仅考虑水量指标,根据现状年用水总量、地下水开采量等,进行水量指标评价,划分严重超载、超载、临界状态、不超载的区域范围。水资源承载状况评价标准见表2-1。

(1)严重超载:任一评价指标为严重超载(任一指标是指最不利的评价指标:若一个指标为超载、另一个指标为严重超载,则应判定为"严重超载";若一个指标为超载、另一个指标为临界状态,则应判定为"超载",下同)。

(2)超载:任一评价指标为超载。

(3)临界状态:任一评价指标为临界状态。

(4)不超载:任一评价指标均不超载。

表 2-1 水资源承载状况评价标准

评价指标	承载能力基线	承载状况评价			
		严重超载	超载	临界状态	不超载
用水总量(W)	用水总量控制指标(W_0)	$W \geq 1.2W_0$	$W_0 \leq W < 1.2W_0$	$0.9W_0 \leq W < W_0$	$W < 0.9W_0$
平原区地下水开采量(G)	平原区地下水开采量指标(G_0)	$G \geq 1.2G_0$，或超采区浅层地下水超采系数 ≥ 0.3，或存在深层承压水开采量，或存在山丘区地下水过度开采	$G_0 \leq G < 1.2G_0$，或超采区浅层地下水超采系数介于$(0,0.3]$，或存在山丘区地下水过度开采	$0.9G_0 \leq G < G_0$	$G < 0.9G_0$

浙江省水资源相对比较丰沛，多年(1956—2000 年)平均降水量为 1100～2400mm。现阶段评价除了将用水总量控制指标直接作为水资源承载能力的评判标准外，还应对当地地表水、地下水开发利用率进行符合性分析。部分区域用水总量指标分解不平衡，将影响评价结果的准确性。按照全国水资源承载能力监测预警机制技术工作会议精神，各省区预留的用水总量指标应全部分解到地市和县级行政区，临界超采的评价阈值可以进行微调，暂定可以调整 5 个百分点，各地也可以根据实际提出合理建议。因此，本研究在评价全省水资源承载能力时，将全省指标进行分解，并把临界阈值上调 5 个百分点，即用水总量 $0.95W_0 \leq W < W_0$ 为临界状态。

2.2.1.3 环境评价

按照《技术方法(试行)》，环境评价主要表征区域环境系统对经济社会活动产生的各类污染物的承受与自净能力。采用污染物浓度超标指数作为评价指标，通过主要污染物年均浓度监测值与国家现行环境质量标准的对比值反映，评价 6 项大气环境质量指标的超标情况和 7 项水环境质量指标的超标情况。在主要大气污染物和水污染物浓度超标指数分项测算的基础上，集成评价形成污染物浓度超标指数的综合结果，评价结果划分为污染物浓度超标、接近超标和未超标 3 种类型。污染物浓度超标指数越小，表明区域环境系统对社会经济系统的支撑能力越强。总体来看，采用质量法进行环境承载能力评价具有一定的科学依据，相对环境容量法对于超载的界定更加明确。但从浙江省实际情况来看，方法和参数均需要进一步调整优化,提高发现问题的精准性和科学性。

《技术方法(试行)》把总氮指标作为湖库水环境评价指标之一。该指标在水质评价体系中主要参与湖库富营养化程度的评价,与透明度、叶绿素 a、总磷、高锰酸盐指数等归为湖库富营养化指数。地表水断面监测指标体系中并无总氮指标,总氮也不列入总体水质评价。按照最差因子评价方法,相当一部分地区水质水污染物浓度超标是由湖库总氮超标造成的。由于浙江省森林植被覆盖密集,湖库(主要为磷限制型湖库,且很多被列为饮用水源地保护的湖库)总氮本底值较高,污染源主要来自面源,超标评价结果对于今后环保限批等措施制定的参考意义并不大。例如杭州市范围内有西湖和千岛湖两个设置湖库监测断面的区域,总体来看千岛湖水质明显优于西湖,但千岛湖水域水质控制目标是二类,而西湖水域水质控制目标是四类,两个区域参照的污染物标准浓度有很大差异,因此千岛湖的水环境超标指数比西湖高得多,这与人们对区域水环境质量的直观感受有一定的差距。

此外,环境评价采用标准比较严格,又以最差因子法作为区域评价方法。按照《技术方法(试行)》,污染物浓度要低于国家标准 20% 才可评价为不超标,对大部分地区来说过于严苛,比如大气环境指标之一的 $PM_{2.5}$ 年均浓度。2016 年,浙江全省 $PM_{2.5}$ 年均浓度为 $37\mu g/m^3$,达到国家二级标准($32\mu g/m^3$)的城市有 29 个,且大部分城市浓度在 $30\mu g/m^3$ 左右。按照《技术方法(试行)》,污染物浓度在超标阈值 20% 以内均为接近超标状态,按照最差因子法被评判为临界超载,即 $PM_{2.5}$ 年均浓度要达到 $25.6\mu g/m^3$ 以下才属于未超标状态。按照当前环境现状,国家标准无法反映环境质量的区域差异性。因此,本研究对水和大气环境评价的阈值范围进行调整:当污染物浓度综合超标指数 $R_j>0$ 时,污染物浓度处于超标状态;当 R_j 介于 $-0.1\sim 0$ 时,污染物浓度处于接近超标状态;当 $R_j<-0.1$ 时,污染物浓度处于未超标状态。

2.2.1.4　生态评价

按照《技术方法(试行)》,生态评价主要表征社会经济活动压力下生态系统的健康状况。生态系统健康度作为评价指标,通过发生水土流失、土地沙化、盐渍化和石漠化等生态退化的土地面积比例反映。根据生态系统健康度,将评价结果分为健康度低、健康度中等和健康度高 3 种类型。生态系统健康度越低,表明区域生态系统退化状况越严重,生态健康问题越大。

对浙江省而言,具体以中度以上水土流失面积占比为评价指标。研究认为,从全国范围来看,水土流失退化土地面积比例与森林植被覆盖、林分质量和坡度级相关性高,评价方法基本能够反映浙江省各地生态系统受损或脆弱性情况,具有一定的科学性。但浙江省也存在一些本地特点,例如:浙江省水土流失严重地区主要在温州中部及南部山区,这与该地区台风暴雨多导致水土流失有关,而与生态系统健康度相关性低;而相对缺林少绿的平原地区,虽然开发程度高,但水土流失并不明显。仅水土流失一项指标并不能系统反映浙江省陆地生态系统健康情况,特别是森林质量、湿地面积、生物多样性等情况。

因此,可考虑采用各县(市、区)的森林覆盖率与全省森林覆盖率比值、乔木林单位面积蓄积与全省单位面积蓄积比值、人均生态(森林)资源占有量、急坡(坡度 35°)以上林地面积比重与全省比重的比值 4 个指标,分别赋予一定权重,综合评价某单元的生态承载力。考虑到山区和平原水土流失退化土地面积比例差异较大,影响生态承载力的主导因素不同,应分山区和平原两种地理单元分别进行评价。

2.2.1.5 城市化地区评价

按照《技术方法(试行)》,城市化地区采用水气环境黑灰指数为特征指标,重点考察黑臭水体和 PM$_{2.5}$ 年均浓度情况,并结合优化开发区域和重点开发区域,对城市水和大气环境的不同要求设定差异化阈值。根据城市黑臭水体污染程度和 PM$_{2.5}$ 超标情况,将两者均为重度污染或 PM$_{2.5}$ 严重污染的划为超载,将两者中任意一项为重度污染或两者均为中度污染的划为临界超载,其余为不超载。研究认为,该方法作为单项评价基本适用,但主要存在以下两个问题。

(1)城市化地区评价与环境评价存在冗余问题。该项评价采用的指标均为环境质量指标,且要求较环境评价低。城市化地区环境质量总体上的确是区域最为薄弱的地区,如集成评价采用"短板理论"方法,城市化地区评价将与环境评价产生冗余问题,即:环境评价不超载地区,城市化地区评价一定不超载;环境评价超载地区,即使城市化地区评价不超载。集成评价也为超载,城市化地区评价纳入集成评价后,其实际作用将被环境评价掩盖。

(2)评价方法中最低程度为轻度污染,不适用于部分生态环境优良城市。《技术方法(试行)》提出的黑臭水体密度和 PM$_{2.5}$ 污染程度两项指标最低一级都是轻度污染,如果城市内无黑臭水体或 PM$_{2.5}$ 未超标仍判定轻度污染则并不太合适。

2.2.1.6 农产品主产区评价

按照《技术方法(试行)》,农产品主产区评价按照种植业地区和牧业地区分别开展评价。种植业地区采用耕地质量变化指数为特征指标,通过有机质、全氮、有效磷、速效钾、缓效钾和 pH 值 6 项指标的等级变化反映,分为耕地质量呈恶化态势、相对稳定态势、趋良态势 3 种类型。牧业地区采用草原草畜平衡指数为特征指标,通过草原实际载畜量与合理载畜量的差值比率反映。

由于浙江省没有大面积草原牧场,评价采用耕地质量变化指数作为评价指标。考虑到实际中全氮与有机质两个指标存在很高的相关性,缓效钾在土壤中非常稳定,且不易被农作物吸收,监测评价该两项指标对结论影响不大,因此建议去除全氮与缓效钾含量两个指标,以节约监测成本。

此外,耕地作为最重要的农业资源之一,面临被不断增长的建设用地占用,而在落实耕地占补平衡时"占优补劣"现象普遍的问题。因此,耕地是资源环境承载能力监测预警中一项非常重要的指标。由于浙江省被划为农产品主产区的只有 5 个国家级产粮县(市、区),耕地面积只占全省的 7.5%,不但无法反映全省耕地质量状况,而且缺少代表性,因此建议扩大监测评价范围,比如重要的蔬菜生产县、农业产业特色县等。

2.2.1.7 重点生态功能区评价

按照《技术方法(试行)》,重点生态功能区评价针对水源涵养、水土保持、防风固沙和生物多样性维护等不同重点生态功能区类型,分别采用水源涵养指数、水土流失指数、土地沙化指数、栖息地质量指数为特征指标,评价生态系统功能等级,分为高、中、低 3 个等级。

按照国家发展改革委明确的国家级重点生态功能区类型表,浙江省的重点生态功能区均为水源涵养型,因此采用水源涵养指数作为评价指标。对全省大部分重点生态功能区和生态经济地区,《技术方法(试行)》是适用的。但浙江省嵊泗县作为海岛型重点生态功能区,其主要功能定位(主要是维护海洋和海岛生态环境)与陆域县(市、区)不一样,现有的 3 种类型评价方法(水源涵养、水土保持、防风固沙型)并不适用。因此,在陆域评价中不对海岛生态功能区进行评价。

2.2.2 海域评价方法

按照《技术方法(试行)》,海域评价分为海洋空间资源、海洋渔业资源、海洋生态环境、海岛资源环境 4 个基础评价和重点开发用海区、海洋渔业保障区、重要海洋生态功能区 3 个基于海洋主体功能区划的专题评价。其中,海洋空间资源评价主要表征海岸线和近岸海域空间资源承载状况,采用岸线开发强度、海域开发强度评价指标,分别反映海岸线和近岸海域空间开发状况;海洋渔业资源评价主要表征近岸海洋渔业资源的承载状况,采用渔业资源综合承载指数评价指标,通过游泳动物指数和鱼卵仔稚鱼指数加权平均得到;海洋生态环境评价主要表征海洋生态环境承载状况,海洋环境承载状况通过海洋功能区水质达标率反映,海洋生态承载状况通过浮游动物和大型底栖动物的生物量、生物密度的变化反映;海岛资源环境评价主要表征无居民海岛资源环境的承载状况,无居民海岛开发强度通过海岛人工岸线比例、海岛开发用岛规模指数的组合关系反映,无居民海岛生态状况通过近 10 年来海岛植被覆盖率的变化情况反映;重点开发用海区评价主要表征海洋功能区内重点开发建设用海区的围填海规模和强度,采用围填海强度指数为特征指标,通过围填海面积比例反映;海洋渔业保障区评价主要表征以提供海洋水产品为主要功能的海洋渔业保障区资源、环境承载能力,采用渔业资源密度指数为特征指标;重要海洋生态功能区评价主要表征海洋主体功能区规划中对维护海洋生物多样性、保护典型海洋生态系统具有重要作用的海域的生态系统变化情况,采用生态系统变化指数为特征指标。

海洋资源环境自然属性、管理权责与陆地相比差异较大,以县级行政区为主体开展评价在某些领域会影响承载能力评价结论的科学性,主要体现在以下 4 个方面。

(1)评价对象存在明显的规模差异。对大多数省份而言,各县级行政区在陆地面积、人口等方面基本处于同一数量级,因此《技术方法(试行)》以县级行政区为评价单元,对陆域资源环境承载能力的评价和管控具有合理性和可操作性。但就海域而言,各县在岸线、海域面积、无居民海岛数量上存在比较大的规模差异。以浙江省为例,象山县岸线比较曲折,长度达到 871.8 公里,而平湖市岸线比较平直,仅为 35.1 公里,两者相差近 25 倍;嵊泗县各类海域使用面积达到 72.6 万公顷,而奉化市仅为 0.8 万公顷,两者相差超过 90 倍。由于《技术方法(试行)》海域评价对各单元采用统一的参数阈值,可能会人为放大部分资源规模较小的县(市、区)的资源环境问题,误伤合理开发行为[尤其资源规模小,又同时位于重点开发区域的县(市、区)],而人为缩小部分资源规模较大的县(市、区)的不合理开发行为,对区域整体的资源环境保护不利。

(2)区域性、流动性特点会对结论产生较大误差。海洋资源环境承载能力评价指标中不少具有区域性和流动性的特点,比较突出的是海洋渔业资源。由于绝大多数海洋游泳动物都具有洄游的特性,在空间上跨度比较大,渔船追随鱼群进行捕捞,近海作业的大多数渔船都存在跨地市作业现象,因此并不适合对面积相对较小的县级管辖海域进行评价。与之类似的是海洋生态环境指标,污染物和海洋生物在相邻评价海域单元之间是互相迁移的,同时受洋流影响,存在明显的区域性问题。这类具有区域性、流动性的指标在监测和评价中可能会有较大的误差，考虑到《技术方法（试行）》在集成评价中采用"短板方法"，将会影响各县（市、区）超载类型评价的客观性，不利于科学管控。

（3）部分领域资源环境受损的原因界定较困难。超载成因分析是研究制定限制性政策的基础。要做到对超载单元进行科学管控，必须比较准确地找出超载问题是由哪里造成的、如何造成的，才能针对问题制定有效的管控措施。陆域评价单元的资源环境问题主要由本地产生（除了大气污染有少量迁移因素、少数水质断面受上游超标影响外），限制性措施落到超载县（市、区）基本能够起到管控效果。而海域生态环境、渔业资源等评价对象为县（市、区）所辖海域，在空间上虽然与县（市、区）毗邻，但相应超载问题并不能完全归因到毗邻县（市、区）。如浙江近海水质受长江口影响，长江入海污染物通量对浙江沿海贡献率达到80％以上，浙江省河口及污染源排放也对海域环境产生叠加作用，但入海江河流域范围内各地区对海洋环境问题的贡献又很难清晰界定。这种情况下，仅对沿海县（市、区）考核该指标并实施管控措施就会有失公平，淡化了海洋环境和陆源污染的关联性，且达不到改善海洋环境的目的。

（4）海域和海岛开发效益量化较困难。陆域和海域过程评价均包含了资源开发利用效率指标，对红色预警区的判定十分关键。《技术方法（试行）》中陆域过程评价的水土资源利用效率、污染物排放强度指标，都是各级政府考核和规划的重要效率性指标。而海域和海岛资源开发的效益相对比较难衡量，大部分沿海县（市、区）的经济发展还是依赖于陆域资源开发，海域和无居民海岛开发产生的效益在经济总量中占比不大，采用评价单元的地区生产总值来衡量海域和海岛开发效益并不能客观反映资源开发利用的真实效率情况，从而影响海洋资源环境耗损情况判断的客观性。

基于这些因素，从科学管控角度，本研究对海洋资源环境承载能力评价方法提出了几点优化建议，以提高评价的精准性、有效性、公平性。

（1）指标体系构成多采用特征性、直观性指标。尽管学术界对资源环境承载能力的概念和量化界定方法有不同的意见，但从当前政府加速推进资源节约和环境保护的迫切需求来看，质量指标不超标、总量指标不越界，作为评价地方资源环境不超载的标准显得比较直观，且与各部门主抓工作相一致，是可以被普遍接受的。基于这种考虑，陆地资源环境可载最典型直观的指标就是水土资源尚有余量、环境达标、植被良好。同样，海洋资源环境可载最典型直观的指标应该是岸线和海域开发适度、海洋水质达标、渔业资源稳定、海岛植被良好。因此，本研究建议各海洋单项评价选择领域内具有特征性和直观代表性的指标,避免采用重复冗余或具有较高关联性的指标,部分监测周期较长、人为因素较大的生物性指标数量可以作为长期趋势研究或成因分析参考指标,不作为"一票否决"的超载判定指标。其中,海洋空间资源评价可采用岸线开发强度和近岸海域开发强度,主要考虑大部分开发活动主要集中在近岸地区;重点开发用海区评价可采用海域开发强度指标,即考虑到重点开发用海区的开发规模较大,应扩大监控范围,又与海洋空间资源评价错位。海洋渔业资源评价和渔业资源保障区两项评价都以渔业资源为对象,应体现基本概念的一致和重点区域的差异。海洋渔业资源评价可采用近海经济水产资源密度指数,海洋渔业保障区评价可采用主要捕捞对象和保护对象的资源密度指数。海洋生态环境评价建议采用海水水质达标率这项指标,因为大部分区域的水质状况可以基本反映其生态环境质量,从而不必分析大量与水质指标关联性很强的水生生物指标。海岛资源环境评价采用植被覆盖度这项指标,该项指标的绝对值和变化情况已经基本能反映开发活动对海岛的影响。采用简单、直观的指标进行评价考核,能够让政府管理部门和公众清楚资源环境保护目标,有利于相应管控措施的制定和落实。

(2)具有流动性特质的指标评价应打破县级行政区单元。海洋是一个具有整体性、开放性的空间,《海洋主体功能区划》对沿海县(市、区)海域边界的划分从便于行政管理的角度出发。海洋环境污染、渔业资源耗竭等问题,并不是完全由海域所属县(市、区)造成的,临近的其他沿海县(市、区)及入海江河流域内的地区都有不同程度责任。因此,评价方法应充分考虑部分海洋资源环境的区域性、流动性特点,对海洋渔业资源、海洋生态环境等单项评价,采用"大区域总评价,多县市同管控"的方式,不局限于县级行政区的海域边界,划定更大范围的评价单元,比如海湾、河口、一个或若干个地级市管辖海域为一个整体评价单元,评价结论作为区域内各县(市、区)的超载等级。考虑到海洋生态环境超载问题实际上是陆源污染负荷超载,而陆源污染不仅来自沿海县(市、区)直接排海污染源,更多是各入海江河输入的污染物,尤其是主要江河入海口附近区域。因此,主要江河入海口区域海洋环境超载问题要追溯到入海河流流域所涉及的县(市、区),评价结果与流域内县(市、区)的环境评价或水资源评价结论进行海陆统筹,更加体现客观合理性,也有利于管控措施落到问题源头。

(3)海域过程评价以"程度变化"代替"效率变化"。一直以来,陆域的水土资源利用效率、主要污染物排放强度指标被作为政府考核指标,其指示意义被普遍认可。而海域资源环境耗损情况与评价单元的经济总量直接关联性远远没有陆域来得高,因此可以考虑海域过程评价采用资源开发强度变化、环境质量变化等类型的指标代替经济效率指标。建议采用海域开发强度变化指标代替海域开发效率变化指标,以表征海洋空间资源消耗的趋势,这与《技术方法(试行)》中海岛开发强度变化和优良水质变化指标一致,均采用"程度变化"指标反映海域资源环境耗损情况,而不再评价考核缺乏实际意义的海域开发经济效益,从而提高预警等级划分的客观性。

(4)参数和阈值设计要充分兼顾地区差异性。评价方法应充分考虑各评价单元在规模、功能上的差异性,对岸线、海域、海岛开发强度等指标设定区域性的红线或目标阈值,由各省综合考虑发展需求和保护重点后将自然岸线保有率等目标分解到县级行政区,并根据各地不同的主体功能区定位、岸线长度、海域面积、无居民海岛数量和规模,在评价前设定差异化的超载等级划分阈值,避免出现"一刀切"问题。如海岛资源环境评价中,在满足全省开发阈值要求的前提下,所辖无居民海岛数据很少(如 20 个以下)且处于重点或优化开发区,可以设置相对宽松的阈值;对于无居民海岛数量大或者处于生态功能区的地区,应设置更加严格的阈值。

2.2.3 集成评价方法适用性及调整思路研究

按照《技术方法(试行)》,在陆域和海域开展基础评价、专项评价的基础上,采取"短板效应"进行综合集成。集成指标中任意 1 个超载或 2 个以上临界超载,确定为超载类型;任意 1 个临界超载,确定为临界超载类型;其余为不超载类型。

同时,在海域评价基础上,将海岸线开发强度、海洋环境承载状况和海洋生态承载状况 3 个指标的评价结果,分别与对应的陆域沿海县(市、区)基础评价中的土地资源、环境和生态评价的结果进行复合,调整沿海县(市、区)对应指标的评价值,统筹陆域和海域超载类型(表 2-2)。

根据应用实践,本研究认为该集成评价方法存在以下两个问题。

(1)"短板理论"评价方法过于严苛。《技术方法(试行)》评价指标和领域较多,尤其是沿海县(市、区),纳入集成评价的有 17 项指标,采用"短板理论"一票认定地方资源环境超载过于严苛,不能反映区域资源环境真实状况和区域差异性。特别是 2 项临界认定超载的集成原则过于严苛,使全省出现普遍超载的问题。

(2)"以海定陆"原则放大了沿海单元的超载问题。实际工作中,各沿海县

表 2-2　超载类型划分中的集成指标及分级

指标来源			指标名称	指标分级		
陆域评价	基础评价	土地资源	土地资源压力指数	压力大	压力中等	压力小
		水资源	水资源开发利用量	超载	临界超载	不超载
		环境	污染物浓度超标指数	超标	接近超标	未超标
		生态	生态系统健康度	健康度低	健康度中等	健康度高
	专项评价	城市化地区	水气环境黑灰指数	超载	临界超载	不超载
		农产品主产区	耕地质量变化指数	恶化	相对稳定	趋良
			草原草畜平衡指数	超载	临界超载	不超载
		重点生态功能区	生态系统功能指数	低等	中等	高等
海域评价	基础评价	海洋空间资源	岸线开发强度	较高	临界	适宜
			海域开发强度	较高	临界	适宜
		海洋渔业资源	渔业资源综合承载指数	超载	临界超载	不超载
		海洋生态环境	海洋环境承载状况	超载	临界超载	不超载
			海洋生态承载状况	超载	临界超载	不超载
		海岛资源环境	无居民海岛开发强度	较高	临界	适宜
			无居民海岛生态状况	显著退化	退化	基本稳定
	专项评价	重点开发用海区	围填海强度指数	较大	中等	较小
		海洋渔业保障区	渔业资源密度指数	严重受损	受损	稳定
		重要海洋生态功能区	生态系统变化指数	显著退化	退化	基本稳定

（市、区）所辖海域的资源环境状况与其陆地资源环境状况并没有很强的关联性。特别是按照 2 项临界认定超载的集成原则，会造成海域 1 项临界，经海陆校验后陆域出现临界，最终集成为超载的不合理情况。

因此，对集成评价未来调整优化提出如下几条建议。

（1）对陆域和海域分别进行集成评价。陆域和海域评价指标在监测方法、边界特征上具有较大差异性。陆域指标除大气污染具有区域性外，其余指标均可以追因到县一级单元；而大部分海域指标能体现大范围情况，但不能追因溯源到具体的县级单元，且沿海县（市、区）在海岸线和管辖海域面积上差距较大，难以采用统一的标准和阈值评价。因此，陆域以县级为单元进行集成，海域以省、市等更大范围单元进行集成评价。如需做海陆集成评价，应选择海洋空间、海岛资源等能落地到县级的指标与陆域指标进行集成。

（2）海域基础评价各专题均选出 1 个重要指标或特征指标作为集成指标。考虑到集成评价采用"一票否决"的超载判定标准,建议参照陆域各专题均采用 1 个评价指标,保证各专题在指标数量上的平衡,同时使关注重点更加突出,目标更加明确。

（3）调整"临界超载"的判断标准。《技术方法（试行）》中设定的"2 个以上临界超载确定为超载"的要求过于严苛,尤其是开展海陆校验以后,可能会出现海域 1 个指标临界超载,经校验后陆域相应指标临界超载,得出集成评价超载的结论。本研究认为,临界超载事实上属于未达到超载阈值的范畴,2 个或 2 个以上领域临界超载应该仍然认定为临界超载,只有存在 1 个以上超载指标时,才判断为超载。

（4）对超载等级进一步细化。《技术方法（试行）》采用"短板理论"进行集成评价,在超载单元较多的情况下,不能通过集成评价结果区分各单元超载的领域数量,以及各领域超载的程度情况,不便于分类引导和实施奖惩。建议评价结论除了反映超载、临界、不超载 3 个超载类型和红色、橙色、黄色、蓝色、绿色 5 个预警等级,对重点指标的超载等级,根据超载程度进一步细化为轻度超载、中度超载、重度超载等级。集成评价中,当有 1 个及以上指标为重度超载,则该评价单元超载类型为重度超载;对无重度超载指标的评价单元,利用判断矩阵,根据中度和轻度超载指标的数量确定集成评价超载等级。超载程度判断矩阵可根据情况调整宽严程度（图2-1）,尽可能体现各评价单元在承载能力上的差异性,便于分类奖惩和政策引导。

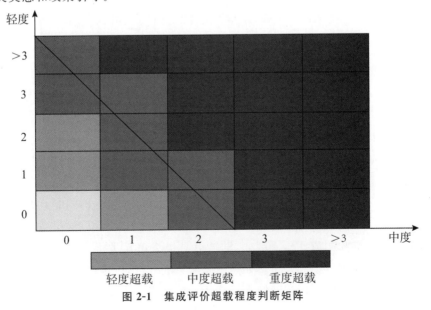

图 2-1　集成评价超载程度判断矩阵

2.2.4 预警等级划分方法适用性及调整思路研究

2.2.4.1 过程评价方法

按照《技术方法(试行)》,过程评价包括陆域和海域 2 类 6 项指标。其中,陆域资源环境耗损指数包括资源利用效率、污染排放强度及生态质量变化 3 项指标;海域资源环境耗损指数包括海域或海岛开发强度变化、环境污染程度变化和生态灾害风险变化 3 项指标。根据应用实践,本研究认为过程评价方法具有以下几个问题。

(1)资源利用效率、污染物排放强度变化速率用全国统一标尺评价并不合适。《技术方法(试行)》中对资源利用效率、污染物排放强度和生态质量变化 3 个类型的过程指标,均采用变化速率与国家平均水平比较的方式来指向趋好还是趋差,本研究认为这样并不能反映不同发展阶段地区的实际情况。任何一个地区对资源的节约、污染物的减排、生态的改善都不可能永远是线性变化的过程。从实际经验来看,当资源利用效率、污染物排放强度达到一定水平以后,其增(降)速会呈现一个下降趋势。我国各省份经济发展水平不同,发展阶段不同,对于东部沿海地区而言,变化速率类指标很可能低于全国平均水平,但如果认为这些方面是逐渐趋差的,则与实际不相符。

(2)生态质量变化指标只考虑了量的增长。因南方地区植被覆盖率明显高于北方,与全国平均水平比增量存在问题。一方面,在生态质量变化指标中,应该既有量的指标又有质的指标,林草覆盖率仅体现了量的变化,不能体现各地生态系统质的变化。另一方面,由于我国总体森林覆盖水平较低,北方大部分地区人工造林量大,而南方森林覆盖率高且比较稳定,增量评价的局限性比较明显,并不能客观地反映地方进行生态保护和建设的实际情况。例如,杭州市森林覆盖率达到 65.22%,居全国省会城市、副省级城市首位,是全国森林覆盖率平均水平 21.66% 的 3 倍多。自 2008 年以来,杭州市森林覆盖率由 64.25% 增长到 65.22%,在森林覆盖率长期处在高位的基础上,能够实现增长实属不易。

(3)海域过程评价采用的 Mann-Kendall(曼-肯德尔)趋势检验法不适用于少量数据的检验。Mann-Kendall 趋势检验法是世界气象组织推荐并广泛应用的非参数统计方法,能有效区分某一自然过程是处于自然波动中还是存在确定的变化趋势。当样本数大于 10 时,可应用近似正态分布进行标准化的统计检验。目前应用 2006—2015 年(共 10 年,即 10 个样本)进行统计检验,样本量时间序列过短,有可能影响结果的准确性。

(4)海域生态灾害风险变化指标只考虑了赤潮的频率,不能比较全面地反映海域生态灾害情况。沿海的主要海洋生态灾害有赤潮、海洋污损、溢油和生物入侵等类型,仅以海域赤潮发生的变化趋势来表征海域生态灾害风险,灾害类型过于单一,影响生态灾害风险评价的客观性、真实性。赤潮灾害仅对沿海县级行政区海域赤潮发生频次进行统计检验,统计因子较为单一,不能全面反映赤潮灾害对近岸海域的影响及可能存在的潜在风险状况。

因此,对《技术方法(试行)》提出以下调整建议。

(1)调整陆域过程评价指数分类标准方法。将评价单元资源环境效率指标的变化率与绝对值进行统筹考量,体现公平性,划分方法见表 2-3。

表 2-3　过程评价指标类型划分方法

指标层	分类标准一	分类标准二	指向
资源利用效率类(土地资源利用效率、水资源利用效率、林草覆盖率)	绝对值达到全国平均水平的 1.3 倍及以上	年均增速大于等于 0	变化趋良
		年均增速小于 0	变化趋差
	绝对值未达到全国平均水平的 1.3 倍	年均增速高于全国平均水平	变化趋良
		年均增速低于全国平均水平	变化趋差
污染物排放强度类(水污染物排放强度、大气污染物排放强度)	绝对值达到全国平均水平的 0.7 倍及以上	年均降速大于等于 0	变化趋良
		年均降速小于 0	变化趋差
	绝对值未达到全国平均水平的 0.7 倍	年均降速高于全国平均水平	变化趋良
		年均降速低于全国平均水平	变化趋差

(2)陆域过程评价生态质量变化指标中引入单位面积林木蓄积量指标。覆盖率指标本身只代表森林的数量,而林木蓄积量指标则反映森林质量,更符合生态质量变化这项指标的定义。

(3)海域过程评价"环境污染程度变化"指标增加时间序列或调整方法。

(4)海域过程评价"生态灾害风险变化"指标考虑赤潮类型(无毒赤潮、有害赤潮、有毒赤潮)、赤潮发生频次、赤潮发生面积、影响敏感海域类型及赤潮灾害损失等要素进行综合评价。

2.2.4.2　预警等级划分方法适用性

《技术方法(试行)》按照陆域、海域资源环境耗损过程评价结果,对超载类型进行预警等级划分。将资源环境耗损加剧的超载区域划定为红色预警区(极重警),资源环境耗损趋缓的超载区域划定为橙色预警区(重警),资源环境耗损加剧的临界超载区域划定为黄色预警区(中警),资源环境耗损趋缓的临界超载区域划定为蓝色预警区(轻重警),不超载的区域划定为绿色无警区(无警)。

对于沿海的县(市、区),将陆域和海域过程评价结果进行复核,对陆域和海域的预警等级进行校验。将资源环境耗损等级取值为陆域资源环境耗损指数与海洋资源环境耗损指数之间的最高级,并以此调整沿海县(市、区)的预警等级,实现同一行政区内陆域和海域预警等级的衔接协调。从应用实践来看,目前预警等级划分方法基本适用。

2.3 基于浙江特色的关键因素和特色指标研究

资源环境承载能力涵盖领域和内容较多,确定其中的关键因素,对于更好地研究管控措施具有重要意义。本节根据《技术方法(试行)》对浙江省的适用性情况,研究浙江省资源环境承载能力的关键因素和特色指标。

2.3.1 陆域资源环境承载能力的关键因素分析

根据浙江省资源环境承载能力试评价中反映出来的问题和短板,结合各部门和人民群众普遍关心的资源环境问题,研究认为浙江省陆域资源环境承载能力监测预警的关键因素是土地资源、环境质量和生态系统健康水平。

(1)土地资源。目前,绝大多数地方都意识到土地资源的稀缺性。土地资源承载力也是浙江省各地资源环境承载能力的关键因素之一,各地开展各类空间规划和开发行动必须掌握本地土地资源承载能力情况。目前采用的土地资源压力指数评价,比较能够反映各地土地资源丰歉状况。

(2)水环境质量。水环境质量直接影响居民用水安全,反映了一个地区的城乡环境卫生状况,是政府和群众最为关心的环境指标之一。一个地区水环境质量不达标,水体严重污染,是环境超载的重要指示指标。因此,水环境质量是浙江省资源环境承载能力的关键因素之一。

(3)大气环境质量。大气环境质量是一个地区环境状况最直接的反映之一,也是群众最为关心的环境问题之一。大气环境质量不达标,说明一个地区大气污染物排放量已经超过环境自净能力,是环境超载的重要指示指标。因此,大气环境质量是浙江省资源环境承载能力的关键因素之一。

(4)土壤环境质量(耕地质量)。土壤环境质量关系到农产品安全,近年来越来越受到政府和社会的重视。土壤环境质量最为重要的指标是重金属污染水平和有毒有害化学品污染水平。尽管《技术方法(试行)》只在农产品主产区评价中设计耕地质量变化水平指标,但是本研究认为,除国家农产品主产区以外,全省其他重要粮食产区也应该重视耕地质量,尤其是土壤环境质量水平。因此,土壤环境质量也应成为浙江省资源环境承载能力的关键因素之一。

(5)生态系统健康水平。确保生态系统健康是未来国土开发和经济社会发展的一项重要前提,更是生态文明建设的重要要求。生态系统的健康与否必然是影响资源环境承载能力的关键因素。目前,各地把拥有丰富的森林资源、湿地资源、生物多样性资源作为生态环境保护的重要成效和具有较高生态承载能力的重要依据。

2.3.2　海域资源环境承载能力的关键因素分析

根据浙江省资源环境承载能力试评价中反映出来问题和短板,结合各部门和人民群众普遍关心的资源环境问题,本研究认为浙江省海域资源环境承载能力监测预警最为关键的因素主要包括以下 3 个。

(1)岸线资源。经过多年来的围填海等开发,浙江省自然岸线保有水平已经接近国家设定的红线,岸线资源成为浙江省海洋空间资源中最为紧张的资源之一。因此,本研究认为,岸线资源应该作为浙江省海域资源环境承载能力的关键因素,确保浙江省自然岸线资源的最低红线不被突破。

(2)海洋生态环境。浙江省海洋环境状况总体在全国沿海各省区中排在末流,大面积海域水质常年在劣Ⅳ类。2017 年中央环保督察工作报告也把浙江省海洋环境列为重要问题之一。因此,本研究认为海洋生态环境必然是浙江省海域资源环境承载能力的关键因素之一。

(3)海洋渔业资源。渔业资源是海洋最为重要的直接物产,也是反映海洋资源环境承载能力的重要指标。浙江省舟山渔场是全国四大渔场之一,渔业资源丰富,但近年来由于捕捞过度和海洋环境恶化,渔业资源可持续发展面临巨大的挑战。因此,本研究认为海洋渔业资源也是浙江省海域资源环境承载能力的关键因素之一。

2.3.3　基于浙江实际的特色指标增补研究

《技术方法(试行)》对各领域监测预警指标进行了清晰的界定,对浙江省各领域资源节约和环境保护具有较强的指导意义。同时国家允许在完成国家监测预警任务的基础上,由地方提出自己的特色指标。本研究在分析浙江省资源环境承载能力关键因素的基础上,提出若干特色指标,作为浙江省资源环境承载能力监测预警指标体系的补充。

2.3.3.1 土壤污染物浓度超标指数

(1)纳入理由。土壤是经济社会可持续发展的物质基础,关系人民群众身体健康,关系美丽中国建设,保护好土壤环境是推进生态文明建设和维护国家生态安全的重要内容。当前,我国土壤环境总体状况堪忧,部分地区污染较为严重。土地污染超标情况应和水环境超标情况、大气环境超标情况一样作为资源环境承载能力的指标之一。

(2)归属评价领域。土壤污染超标情况应纳入环境评价。

(3)监测和评价方法。按照国家《土壤污染防治行动计划》的部署,各省区市要建设土壤环境质量监测网络,统一规划、整合优化土壤环境质量监测点位,2017 年底前完成土壤环境质量国控监测点位设置,建成国家土壤环境质量监测网络,充分发挥行业监测网作用,基本形成土壤环境监测能力。

建议由省生态环境厅在国控监测点位的基础上,建立全省各县(市、区)省控监测点位设置,重点对重金属、有机污染物开展定期监测,一般区域一年监测一次,超载地区每季度或半年监测一次。

评价以各监测点主要污染物年均浓度与标准限值的差值为土壤污染物超标量。标准限值采用国家《土壤环境质量标准》(GB 15618—1995),计算公式如下:

①单项污染物浓度超标指数

当 $i=1$ 时:

$$R_{\pm ijk} = 1/\left(C_{ijk}/S_{ik}\right)-1$$

当 $i=2,3,\cdots$,时:

$$R_{\pm ijk} = C_{ijk}/S_{ik}-1$$

$$R_{\pm ij} = \sum\nolimits_{k=1}^{N_j} R_{\pm ijk}/N_j, \quad i=1,2,3\cdots$$

式中,$R_{\pm ijk}$ 为区域 j 第 k 个监测点第 i 项污染物浓度超标指数,$R_{\pm ij}$ 为区域 j 第 i 项污染物浓度超标指数;C_{ijk} 为区域 j 第 k 个监测点第 i 项污染物的年均监测值,S_{ik} 为第 k 个监测点第 i 项污染物的标准限值。$i=1,2,3,\cdots$,分别对应镉、汞、砷、铅、铬等重金属和多环芳烃、石油烃等有机污染物;k 为某一监测点,$k=1,2,\cdots,N_j$,N_j 为区域 j 内监测点个数。

②土壤污染物浓度超标指数

$$R_{\pm jk} = \max_i\left(R_{\pm ijk}\right)$$

$$R_{\pm j} = \sum\nolimits_{k=1}^{N_j} R_{\pm jk}/N_j$$

式中,$R_{\pm jk}$ 为区域 j 第 k 个监测点的土壤污染物浓度超标指数,$R_{\pm j}$ 为区域 j 的土壤污染物浓度超标指数。

土壤污染物浓度超标指数纳入环境评价污染物浓度超标指数,形成水、气、土完整的污染物浓度监测和评价体系。

2.3.3.2 生物多样性变化情况

(1)纳入理由。生物多样性是人类社会赖以生存和发展的基础。生物多样性在保持土壤肥力、保证水质及调节气候等方面发挥了重要作用。保护生物多样性,特别是保护濒危物种,对于人类生存发展,对科学事业都具有重大的战略意义。保护生物多样性是浙江省生态保护的重要目标之一,特别是对国家级和省级重点生态功能区而言,生物多样性变化情况能够比较直接地反映地区生态质量的变化情况。

(2)归属评价领域。生物多样性变化情况近期可先纳入重点生态功能区评价;如未来在全省范围开展评价,则可纳入生态评价。

(3)监测和评价方法。建议由省林业局和省生态环境厅共同建设生物多样性监测网络,开展全省范围和重点区域(重点生态功能区)的生物多样性监测。考虑到生物多样性监测的复杂性,建议监测和评价每 5 年进行一次。

生物多样性指数评价方法根据《区域生物多样性评价标准》(HJ 623—2011)国家标准,按照下式计算:

$$BI = R_V \times 0.2 + R_P \times 0.2 + D_E \times 0.2 + E_D \times 0.2 + R_T \times 0.1 + (100 - E_I) \times 0.1$$

式中,

BI——生物多样性指数;

R_V——归一化后的野生动物丰富度;

R_P——归一化后的野生维管束植物丰富度;

D_E——归一化后的生态系统类型多样性;

E_D——归一化后的物种特有性;

R_T——归一化后的受威胁物种的丰富度;

E_I——归一化后的外来物种入侵度。

根据生物多样性指数,将生物多样性状况分为 4 级,$BI \geqslant 60$ 为生物多样性高;$30 \leqslant BI < 60$ 为生物多样性中等;$20 \leqslant BI < 30$ 为生物多样性一般;$BI < 20$ 为生物多样性低。

2.3.3.3 森林蓄积量

(1)纳入理由。森林蓄积量是指一定森林面积上存在着的林木树干部分的总材积。它是反映一个地区森林资源总规模和水平的基本指标之一,也是反映森林资源的丰富程度、衡量森林生态环境优劣的重要依据。

《技术方法(试行)》在陆域过程评价生态质量变化指标中,采用林草覆盖率,仅考虑森林数量没有考虑其质量变化,建议引入森林蓄积量作为生态质量变化的指标。

(2)归属评价领域。森林蓄积量指标应纳入陆域过程评价生态质量变化指标中。

(3)监测和评价方法。建议由林业部门统计制定全省和各县(市、区)(评价单元)森林蓄积量监测网络,按年度开展监测工作。

过程评价生态质量变化指标调整为:

生态质量变化=(森林覆盖率变化率+森林蓄积量变化率)/2

2.3.3.4 自然岸线保有率

(1)纳入理由。海岸线是海洋与陆地分界线,具有重要的生态功能和资源价值,是发展海洋经济的前沿阵地。国家海洋局印发的《海岸线保护与利用管理办法》明确,到 2020 年,全国自然岸线保有率不低于 35%,要求省级海洋主管部门制定本省自然岸线保护与利用的管控年度计划,并将任务分解到县(市、区),且将严格保护岸线纳入生态保护红线管理。

截至 2015 年,浙江省自然岸线保有率仅为 36.1%,接近国家要求的红线,由于《技术方法(试行)》海洋空间资源评价中岸线开发强度指标没有将自然岸线保有红线分解目标作为超载指标,因此本研究建议纳入该指标。

(2)归属评价领域。自然岸线保有率指标应纳入海洋空间资源评价。

(3)监测和评价方法。省海洋渔业局根据沿海各县(市、区)岸线开发现状、资源环境承载能力现状和开发建设规划,将全省自然岸线保有率目标分解到各县(市、区),明确各县(市、区)自然岸线保有率红线。自然岸线保有率指标和海洋空间资源评价一样,每年开展一次定期评价。自然岸线保有率指标作为海洋空间资源评价的红线指标。如果评价单元自然岸线保有率低于省海洋渔业局确定的目标红线,则该地海洋空间资源评价为超载;如果评价单元自然岸线保有率高于目标红线,则根据岸线开发强度和海域开发强度判定海洋空间资源的超载等级。

参考文献

[1] 曲福田,黄贤金. 耕地生态经济系统动态监测研究. 生态农业研究,1997

(3):69-72.

[2] 曲福田,黄贤金. 耕地生态经济预警的理论与方法. 生态经济,1998(5):14-17.

[3] 彭补拙,魏金俤,张燕.城市边缘区耕地预警系统的研究——以温州市为例.经济地理,2001(6):714-718.

[4] 龚红波,刘耀林,刘艳芳,等. 耕地总量动态平衡预警与规划系统的设计与实现//张建仁.新世纪土地问题研究.武汉:湖北科学技术出版社,2002.

[5] 陈佑启,姚艳敏,何英彬,等. 中国区域性耕地资源变化影响评价与粮食安全预警研究.北京:中国农业科学技术出版社,2010.

[6] 陶青山,李江风,王建龙. 土地可持续利用预警研究. 安徽农业科学,2007,35(2):508-509,511.

[7] 毛子龙. 吉林省通榆县土地生态安全预警与土地资源利用优化研究.长春:吉林大学,2007.

[8] 吴冠岑,牛星. 土地生态安全预警的惩罚型变权评价模型及应用——以淮安市为例. 资源科学,2010,32(5):992-999.

[9] 徐美. 湖南省土地生态安全预警及调控研究.长沙:湖南师范大学,2013.

[10] 谭敏. 基于生态安全的大都市边缘区村镇土地资源利用预警研究.长沙:湖南农业大学,2010.

[11] 惠泱河,蒋晓辉,黄强,等.水资源承载力评价指标体系研究.水土保持通报,2001,21(1):30-34.

[12] 曹建廷,李原园,周智伟. 水资源承载力的内涵与计算思路.中国水利,2006,18:19-21.

[13] 党丽娟,徐勇.水资源承载力研究进展及启示.水土保持研究,2015,22(3):341-348.

[14] 张光凤.南京市水资源承载力评价.水土保持通报,2014,34(3):154-159.

[15] 许有鹏.干旱区水资源承载能力综合评价研究:以新疆和田河流域为例.自然资源学报,1993,8(3):229-237.

[16] 万坤扬,胡其昌. 基于层次分析法的杭州市水资源安全现状评价及趋势.水电能源科学,2013,31(1):21-27.

[17] 王春杰,张薇,王川川. 主成分分析法在辽河干流水资源承载力评价中的应用. 农业科技与装备.2015(4):53-55.

[18] 薛小杰,惠泱河.城市水资源承载力及其实证研究.西北农业大学学报,

2000,8(6):135-139.

[19] Sleeser M. Enhancement of Carrying Capacity Options. London:The Resource Use Institute,1990.

[20] 牛志强,王延辉,刘明珠. 河南省水资源承载能力系统动力学模型及其应用. 水电能源科学,2009,27(1):126-129.

[21] Sawunyama T,Senzanje A,Mhizha A. Estimation of small reservoir storage capacities in Limpopo River Basin using geographical information systems(GIS) and remotely ensed surface areas:Case of Mzingwane catchment. Physics and Chemistry of the Earth,Parts A/B/C,2006,31 (15):935-943.

[22] Harris JM. Carrying capacity in agriculture:Globe and regional issue. Ecological Economics,1999,129(3):443-461.

[23] 丁滢滢,王新. 环境预警监测体系的建设与应用. 中国新技术新产品, 2012(24):215.

[24] 李万莲. 蚌埠城市水生态环境预警研究. 环境科学导刊,2008,27(5): 43-46.

[25] 樊杰,王亚飞,汤青,等. 全国资源环境承载能力监测预警(2014版)学术思路与总体技术流程. 地理科学,2015,35(1):1-10.

[26] 李键,杨玉楠,吴舜泽,等. 水环境预警系统的研究进展. 水工业市场, 2015,(8):63-66.

[27] 高吉喜. 可持续发展理论探索——生态承载力理论、方法与应用. 北京:中国环境科学出版社,2002.

[28] 关道明,张志锋,杨正先,等. 海洋资源环境承载能力理论与测度方法的探索. 中国科学院院刊,2016,31(10):1241-1247.

[29] 张振冬,邵魁双,杨正先,等. 西沙珊瑚礁生态承载状况评价研究. 海洋环境科学,2018,37(4):487-492.

[30] 魏虎进,黄华梅,张晓浩. 基于生态系统服务功能的海湾滩涂资源环境承载力研究—以大亚湾为例. 海洋环境科学,2018,37(4):579-585.

[31] 孙倩,路波,索安宁,等. 基于综合赋权法的海洋资源环境承载能力综合评价研究—以长江经济带邻近海域为例. 海洋环境科学,2018,37(4): 570-578.

[32] 杨正先,张志锋,韩建波,等. 海洋资源环境承载能力超载阈值确定方法

探讨. 地理科学进展，2017，36(3)：313-319.

［33］杨正先，张志锋，索安宁，等. 海洋资源环境承载能力评价方法的管理适用性研究. 海洋开发与管理，2017，34(12)：85-88.

［34］任保卫. 无居民海岛资源环境承载力监测与预警评价试点研究. 海洋环境科学，2018，37(4)：545-551.

［35］王晟. 基于科学管控的海洋资源环境承载能力评价方法优化研究. 海洋环境科学，2018，37(4)：608-612.

［36］索安宁，杨正先，宋德瑞，等. 海洋资源环境承载能力监测预警业务体系构建与应用初探. 海洋环境科学，2018，37(4)：613-618.

第3章　省域资源环境承载能力评价研究

为摸清省域资源环境家底,掌握资源保护和环境整治重点区域和重点领域,本章按照《技术方法(试行)》及第2章提出的调整方法,以2015年为基年,对浙江省各县(市、区)①开展资源环境承载能力评价。根据全省和各县(市、区)资源环境监测实际情况,将全省划分为73个陆域评价单元和26个海域评价单元,全面开展14个领域的基础和专项评价(陆域7个专题,即土地、水、环境、生态4个基础评价和城市化地区、农产品主产区、重点生态功能区3个专项评价;海域7个专题,即海洋空间、渔业资源、海洋生态、海岛资源4个基础评价,重点开发用海区、海洋渔业保障区、重要海洋生态功能区3个专项评价),确定超载类型,并结合资源环境耗损情况评价,划分各评价单元的预警等级。最后对超载领域和评价单元开展超载成因分析,特别对典型性超载问题开展定性和定量分析。

3.1　陆域评价

3.1.1　评价单元划分

根据2017年浙江省第一次全国地理国情普查,浙江省陆域总面积10.43万平方公里,下辖11个设区市(2个副省级城市、9个地级市),含89个县级行政区(包括36个市辖区、20个县级市、33个县)。2015年常住人口5539万人,全省生产总值42887亿元。按照《技术方法(试行)》的要求,浙江省资源环境承载能力评价以县级行政区为单元,考虑到设区市主城区在一些领域的统计体系、监测体系无法清晰划分,因此本研究将设区市主城区作为1个评价单元,将9个原县改区的市辖区作为独立评价单元,各县级市和县作为独立评价单元,经合并总计73个评价单元,土地资源、水资源、环境、生态4个基础评价范围为所有评价单元,具体评价单元如下。

---

① 本书浙江省行政区划按2017年标准。

设区市主城区 11 个:杭州市区①(上城区、下城区、西湖区、拱墅区、江干区、滨江区);宁波市区(江北区、海曙区、北仑区、镇海区);温州市区(鹿城区、瓯海区、龙湾区);嘉兴市区(南湖区、秀洲区);湖州市区(吴兴区、南浔区);绍兴市区(越城区);金华市区(婺城区);台州市区(椒江区、黄岩区、路桥区);衢州市区(柯城区、衢江区);舟山市区(普陀区、定海区);丽水市区(莲都区)。

独立评价城区 9 个:杭州市萧山区、余杭区、富阳;宁波市鄞州区、奉化区;绍兴市柯桥区、上虞;金华市金东区;温州市洞头区。

县级市 20 个:临安市、建德市、余姚市、慈溪市、瑞安市、乐清市、平湖市、海宁市、桐乡市、诸暨市、嵊州市、兰溪市、东阳市、义乌市、永康市、江山市、温岭市、玉环市、临海市、龙泉市。

县 33 个:桐庐县、淳安县、象山县、宁海县、永嘉县、平阳县、苍南县、文成县、泰顺县、嘉善县、海盐县、德清县、长兴县、安吉县、新昌县、武义县、浦江县、磐安县、常山县、开化县、龙游县、岱山县、嵊泗县、三门县、天台县、仙居县、青田县、云和县、庆元县、缙云县、遂昌县、松阳县、景宁畲族自治县。

根据《浙江省主体功能区规划》确定的主体功能定位(表 3-1),全省优化开发区 29 个,占比 32.6%;重点开发区 30 个,占比 33.7%;限制开发区域分为农产品主产区、重点生态功能区和生态经济地区,共 30 个,占比 33.7%。专项评价根据各县(市、区)的主体功能定位,对优化开发区域和重点开发区域开展城市化地区评价,对农产品主产区开展农产品主产区评价,对国家级重点生态功能区和省级生态经济地区开展重点生态功能区评价。

表 3-1　浙江省各县(市、区)主体功能定位

主体功能区类型	主体功能区分布	
	设区市	具体区域
国家优化开发区域	杭州市	上城区、下城区、江干区、拱墅区、西湖区、滨江区、萧山区、余杭区、富阳市
	宁波市	海曙区、江北区、北仑区、镇海区、鄞州区、余姚市、慈溪市
	嘉兴市	南湖区、秀洲区、嘉善县、海宁市、桐乡市
	湖州市	吴兴区、南浔区、德清县、长兴县
	绍兴市	越城区、柯桥县、上虞区
	舟山市	定海区

---

① 2021 年,杭州市部分行政区划调整。

续表

主体功能区类型	主体功能区分布	
	设区市	具体区域
国家重点开发区域	温州市	鹿城区、瓯海区、龙湾区、洞头区、平阳县、苍南县、瑞安市、乐清市
省级重点开发区域	宁波市	象山县、宁海县、奉化区
	绍兴市	诸暨市、嵊州市
	金华市	婺城区、金东区、兰溪市、义乌市、东阳市、永康市
	舟山市	普陀区、岱山县
	衢州市	柯城区
	台州市	椒江区、黄岩区、路桥区、玉环市、温岭市、三门县、临海市
	丽水市	莲都区
国家农产品主产区	嘉兴市	平湖市、海盐县
	衢州市	衢江区、龙游县、江山市
省级重点生态功能区	杭州市	淳安县
	温州市	文成县、泰顺县
	金华市	磐安县
	衢州市	开化县
	丽水市	遂昌县、云和县、庆元县、景宁畲族自治县、龙泉市
省级生态经济地区	杭州市	桐庐县、建德市、临安市
	温州市	永嘉县
	湖州市	安吉县
	绍兴市	新昌县
	金华市	武义县、浦江县
	衢州市	常山县
	舟山市	嵊泗县
	台州市	天台县、仙居县
	丽水市	青田县、缙云县、松阳县

3.1.2 土地资源评价

土地资源评价以土地资源开发利用现状为基础,深入分析浙江省土地资源的承载状况,按照国家建设用地开发适宜性评价标准,并结合基于本地特色的调整方法,因地制宜地改进建设开发适宜性评价的要素构成、分类赋值及要素的权重设置,分析各评价单元的土地资源承载能力情况。

3.1.2.1 浙江省土地资源开发利用现状

1. 土地资源总量

在第二次全国土地调查结果的基础上,根据 2015 年土地变更调查,浙江省土地总面积中,农用地面积占 82%,建设用地面积占 12%(包括水库水面),未利用地面积占 6%,见图 3-1。

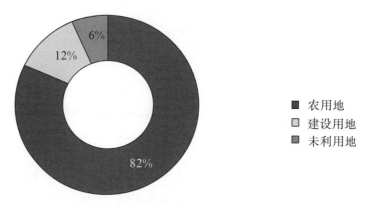

图 3-1　浙江省各类用地比例

(1)农用地。农用地包括耕地、园地、林地、牧草地及其他农用地。其中,耕地面积占土地总面积的 19%,主要分布在平原地区和海拔 250 米以下的低丘缓坡地带,杭嘉湖平原、宁绍平原、温台沿海平原及金衢盆地区域的耕地分布最为集中;园地占土地总面积的 6%,主要集中在水网平原、滨海平原、河谷平原和丘陵山区;林地占土地总面积的 54%,绝大部分分布在丘陵山区,包括浙中南与浙西南地区;牧草地仅占土地总面积不到 0.01%,主要分布在丽水市;其他农用地占土地总面积的 4%,全省各市均有分布。

(2)建设用地。建设用地包括城乡建设用地、交通水利用地、风景名胜及特殊用地。其中,城乡建设用地占土地总面积的 9%;交通水利用地占土地总面积的 3%,交通用地呈网络状分布在全省各地,其中最为密集的是杭州市、宁波市和金华市;水利用地的分布差异显著,42%分布在杭州市;风景名胜及特殊用地占土地总面积的 0.2%。

（3）未利用地。未利用地是指农用地和建设用地以外的土地，主要包括荒草地、盐碱地、沼泽地、沙地、裸土地、裸岩等。未利用地占土地总面积的 6%，以水域、滩涂、沼泽为主。

2.土地资源现状承载状况

浙江地形地貌有"七山一水二分田"之称，山地和丘陵占 70.4%，平坦地占 23.2%，河流和湖泊占 6.4%。地形自西南向东北呈阶梯状倾斜，西南以山地为主，中部以丘陵为主，东北部是低平的冲积平原，自然条件差异明显。此外，区域内人均 GDP 最高的杭州市，其 2015 年常住人口人均 GDP 约为丽水市的两倍多，区域内经济发展阶段差异明显，沿海城市的产业用地方式跟内陆城市也差异明显。地区间经济社会发展的不平衡，以及各行业、各区域土地资源利用目标的多元化，对土地资源的利用形成了巨大的挑战。

（1）土地开发强度。2015 年末，浙江省土地开发强度为 12.2%（扣除水库水面为 10.6%），2010 年以来年均提高约 0.2 个百分点，全省 11 个设区市增率比较均衡，但是开发强度大小地域差异显著（图 3-2）。

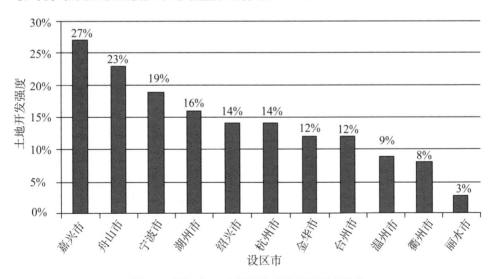

图 3-2 浙江省 11 个设区市土地开发强度排序

（2）土地资源利用效率。2015 年末，全省万元 GDP 用地量（建设用地总量/GDP）为 29.7 平方米，近年来呈现下降趋势，年均降低约 5%；土地产出率（GDP/建设用地总量）为 22.4 万元/亩，近年来呈现上升趋势，年均增长约 5%。全省耕地粮食亩产量为 254.7 公斤（2014 年），比上年减少 1.7%。

（3）人均建设用地利用效率。2015 年末，全省人口密度为 525 人/平方公里，城镇化率为 66%，人均建设用地为 232 平方米，城镇人均建设用地为 111 平方米，农村人均建设用地为 280 平方米。总体而言，单位土地面积上承载的人口与建设用地都在增加，但人口增速低于建设用地增速。

3.1.2.2 评价数据

根据第二次全国土地调查及土地变更调查、《浙江省土地利用总体规划（2006—2020 年）》、最新环境功能区规划、水利部门提供的行洪通道等成果，获取对每一土地评价单元的建设开发适宜性评价要素构成、现状建设开发程度等土地资源开发利用指标，根据《浙江省主体功能区划》等分析确定各土地评价单元的适宜建设开发程度阈值。根据专家打分法，确定区域建设开发适宜性构成要素的权重，并在每一土地评价单元的建设开发适宜性评价要素构成和赋值的基础上，采用限制系数法计算土地建设开发适宜性，将浙江省全域土地资源划分为最适宜、基本适宜、不适宜、非常不适宜 4 类。选取区域建设开发适宜性划分中最适宜和基本适宜区域，分析其与现状建设用地的空间关系，得到土地资源要素承载基线。与浙江省主体功能区划相衔接，通过专家打分法获得适宜建设开发程度阈值，并在此基础上进行土地资源压力指数评价，最终确定土地要素承载状况等级。

（1）建设开发适宜性评价的要素构成：考虑浙江省土地利用实际状况，在评价单元上进行建设开发的适宜程度评价时，选取强限制因子 4 个，较强限制因子 4 个。其中，强限制因子包括是否为永久基本农田、是否为生态保护红线、是否为采空塌陷区、是否为行洪通道；较强限制因子包括一般农用地、坡度、突发地质灾害、蓄滞洪区。根据评价公式，一旦该评价单元位于强限制因子所限制的区域（即位于永久基本农田内、位于生态保护红线内、位于采空塌陷区内、位于行洪通道内），即直接认定该评价单元适宜性得分为 0，归入特别不适宜类型中。

（2）建设开发适宜性评价的要素权重：对土地建设开发限制性进行评价，根据专家打分确定一般农用地、坡度、突发地质灾害、蓄滞洪区等 4 个较强限制因子的权重。通过对专家意见的统计、处理、分析和归纳，经过多轮意见征询、反馈和调整后，得到评价要素构成、分类赋值的权重基础表。需要注意的是，由于部分限制因子范围较大，且会分割评价单元，因而在根据公式计算各评价单元之前，需先对评价单元进行数据处理，运用地理信息软件对评价单元进行空间叠加分析，而后再进行适宜性计算。若该评价单元被强限制因子区域所分割，则在不破坏评价单元完整性的基础上，将整个评价单元纳入强因子限制区域。若该评价单元被较强限制因子区域所分割,则在不破坏评价单元完整性的基础上,以评价单元内面积最大的要素分类为评价单元的主属性。

(3)适宜性土地阈值:根据浙江省土地利用现状与土地管理需求,可以得到最适宜与基本适宜建设开发的土地的最低分值。

(4)现状建设用地面积:现状居住用地、公共设施用地、工业用地、商服用地、物流仓储用地、交通设施用地、市政公用设施用地、道路广场用地、绿地、特殊用地等用地的总面积。

(5)适宜建设开发程度阈值:在确定适宜开发程度阈值时,主要与浙江省主体功能区划相衔接,根据不同主体功能定位,考虑评价成果的后续利用。采用专家打分法确定主体功能区的适宜建设开发程度阈值。

3.1.2.3 评价结果及分析

根据浙江省自身的自然资源禀赋及评价参数,以 2015 年为评价年,对陆域评价单元进行评价,首先可以得到全省建设开发适宜性。其中,最适宜建设和基本适宜建设开发的土地面积占全省土地总面积的比重超过 20%,特别不适宜建设开发的土地面积占全省土地总面积的比重接近 30%。综合全省建设开发适宜性与现状建设用地的空间关系,现状建设开发程度最低的 5 个评价单元分别是泰顺县、临海市、洞头区、宁海县、永嘉县,最高的 5 个评价单元分别为松阳县、嘉善县、海盐县、景宁畲族自治县、桐乡市。

在此基础上,得到全省 73 个评价单元的土地资源承载状况评价结果。其中,压力大的为 0 个,压力中等的为 18 个,压力小的为 55 个。各评价单元的土地资源评价结果见附录二。压力中等的地区包括杭州市区、萧山区、建德市、宁波市区、余姚市、桐乡市、嘉善县、海盐县、长兴县、绍兴市区、武义县、龙游县、云和县、庆元县、缙云县、龙泉市、松阳县、景宁畲族自治县,主要是由土地资源天然禀赋、主体功能区定位、经济社会发展阶段决定的。

(1)地形地貌等天然禀赋不足。浙江省全省山地和丘陵占 70.4%,主要位于浙西北、浙西南。压力中等的 18 个地区中,有 9 个位于山地和丘陵地区。全省坡度在 15°以上的土地资源占全域土地资源的 51%。其中,建德市、武义县、龙游县、云和县、庆元县、缙云县、龙泉市、松阳县、景宁畲族自治县等 9 个评价单元,坡度 15°以上的土地资源接近其区域总面积的 70%,这也导致了这些地区现状建设用地中不适宜与特别不适宜建设开发的土地规模偏大。从生态角度考虑,这些地区都位于浙西北、浙西南丘陵山区"绿色屏障"上,本身也不宜进行大规模的建设开发。

（2）主体功能区定位的要求。桐乡市、嘉善县、杭州市区、萧山区、宁波市区、余姚市、长兴县、绍兴市区等 8 个评价单元的主体功能定位为优化开发区域，需要优化空间结构，改变依靠大量占用土地、消耗资源和排放污染的发展模式，在现状建设用地开发程度为高或较高的前提下，适宜建设开发程度的阈值不宜过高，导致土地资源压力中等；海盐县、龙游县为国家农产品主产区，需要限制进行大规模高强度工业化城市化开发，以保持并提高农产品生产能力，因此区域内永久基本农田比重较高，导致特别不适宜土地建设开发的土地面积较多；建德市、武义县、庆元县、缙云县、龙泉市、松阳县、景宁畲族自治县的主体功能定位为省级生态经济地区，需要把提高经济增长质量和改善生态环境放在首位，也导致了适宜建设开发程度阈值不高。

（3）部分地区现状建设用地面积较大。杭州市区、萧山区、宁波市区属于城市建成区，并且是全国经济发展最活跃的地区之一，土地开发强度大，现状建设用地规模较大，致使现状建设开发程度偏高。

3.1.3　水资源评价

按照《技术方法（试行）》，水资源承载力主要表征水资源可支撑经济社会发展的最大负荷，采用用水总量和地下水供水量作为评价指标，通过对比用水总量、地下水供水量和水质与实行最严格水资源管理制度确立的控制指标，并考虑地下水超采情况进行评价。

3.1.3.1　浙江省水资源开发利用现状

1. 浙江省水资源总量

浙江省多年平均降水量在 1100～2400 毫米，降水量的地区差异显著，总的分布趋势是自西向东，自南向北递减，其中山区大于平原，沿海山地大于内陆盆地。全省多年平均水资源总量为 955.41 亿立方米，其中河川径流量为 943.85 亿立方米。浅层地下水资源量为 221.10 亿立方米，浅层地下水资源与地表水资源间的重复计算量为 209.53 亿立方米。不同频率（P）的水资源总量分别为 1191.76 亿立方米（$P=20\%$）、924.91 亿立方米（$P=50\%$）、742.46 亿立方米（$P=75\%$）、525.95 亿立方米（$P=95\%$）。除沿海及岛屿的一些小溪流外，在本省入海的 8 条主要水系多年平均入海水量为 786.10 亿立方米（集水面积 86922 平方公里），其中，从邻省入钱塘江水量为 69.51 亿立方米（集水面积 6418 平方公里），见图 3-3。

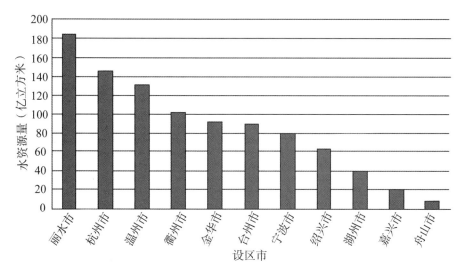

图 3-3　浙江省 11 个设区市多年平均水资源量

2. 水资源可利用总量

水资源可利用总量是指在可预见期内,统筹考虑生活、生产和生态环境用水的基础上,通过经济合理、技术可行的措施在当地水资源中可一次性利用的最大水量,主要包括地表水和浅层地下水两大部分。

(1)地表水资源可利用量。地表水资源可利用量是指各水系天然径流量扣除生态、环境用水量和主汛期5～9月不能控制利用的洪水径流量的可供河道外一次性利用的最大水量。全省八大水系地表水资源可利用率为26.3%～38.0%,平均为35.4%。考虑在洪水期,有部分洪水可以利用,实际的地表水资源可利用量和地表水资源可利用率可能比计算的数值要大。其中,新安江水库为多年调节水库,正常年份来水均能全蓄,弃水量少,水库蓄水在汛后均通过电站下泄,而未供河道外利用,因此计算可利用水量偏大。考虑到实际情况,钱塘江地表水资源可利用率按38%估算,见表3-2。

(2)地下水资源可开采量。地下水资源可开采量是指在可预见的时期内,通过经济合理、技术可行的措施,不致引起生态环境恶化条件下允许从含水层中获得的最大水量。根据《浙江省地下水资源调查评价与开发利用规划》提供的数据,全省地下水资源可开采量总量为48.4亿立方米。

(3)全省水资源可利用量。全省水资源可利用量通过水资源可利用量与浅层地下水资源可开采量相加再扣除地表水资源可利用量与地下水资源可开采量两者之间重复计算量的方法估算。全省八大水系水资源可利用总量为323.48

亿立方米,可利用量与河川天然径流量的百分比为 39.8%,不超过公认的 40% 的上限指标。

表 3-2　各水系多年平均水资源可利用总量计算表　（单位:亿立方米）

水系名	河川径流量	地表水资源可利用量	地下水资源可开采量	重复利用量	可利用总量	可利用率
苕溪	34.62	11.29	2.64	0.38	13.55	39.1%
钱塘江	384.11	145.96	19.28	3.90	161.34	42.0%
曹娥江	45.57	15.21	2.78	0.47	17.52	38.4%
甬江	37.07	13.61	2.29	0.43	15.47	41.7%
椒江	63.88	24.08	4.45	0.64	27.89	43.7%
瓯江	186.92	61.43	7.48	1.80	67.11	35.9%
飞云江	43.44	11.61	3.42	0.41	14.62	33.7%
鳌江	18.05	4.74	1.41	0.17	5.98	33.1%
合计	813.66	287.93	43.75	8.20	323.48	39.8%

3.1.3.2　评价数据

根据全省水资源及其开发利用调查评价、水资源综合规划、流域和区域 3 条红线指标分解等成果,获取评价区域水资源量、水资源可利用量、水资源配置方案、生态环境需水等水资源开发利用控制性指标,根据水利普查、水资源公报、经济社会统计等数据,分析确定水资源开发利用程度与规模。根据河流水系水资源可利用量、地下水可开采量、综合规划确定的水资源配置方案、用水总量控制分解指标等,评价年份供水工程实际情况与水资源调配能力等,在保障合理生态环境用水的前提下,综合分析并合理确定评价年份允许经济社会取用的最大水量,作为水量要素承载基线。在此基础上,进行水量要素评价,确定水量要素承载状况等级。

(1)用水量:区域内各类用水户当年实际取用的(包括输水损失)水量之和,按生活用水、工业用水、农业用水和生态环境补水四大类用户统计,不包括海水直接利用量。生活用水包括城镇生活用水和农村生活用水,其中城镇生活用水由居民用水和公共用水(含第三产业及建筑业等用水)组成;农村生活用水指居民生活用水。工业用水指工矿企业在生产过程中用于制造、加工、冷却、空调、净化、洗涤等方面的用水,按新水取用量计,不包括企业内部的重复利用水量。农业用水包括耕地灌溉和林、果、草地灌溉,鱼塘补水及牲畜用水。生态环境补水仅包括人为措施供给的城镇环境用水和部分河湖、湿地补水(河湖湿地补水按耗水量统计),不包括降水、径流自然满足的水量。本研究采用浙江省 2015 年水资源公报口径用水量。

(2)用水总量指标:根据各级政府实行的最严格水资源管理制度实施方案或考核办法,获取评价年份县域单元水资源开发利用控制红线指标。

(3)地下水开采量指标:根据各级政府实行的最严格水资源管理制度实施方案或考核办法,获取评价年份县域地下水开采控制量。

3.1.3.3 评价结果及分析

根据 2.2.1.2 节提出的评价方法及参数,以 2015 年为评价年,对陆域评价单元进行评价。结果显示,73 个评价单元的水资源承载状况均为不超载。其中,大部分县(市、区)的水资源评价指标 W/W_0 为 $80\%\sim90\%$。

根据评价结果,义乌市、永康市、岱山县、温岭市、玉环市等 5 个县级行政区的评价指标 W/W_0 为 $90\%\sim95\%$,接近不超载标准下限,其中永康市最高,达到 95%。这主要是由评价单元的水资源天然禀赋、开发利用程度、经济社会发展需求决定的。

(1)水资源天然禀赋条件不足。从单位面积产水量、人均水资源量、人均用水量进行分析,并与全省平均水平进行横向比较,义乌、永康、岱山、温岭、玉环的单位面积产水量都低于全省平均水平,尤其是岱山的每平方公里产水量只有 43 万立方米,远低于全省平均水平 92 万立方米。5 个临界超载的县级行政区的人均水资源量也低于全省平均水平,只有全省平均水平的 $24.7\%\sim66.2\%$,水资源禀赋的先天条件不足,见表 3-3。

表 3-3 水资源禀赋条件比较

地区	常住人口 (万人)	水资源总量 (万立方米)	每平方公里 产水量(万立方米)	人均水资源 量(立方米)	人均水资源量/ 全省人均水平
义乌	125.88	79440	72	631	36.6%
永康	74.01	84472	81	1141	66.2%
岱山	22.55	11493	43	510	29.6%
温岭	138.44	84293	91	609	35.3%
玉环	62.65	26609	70	425	24.7%
全省	5538.98	9545638	92	1723	100%

(2)水资源开发利用量大。义乌、永康、岱山、温岭、玉环的人口密度远大于

全省平均水平,尤其是义乌、温岭、玉环的人口密度是全省平均水平的 2～3 倍。同时,义乌、永康、温岭、玉环都是浙江省工业强县,水资源需求量较大。从水资源开发利用情况来看,全省水资源开发利用率为 19.5％,义乌等 5 县市水资源开发利用率达到 25.4％～44.3％,均高于全省水资源开发利用率。因此,尽管义乌等 5 县市的人均用水量都低于全省平均水平,但水资源压力依然较大,见表3-4。

表 3-4　水资源开发利用情况

地区	常住人口 (万人)	水资源总量 (万立方米)	总用水量 (万立方米)	水资源开发利用率
义乌	125.88	79440	28105	35.4％
永康	74.01	84472	22150	26.2％
岱山	22.55	11493	2915	25.4％
温岭	138.44	84293	33840	40.1％
玉环	62.65	26609	11798	44.3％
全省	5538.98	9545638	1860573	19.5％

(3)水资源管理制度尚显不足。依据《水法》和《浙江省水资源管理条例》,全省水资源实行统一规划、统一配置、统一管理。但在实际的水资源保护与开发利用过程中,除了现有的《浙江省水资源管理条例》《浙江省用水定额(试行)》《浙江省取水许可制度实施细则》《浙江省城市供水管理办法》等外,适合各地实际情况的涉及水资源保护与开发利用的相关规章制度还不够完善。在一定程度上影响了水资源管理的有效实施。此外,浙江省的节水型、防污型社会还没有全面建成,节水技术和节水设备的研发和投入还不足,全社会的节水意识还不够高。尤其是在水价形成机制、水权转让、水市场的发展利用等方面,还有较大的发展改善空间。

3.1.4　环境评价

按照《技术方法(试行)》,根据各地环境质量超标情况,分别对大气污染物、水污染物浓度超标开展评价,并综合得出区域大气、水环境超标评价结论。

3.1.4.1　浙江省环境现状

1.浙江省地表水环境质量状况

浙江省地表水总体水质稳中趋好。高锰酸盐指数、氨氮和总磷 3 项污染物年均浓度总体呈下降趋势。平均综合污染指数范围为 0.63～0.93,呈下降趋势。浙江省主要水系水质变化具体情况如下。

钱塘江:水质为轻度污染～良;水体中高锰酸盐指数年均浓度呈下降趋势,氨氮、总磷年均浓度变化趋势均不明显;总体水质呈好转趋势。

曹娥江:水质为轻度污染～优;水体中氨氮年均浓度呈下降趋势,高锰酸盐指数和总磷年均浓度变化不明显;总体水质稳中有升。

甬江:水质为轻度污染;水体中氨氮年均浓度呈下降趋势,高锰酸盐指数和总磷年均浓度变化趋势均不明显;总体水质稳中有升。

椒江:水质为中度污染～良;水体中高锰酸盐指数和氨氮年均浓度变化趋势均不明显,总磷年均浓度呈下降趋势;总体水质稳中有升。

瓯江:水质为优;水体中高锰酸盐指数、氨氮和总磷年均浓度均处于较低水平,高锰酸盐指数和氨氮年均浓度呈下降趋势,总磷年均浓度变化趋势不明显;总体水质稳中有升。

飞云江:水质为优;水体中高锰酸盐指数、氨氮和总磷年均浓度均处于较低水平,氨氮年均浓度呈下降趋势,高锰酸盐指数和总磷年均浓度变化趋势不明显;总体水质稳中有升。

鳌江:水质由重度污染转为良;水体中高锰酸盐指数和氨氮年均浓度呈下降趋势,总磷年均浓度变化趋势不明显;总体水质稳中有升。

苕溪:水质为优;水体中高锰酸盐指数、氨氮和总磷年均浓度变化趋势均不明显;总体水质无明显变化。

京杭运河:水质为中度～轻度污染;水体中高锰酸盐指数年均浓度均呈下降趋势,氨氮和总磷年均浓度变化趋势不明显;总体水质稳中有升。

平原河网变化趋势:平均综合污染指数范围为 1.21～1.81,水质总体呈好转趋势,Ⅴ～劣Ⅴ类比例呈下降趋势。水体中高锰酸盐指数、氨氮和总磷年均浓度均呈下降趋势。

省控湖库水质尚好,水质为Ⅰ～Ⅲ类的湖库个数比例为 75.0%～81.3%,劣Ⅴ类个数比例为 0～12.5%,总体水质有所好转。主要湖库中鉴湖平均综合污染指数呈上升趋势,西湖、南湖、东钱湖和千岛湖的平均综合污染指数变化趋势不明显。湖泊富营养化程度有减轻趋势,鉴湖由重度富营养转为轻度富营养,南湖较为中度富营养,其余湖库维持在贫营养或中营养水平。

2016 年,浙江省江河干流总体水质基本良好,部分支流和流经城镇的局部河段仍存在不同程度的污染。甬江、椒江、鳌江和京杭运河等水系中部分河流

(段)水质相对较差,部分指标浓度超过Ⅲ类标准。部分湖泊存在一定程度富营养化现象,水库以中营养为主。浙江省221个省控断面中,Ⅰ~Ⅲ类水质断面占77.4%,Ⅳ类占15.8%,Ⅴ类占4.1%,劣Ⅴ类占2.7%;满足水环境功能区目标水质要求的断面占81.0%(图3-4)。与2015年相比,Ⅰ~Ⅲ类水质断面比例上升4.5个百分点,劣Ⅴ类下降4.1个百分点,满足水环境功能区目标水质要求的断面比例上升5.4个百分点;总体水质基本保持稳定。

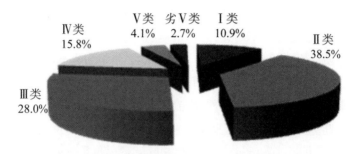

图3-4　2016年浙江省省控断面水质类别组成比例

浙江省地表水超Ⅲ类水质断面比例最大的前6项污染指标依次为总磷、氨氮、石油类、五日生化需氧量、化学需氧量和高锰酸盐指数,其中高锰酸盐指数、氨氮和总磷3项指标平均浓度分别为2.9mg/L、0.48mg/L和0.106mg/L,分别较2015年下降6.5%、31.4%和13.1%。

2.浙江省大气环境质量状况

(1)设区城市空气质量。2016年,11个设区城市中,舟山和丽水环境空气质量达到国家二级标准,其余9个城市均未达到二级标准,浙中北城市空气质量相对较差。空气质量综合指数范围为3.26~5.27,平均为4.45(参照《城市环境空气质量排名技术规定》,综合指数范围为3.04~5.25,平均为4.38)。其中,舟山、丽水和台州综合指数小于4,空气质量相对较好;杭州、湖州和嘉兴综合指数大于5,空气质量相对较差;宁波、温州、绍兴、金华和衢州综合指数为4~5。就单项指数而言,$PM_{2.5}$、PM_{10}、NO_2、SO_2、CO和O_3等6项污染物的单项指数平均值分别为1.18、0.91、0.89、0.21、0.31和0.95。其中,$PM_{2.5}$为6项污染因子中最高,是城市环境空气的首要污染物;其次依次为O_3、PM_{10}和NO_2,单项指数为0.8~1.0;SO_2和CO单项指数较低。与2015年相比,各设区城市空气质量综合指数均有所下降,浙江省平均下降0.5,各城市空气质量较上年均有所好转,见表3-5。

表 3-5　浙江省设区城市 2016 年空气质量指数

城市	空气质量单项指数					
	$PM_{2.5}$	PM_{10}	NO_2	SO_2	CO	O_3
杭州	1.40	1.15	1.12	0.20	0.32	1.07
宁波	1.16	0.89	1.01	0.22	0.30	0.93
温州	1.09	0.99	1.02	0.22	0.32	0.88
嘉兴	1.26	0.99	1.09	0.25	0.35	1.09
湖州	1.44	0.99	1.02	0.28	0.32	1.22
绍兴	1.36	1.00	0.95	0.26	0.35	0.91
金华	1.31	0.90	0.90	0.25	0.32	0.92
衢州	1.23	0.91	0.82	0.25	0.32	0.86
舟山	0.76	0.61	0.64	0.13	0.25	0.87
台州	1.03	0.86	0.62	0.15	0.30	0.91
丽水	0.94	0.70	0.60	0.15	0.25	0.82
平均	1.18	0.91	0.89	0.21	0.31	0.95

（2）县级以上城市空气质量。2016 年,浙江省 69 个县级以上城市（设区城市 11 个,县级城市 58 个）环境空气质量达到国家二级标准的城市为淳安、象山、洞头、永嘉、平阳、文成、泰顺、瑞安、乐清、磐安、开化、舟山、岱山、嵊泗、玉环、三门、天台、仙居、温岭、临海、丽水、青田、缙云、遂昌、松阳、云和、庆元、景宁和龙泉等 29 个（$PM_{2.5}$、PM_{10}、NO_2 和 SO_2 年均值和特定百分位数同时达标,CO 和 O_3 特定百分位数达标,下同）,占城市总数的 42.0%;其余 40 个城市未达到二级标准。其中,设区城市环境空气质量达到二级标准的占 18.2%;县级城市环境空气质量达到二级标准的占 46.6%（表 3-6）。县级以上城市环境空气质量综合指数范围为 2.28～5.27,平均为 3.99,最低为泰顺,最高为湖州（参照《城市环境空气质量排名技术规定》,综合指数范围为 2.19～5.25,平均为 3.89,最低为泰顺,最高为杭州）。其中,34 个城市综合指数小于等于 4,空气质量相对较好;5 个城市综合指数大于 5,空气质量相对较差;其余 30 个城市综合指数在 4 和 5 之间。浙中北城市空气质量相对较差。就单项指数而言,$PM_{2.5}$、PM_{10}、NO_2、SO_2、CO 和 O_3 等 6 项污染物的单项指数平均值分别为 1.08、0.86、0.72、0.19、0.31 和 0.82。其中 $PM_{2.5}$ 单项指数为 6 项污染因子中最高,是城市环境空气的首要污染物;其后依次为 PM_{10}、O_3 和 NO_2,单项指数为 0.7～0.9;SO_2 和 CO 单项指数相对较低。

表 3-6　浙江省县级以上城市 2016 年空气质量级别分布

空气质量级别	浙江省	设区城市	县级城市
一级城市比例	0	0	0
二级城市比例	42.0%	18.2%	46.6%
超标城市比例	58.0%	81.8%	53.4%

3.1.4.2　评价数据

根据浙江省 171 个环境空气自动监测站点监测数据,获取浙江省所有县级以上城市各类大气污染物浓度。根据浙江省 221 个省控以上地表水环境监测点位、145 个交接断面、120 个县以上集中式饮用水监测点位监测数据,获取浙江省所有县级以上城市各类水污染物浓度。

(1)大气污染物浓度。大气污染物的年均浓度监测值(其中 CO 为 24 小时平均浓度第 95 百分位,O_3 为日最大 8 小时平均浓度第 90 百分位)来源于区域内环境空气自动监测站点监测数据。

(2)水污染物浓度。各控制断面主要污染物年均浓度来源于纳入评价的各级水环境监测点监测数据。按照国家技术方法,环境承载能力评价需细化至县级,水污染物浓度超标指数的标准限值采用国家 2020 年各控制单元水环境功能分区目标中确定的各类水污染物浓度水质标准限值。浙江省共计 103 个国家控制单元考核断面,并未分布至每个县域。因此,在具体评价中,采用国控断面和省控断面相结合的评价方式,对于既无国控断面也无省控断面的个别县域(如嵊泗、岱山等),则采用市控断面监测数据进行评价,相关标准参考省级水环境功能分区目标中确定的各类水污染物浓度标准限值。

3.1.4.3　评价结果及分析

1.大气污染物浓度超标指数评价结果

根据调整后的评价方法,以 2016 年为评价年,对陆域评价单元进行评价。结果显示,73 个评价单元中,大气环境污染物浓度超标指数的评价结果为超标的评价单元有 44 个,占单元总数的 60.27%;大气环境污染物浓度超标指数的评价结果为接近超标的评价单元有 12 个,占单元总数的 16.44%;其余 17 个评价单元大气环境污染物浓度超标指数的评价结果为未超标,见表 3-7。

表 3-7 技术方法调整后大气污染物浓度评价结果

大气污染物浓度超标情况	数量	评价单元
超标	44	杭州市区、萧山区、余杭区、富阳区、临安市、建德市、桐庐县、宁波市区、鄞州区、奉化区、余姚市、慈溪市、宁海县、温州市区、苍南县、嘉兴市区、平湖市、海宁市、桐乡市、嘉善县、海盐县、湖州市区、德清县、长兴县、安吉县、绍兴市区、柯桥区、上虞区、诸暨市、嵊州市、新昌县、金华市区、金东区、兰溪市、东阳市、义乌市、永康市、武义县、浦江县、衢州市区、江山市、常山县、龙游县、台州市区
接近超标	12	象山县、瑞安市、乐清市、永嘉县、临海市、三门县、天台县、仙居县、丽水市区、缙云县、遂昌县、松阳县
未超标	17	淳安县、洞头区、平阳县、文成县、泰顺县、磐安县、开化县、舟山市区、岱山县、嵊泗县、玉环市、温岭市、青田县、龙泉市、云和县、庆元县、景宁畲族自治县
合计	73	

2. 水污染物浓度超标指数评价结果

根据调整后的评价方法，以 2016 年作为评价年，对陆域评价单元进行评价。结果显示，73 个评价单元中，水环境污染物浓度超标指数的评价结果为超标的评价单元有 3 个，分别是萧山区、嘉兴市区和柯桥区；水环境污染物浓度超标指数的评价结果为接近超标的评价单元有 7 个，分别是象山县、慈溪市、洞头区、永康市、台州市区、三门县和天台县；其余 63 个评价单元水环境污染物浓度超标指数的评价结果为未超标，见表 3-8。

表 3-8 技术方法调整后水污染物浓度评价结果

大气污染物浓度超标情况	数量	评价单元
超标	3	萧山区、嘉兴市区、柯桥区
接近超标	7	象山县、慈溪市、洞头区、永康市、台州市区、三门县、天台县
未超标	63	杭州市区、余杭区、富阳区、临安市、建德市、桐庐县、淳安县、宁波市区、鄞州区、奉化区、余姚市、宁海县、温州市区、瑞安市、乐清市、永嘉县、平阳县、泰顺县、苍南县、文成县、平湖市、海宁市、桐乡市、嘉善县、海盐县、湖州市区、德清县、长兴县、安吉县、绍兴市区、上虞区、诸暨市、嵊州市、新昌县、金华市区、金东区、兰溪市、东阳市、义乌市、武义县、浦江县、磐安县、衢州市区、江山市、常山县、龙游县、开化县、舟山市区、岱山县、嵊泗县、玉环市、仙居县、温岭市、临海市、丽水市区、青田县、云和县、庆云县、缙云县、松阳县、景宁畲族自治县、遂昌县、龙泉市
合计	73	

3. 污染物浓度超标指数评价结果

综上所述,综合考虑大气和水污染物浓度超标指数评价结果,73 个评价单元中,环境污染物浓度超标指数的评价结果为超标的评价单位有 44 个,占比60.27%;环境污染物浓度超标指数的评价结果为接近超标的评价单位有 13 个,占比 17.81%;环境污染物浓度超标指数的评价结果为未超标的评价单位有 16个,占比 21.92%(附录二)。

根据评价结果,大气污染物浓度超标指数超标是导致大部分评价单元环境评价超标的主要原因,总结分析超标地区超标情况,44 个大气污染物浓度超标指数超标的评价单元,主要影响因子均为 $PM_{2.5}$,其次为 PM_{10} 和 O_3,主要原因有以下几方面。

(1)从源解析来看,工业排放(包括工业生产和燃煤)是浙江省 $PM_{2.5}$ 最主要的来源,其次是移动源(包括机动车和船舶排放)。扬尘也是 $PM_{2.5}$ 的重要贡献源,贡献率都在 10% 以上。此外,本地排放是多数超标城市 $PM_{2.5}$ 的最主要来源。以杭州为例:杭州 $PM_{2.5}$ 来源中,区域传输的贡献占 18%~38%,本地排放的贡献占 62%~82%。本地排放源中,机动车是杭州 $PM_{2.5}$ 最大来源,其次是工业生产、扬尘、燃煤,生物质燃烧、餐饮、海盐粒子、农业生产等其他源贡献了 10%。

(2)气象和地理条件是造成部分地区 $PM_{2.5}$ 超标的客观因素。一方面,低风速、高相对湿度等不利气象条件易引发霾污染。近年来杭州城区近地面气流流经城区的频率明显减弱,静风频率超过了 20%,在秋、冬季节高达 24%,导致大气污染物累积;霾污染期间相对湿度通常高于 65%,而杭州、宁波常年相对湿度较高,年均值可高于 70%,有利于二次颗粒物硫酸盐、硝酸盐的形成,导致霾污染的形成。另一方面,环山、盆地地形不利污染物扩散。浙江省霾污染的空间分布明显受其地形影响,在杭州、湖州及金衢盆地霾天出现频率最高,而在舟山群岛和浙南丘陵霾日数最少。特别是杭州市区西面三面环山,地势自西南向东北倾斜,夏季盛行西南风,冬季盛行西北风,这种地形与盛行风向不利于大气污染物向外扩散,霾污染问题十分突出;金华、衢州地处盆地,也不利于大气污染物扩散,霾污染较为严重;湖州地处浙江、安徽、江苏三省交界,同时受三省大气污染排放的影响,并且湖州偏内陆,大气扩散条件相对较差。

(3)前体物排放量较大是造成 O_3 超标的主要原因。臭氧由其前体物氮氧化物(NO_x)和挥发性有机物(VOCs)的光化学反应生成。从臭氧前体物排放来看,工业源和机动车是氮氧化物和 VOCs 的重要来源。宁波、杭州、湖州、嘉兴和绍兴等地氮氧化物排放分别位于浙江省的第一、二、三、四和五位,约占浙江省总量的 66.6％;VOCs 排放分别位于浙江省第一、二、五、六和八位,约占浙江省的 56.7％。从单位面积排放强度来看,这些地区也基本位于浙江省中等偏上水平。臭氧前体物,尤其是 VOCs 的高强度排放是浙江省臭氧污染的重要原因。

萧山区、嘉兴市区和柯桥区 3 个评价单元存在水污染物浓度超标指数超标情况,共涉及 4 个断面,主要超标影响因子为总磷和氨氮。萧山出口断面未达标的原因是区域居民人口比较集中,流动人口也比较多,居民生活污水截污纳管不够彻底,一定程度影响萧绍运河水质;同时萧绍运河农村段主要流经新塘街道、衙前镇,这两个镇是属于萧山的工业重镇,工业企业都比较发达,外来人口比较多,工业企业带来的水质污染、农村居民的生活污水截污纳管不彻底,加上支流(沿线沟渠)较多,对水质均有影响;萧绍运河农村段还存在少量的农村农业面源污染。南湖、鉴湖断面未达标的原因是两地均处于平原河网地区,由于区域、地理位置限制,平原河网地区河流坡降比小,水流缓慢,交换能力不足,环境容量较小,水体受污染后因自净能力差而很难恢复,加上河道周边截污纳管不到位,农业面源、餐饮和养殖业污染治理不够等因素,导致水质总氮和总磷超标。

3.1.5 生态评价

按照《技术方法(试行)》,生态承载力采用生态系统健康度作为评价指标,通过区域内已经发生生态退化的土地面积比例及程度反映。根据浙江省实际,生态退化土地主要是水土流失地,生态承载力评价按中度以上水土流失退化土地面积比例反映生态系统健康度。

3.1.5.1 浙江省生态资源现状

1. 森林资源总量

森林是陆地上最大的可再生资源库、生物基因库和生物质能源库。根据 2015 年浙江省森林资源与生态状况年度监测结果,全省林地面积 660.49 万公顷,其中,森林面积 605.68 万公顷,疏林地 1.20 万公顷,一般灌木林地 14.85 万公顷,未成林造林地 8.14 万公顷,苗圃地 5.50 万公顷,迹地 7.67 万公顷,宜林地 17.45 万公顷(图 3-5)。森林覆盖率 59.50％,位居全国前列。

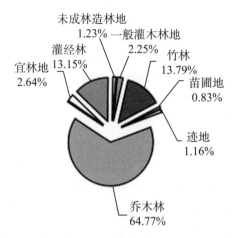

图 3-5　浙江省各类林地比例

(1)森林。森林包括郁闭度 0.20 以上的乔木林、竹林和红树林,国家特别规定的灌木林、农田林网,以及村旁、路旁、水旁、宅旁林木等。浙江省 605.68 万公顷森林面积,其中,乔木林 427.82 万公顷(其中:乔木经济林 10.54 万公顷),灌木经济林 86.84 万公顷,竹林 91.02 万公顷。

(2)活立木蓄积。浙江省活立木蓄积 3.31 亿立方米,其中,森林蓄积 2.97 亿立方米,疏林蓄积 24.81 万立方米,散生木蓄积 2152.19 万立方米,四旁树蓄积 1199.55 万立方米。活立木蓄积按组成树种分,松木类 0.85 亿立方米,杉木类 0.86 亿立方米,阔叶树种类 1.36 亿立方米,经济树种类 0.16 亿立方米,灌木树种类 0.08 亿立方米。

2. 水土流失现状

根据浙江省实际,生态退化土地主要是水土流失地。根据《浙江省水土保持规划》,2014 年浙江省水土流失现状调查成果显示,全省共有水土流失面积 9279.70 平方公里,占国土总面积的 8.80%。其中,轻度流失面积 2843.26 平方公里,占水土流失面积的 30.64%;中度流失面积 4321.22 平方公里,占水土流失面积的 46.57%;强烈流失面积 1255.45 平方公里,占水土流失面积的 13.53%;极强烈流失面积 692.51 平方公里,占水土流失面积的 7.46%;剧烈流失面积 167.26 平方公里,占水土流失面积的 1.80%。

从各设区市分布看(图 3-6),水土流失面积最多的是温州市,达 2098.07 平方公里,其次为丽水市和金华市,分别为 1499.61 平方公里、1104.42 平方公里。水土流失面积比例最高的是温州市,占该市土地总面积的 17.39%,绍兴市、衢州市居其后,分别为 10.86%、10.30%。全省 89 个县(市、区)中,水土流失面积占总土地面积的比例超过 20% 的有 5 个,分别是温州市瓯海区、鹿城区、苍南县、平阳县、文成县。

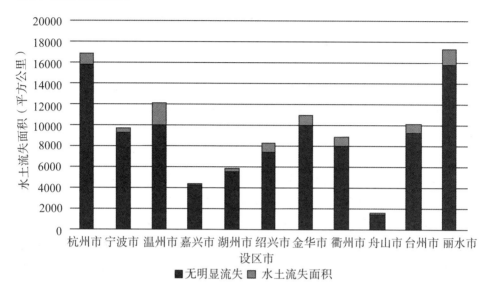

图 3-6　浙江省 11 设区市水土流失情况

3.1.5.2　评价数据

生态退化通过区域内已经发生生态退化的土地面积比例及程度反映,包括水土流失、土地沙化、盐渍化和石漠化等。根据浙江省实际,全省不存在石漠化土地,沙化、盐渍化等退化类型的土地面积极少量分布在沿海地区,全省仅水土流失是较为普遍的退化类型。因此,生态评价按中度以上水土流失退化土地面积比例反映生态系统健康度。由于监测间隔期,本研究根据浙江省水土流失现状调查成果获得 2014 年每个评价单元中度以上(包括中度、强烈、极强烈、剧烈 4 种程度)的水土流失面积。根据第二次全国土地调查及土地变更调查结果得到评价单元土地面积。

生态系统健康度阈值:生态系统健康度阈值是生态系统健康度低、健康度中等和健康度高 3 种类型的划分依据。由于区域间生态本底状况差异较大,生态系统抗干扰能力不同,生态系统健康度的阈值可根据区域差异进行调整。根据浙江省实际情况,生态系统健康度抗干扰能力较强,可设定阈值略高于全国平均水平。

3.1.5.3 评价结果及分析

根据调整后的评价方法及参数,以2015年为评价年,对陆域评价单元进行评价。结果显示,73个评价单元中,生态系统健康度高的有52个,生态系统健康度中等的有15个,生态系统健康度低的有6个。各评价单元的生态评价结果见附录二。生态系统健康度低的地区包括温州市区、平阳县、苍南县、文成、新昌县、缙云县。生态系统健康度中等的地区包括洞头区、永嘉县、泰顺县、瑞安市、乐清市、嵊州市、磐安县、东阳市、永康市、开化县、玉环市、仙居县、莲都区、青田县、松阳县。这主要是由评价单元的自然资源禀赋和社会经济发展情况决定的。

(1)水力侵蚀是引发水土流失最直接的因素。从水土流失的成因来看,最主要的因素是水力侵蚀,表现形式是坡面面蚀,丘陵地区亦有浅沟侵蚀及小切沟侵蚀。浙江省降雨量大且集中,地表径流大(由西向东注入东海),以及暴雨、台风等天气多发,均为水土流失提供了原动力。且浙江省红壤土占比较高,质地较黏重,土质板结,渗透力差,抗蚀能力弱,也更容易遭受侵蚀。全省水土流失最严重的是鳌江流域,其次为飞云江流域,生态系统健康度低和中等的评价单元大量集中分布在这两大流域。

(2)坡度因素加剧水土流失程度。浙江省山地和丘陵地形占比超过70%,且主要位于浙西北、浙西南,生态系统健康度低和中等的县(市、区)均位于该区域,在图上呈现显著的连片态势。特别是温州市,坡度25°以上的面积超过当地总面积的50%。山高坡陡也加剧了径流对土壤的冲刷侵蚀,全省水土流失面积的1/3分布在坡度15°~25°的区域,另外1/3分布在坡度25°以上的区域。此外,部分山丘区存在着滑坡、崩塌、泥石流等重力侵蚀。

(3)森林质量不高,降低了水土保持功能。浙江省森林覆盖率较高,但原始植被较少,主导植被大多是人工栽培或自然发展起来的次生林,森林结构中针叶林多、阔叶林少,林种结构单一,纯林多、混交林少,水土保持功能不强。据统计,全省园地经济林地水土流失面积为1488.58平方公里,占水土流失总面积的16.04%。

(4)不合理的人为活动是重要外部因素。随着社会经济发展,各种建设项目不断扩大,土地资源逐渐紧张。近年来,乱砍滥伐、违规使用坡地等现象已很少出现,但无水土保持措施的顺坡耕作、低丘缓坡地开发、不合理土地利用方式仍在发生,生产建设项目水土保持措施仍然滞后,加剧了水土流失的发生发展。此外,船行波对河岸的冲刷也会造成河岸坍塌。

3.1.6　城市化地区评价

按照《技术方法（试行）》，城市化地区评价单元为主体功能区划的优化和重点开发区域，采用水气环境黑灰指数为特征指标，由城市黑臭水体污染程度和 $PM_{2.5}$ 超标情况集成获得，并结合优化开发区域和重点开发区域对城市水和大气环境的不同要求设定差异化阈值。

3.1.6.1　浙江省城市化地区基本情况

根据《浙江省主体功能区规划》，城市化地区包括优化开发区域和重点开发区域。优化开发区域包括杭州市区、萧山区、余杭区、富阳区、宁波市区、鄞州区、余姚市、慈溪市、嘉兴市区、嘉善县、海宁市、桐乡市、湖州市区、德清县、长兴县、绍兴市区、柯桥区、上虞区、舟山市区。该区域综合实力较强，能够体现区域竞争力；经济规模较大，能够支撑带动区域经济发展；城镇体系比较健全，有条件形成具有影响力的都市区；内在经济联系紧密，区域一体化基础较好；科技创新实力较强，能引领并带动区域自主创新和结构升级。重点开发区域包括温州市区、洞头区、平阳县、苍南县、瑞安市、乐清市、奉化区、象山县、宁海县、诸暨市、嵊州市、金华市区、金东区、兰溪市、义乌市、东阳市、永康市、岱山县、衢州市区、台州市区、温岭市、临海市、玉环市、三门县、丽水市区。该区域具有较强的经济基础，一定的科技创新能力和较好的发展潜力；城镇体系初步形成，有条件形成新的区域性城镇群；能够带动周边地区发展，促进浙江省区域协调发展。

根据《浙江省主体功能区规划》，优化开发区须重点在 3 个方面进行优化开发：①转变发展方式。把提高经济增长质量和改善生态环境放在首位，改变依靠大量占用土地、消耗资源和排放污染的发展模式，率先实现经济发展方式的根本性转变。②强化创新驱动。把创新驱动发展摆在核心战略位置，坚持以优化产业结构为主攻方向，打造浙江经济"升级版"，推进产学研协同创新，加强创新团队和创新人才队伍建设，全面提高创新能力。③优化产业结构。推动产业结构向高端、高效、高附加值转变，加快构建现代产业体系，增强战略性新兴产业、先进制造业、高新技术产业和现代服务业对经济增长的带动作用。

根据《浙江省主体功能区规划》，重点开发区须重点在 3 个方面进行重点开发：①构筑现代产业体系。着力推进产业转型升级，培育发展战略性新兴产业，加快发展先进制造业，大力发展现代服务业，建设一批国际化现代产业集群，增强产业竞争力。②提升城市功能。增强中心城市综合服务功能，加快构建都市区，积极推进小城市和中心镇培育，提高城市集聚和辐射能力。③促进人口合理集聚。加快户籍制度改革,完善城市基础设施和公共服务,加强现代产业体系建设与人才结构优化互动,进一步提高城市的人口承载能力。

3.1.6.2 评价数据

1. 城市水环境质量(黑臭水体)

根据住房和城乡建设部发布的《城市黑臭水体整治工作指南》,城市黑臭水体是城市建成区内,呈现令人不悦的颜色和(或)散发令人不适气味的水体的统称,城市黑臭水体污染程度的分级标准根据透明度、溶解氧等指标确定。以城市河流黑臭水体污染程度及实测长度为基础数据,与建设用地中的城市和建制镇面积进行比较,计算城市黑臭水体密度、重度黑臭比例两项指标,并对优化开发区域和重点开发区域按照不同的阈值处理。按照重度黑臭比例指标权重较高的原则,划分城市水环境质量(黑臭水体)评价等级。

根据各评价单元水环境监测点监测数据判断城市水环境质量(黑臭水体)相关指标,44 个评价单元共涉及地表水县控以上断面 800 个。按照同一评价单元选取水质最差断面作为评价单元水质情况判断依据,对评价单元水质情况进行定性判断。各水环境监测点数据由站点监测汇总得到。

2. 城市环境空气质量($PM_{2.5}$)

国家规定的 $PM_{2.5}$ 测定以空气中的浓度值为主要标准,年均浓度值和 24 小时平均浓度值分别以超过 35 微克/立方米和 75 微克/立方米为识别空气污染的标准下限。

$PM_{2.5}$ 以年超标天数为评价指标,评价数据为环境监测站点提供的区县 $PM_{2.5}$ 年均浓度和城市的超标天数,数据缺失区县可采用普通克里金法等插值方法进行推算。

3. 水气环境黑灰指数

根据城市黑臭水体污染程度和 $PM_{2.5}$ 超标情况,结合优化和重点开发区域对城市水气环境的差异化等级划分,集成得到水气环境黑灰指数评价结果。将两者均为重度污染或 $PM_{2.5}$ 严重污染的划为超载,将两者中任意一项为重度污染、或两者均为中度污染的划为临界超载,其余为不超载。

3.1.6.3 评价结果

根据评价方法及参数,以 2015 年为评价年,对城市化地区 44 个评价单元进行评价。根据城市黑臭水体污染程度(无黑臭水体)和 $PM_{2.5}$ 超标情况,结合优化和重点开发区域对城市水气环境的差异化等级划分,集成得到水气环境黑灰指数评价结果,44 个评价单元均为不超载。见附录二。

尽管所有 44 个评价单元评价结果均为不超载,但其中有 20 个评价单元水质最差断面为劣 V 类,主要原因有以下几方面。

(1)人为污染物排放对环境造成负面影响。水质最差断面等级为劣 V 类的 20 个评价单元中,杭州市区、萧山区、余杭区、宁波市区、鄞州区、慈溪市、海宁市、绍兴市区、舟山市区、温州市区、玉环市等 11 个评价单元人均 GDP 均在 10 万元以上,处于浙江省领先水平。城市经济的增长速度越快,经济活动就越加频繁,当经济活动释放的污染废弃物超过自然和人为环境的分解及容量时,经济增长便会对环境造成显著的负面影响。

(2)平原河网因素及环境保护设施建设滞后导致水环境质量较差。如温州市除洞头区水质为 II 类(龙潭坑水库断面)外,其余 5 个县(市、区)水质最差的断面类别均为劣 V 类,这些断面都分布在温州平原河网。温州市水质最差断面类别为劣 V 类的评价单元人均水资源量都低于浙江省平均水平,人口密度都高于浙江省平均水平。除温州市区外,平阳县、苍南县、瑞安市、乐清市污水处理率均低于浙江省平均水平。

3.1.7 农产品主产区评价

农产品主产区是指具备较好的农业生产条件,以提供农产品为主体功能,以提供生态产品、服务产品和工业品为辅助功能,在国土空间开发中限制进行大规模高强度工业化城市化开发,以保持并提高农产品生产能力的区域。按照《技术方法(试行)》,农产品主产区评价主要以耕地质量变化综合指数为评价指标。

3.1.7.1 浙江省农产品主产区发展现状

根据《浙江省主体功能区规划》,浙江省农产品主产区主要为国家确定的产粮大县,由嘉兴部分和衢州部分组成,分别包括嘉兴市的海盐县、平湖市和衢州市的衢江区、江山市、龙游县等 5 个国家产粮大县。该区域具备良好的农业生产条件,以提供农产品为主体功能,以提供生态产品、服务产品和工业品为辅助功能,在国土空间开发中应限制进行大规模高强度工业化城市化开发,以保持并提高农产品生产能力。其中,嘉兴片区主要开发导向在稳定粮食生产基础上,积极发展蔬菜、果品、水产、蚕桑、食用菌、花卉苗木等主导产业,培育种子种苗产业、休闲农业;推广粮经复合、种养结合、生态循环等模式;大力实施农产品品牌战略,发展壮大无公害农产品、绿色食品和有机食品规模,创建一批知名农产品示范品牌。衢州片区主要开发导向为在稳定粮食生产基础上,进一步提升柑桔、茶叶、竹木、油茶、花卉苗木等特色产业发展水平,加快培育山区生态休闲农业、丘陵绿色无公害农业和盆地现代高效农业,大力发展生态循环农业和休闲观光农业等新业态;大力实施农产品品牌战略,打响绿色农产品区域品牌,构建重要的绿色特色农产品基地。

按照《浙江省主体功能区规划》,该类地区要严格保护耕地,尤其是基本农田,稳定粮食生产,增强农业综合生产能力,保障农产品供给,确保粮食和食物安全,发展现代农业,增加农民收入。

(1)调整农业开发方式。积极推进农业规模化、产业化,发展农产品深加工。控制开发强度,优化开发方式,发展循环农业,促进农业资源的永续利用。鼓励和支持农产品、畜产品、水产品加工副产物的综合利用。加强农业面源污染治理。

(2)优化农业生产布局。搞好农业布局规划,科学确定不同区域农业发展的重点,形成优势突出和特色鲜明的产业带。

(3)加大农业基础设施建设。推进土地整理,加强农田水利、路渠、电力配套设施,强化耕地重金属污染监测。深入实施标准农田质量提升工程,通过增施有机肥、农艺修复、农牧结合等地力培肥措施,加大中低产田改造力度,提高耕地地力。鼓励和支持利用新能源开展农业生产。强化人工影响天气基础设施和科技能力建设,提高人工增雨防雹作业保护效益。

3.1.7.2 评价数据

浙江省农产品主产区所包括的 5 个县(市、区)无国家耕地质量监测点,但均有建立浙江省省级耕地质量长期定位监测点(分别建于 2008—2011 年),建立后每年对肥料投入、作物产量与养分吸收、土壤有机质、全氮、有效磷、速效钾、缓效钾含量和 pH 值变化等进行详细记录和检测分析。位于农产品主产区内可用于评价的监测点共 18 个,其中,平湖市 5 个、海盐县 2 个、衢江区 3 个、龙游县 3 个、江山市 5 个。但是,考虑到用仅有的 18 个省级耕地质量长期定位监测点数据来反映整个农产品主产区耕地质量状况,显然点位数量严重不足,缺少代表性,无法较全面地反映农产品主产区耕地质量。因此,本研究利用"长三角区域耕地地力汇总评价"中确定的 489 个土壤取样调查点,开展农产品主产区耕地质量评价,包括土壤有机质、全氮、有效磷、速效钾、缓效钾含量和 pH 值所处等级评定。由于该批样点中本次评价涉及的 6 项指标值均代表的是 2010 年前后耕地质量,所以把 2010 年作为此次评价基准年。

3.1.7.3 评价结果及分析

根据土壤 6 项特征指标,对农产品主产区 5 个县(市、区)489 个土壤取样调查样点土质进行评价,各县(市、区)土壤 pH 值与有机质、全氮、有效磷、速效钾、缓效钾含量情况如下。

土壤有机质含量。土壤有机质含量是衡量土壤肥力的重要指标,对土壤形成、环境保护及农林业可持续发展等都有着极其重要作用的意义。农产品主产区土壤有机质含量整体较为乐观,等级为丰富、较丰富、中等的占比分别为 44%、35%、11%。从评价结果来看,嘉兴部分(海盐与平湖)以丰富、较丰富为主,而衢州部分(衢江、龙游与江山)相对要差一些。

土壤全氮是作物生长发育所必需的营养元素之一,也是农业生产中影响作物产量的最主要的养分限制因子。农产品主产区土壤全氮含量整体较为乐观,等级为丰富、较丰富、中等的占比分别为 55%、15%、14%,土壤全氮含量与有机质含量等级分布基本一致,两者在各县(市、区)均呈较高的正相关性。

磷元素在作物营养中扮演相当重要的角色,是作物生长及生殖不可缺少的大量元素之一,而有效磷是土壤中可被作物吸收的磷组分。农产品主产区土壤有效磷含量以缺乏为主,等级为极缺乏、缺乏、较缺乏的占比分别为 45%、17%、11%,累计达 73%,其中衢州部分相对嘉兴部分更为缺乏。

钾同样是作物生长必需的营养元素之一,对作物产量和品质影响很大,也被称为品质元素,而土壤速效钾的水平是决定当季作物钾肥肥效的重要因素。农产品主产区土壤速效钾含量同样以缺乏为主,等级为极缺乏、缺乏、较缺乏的占比分别为 18%、33%、18%,累计达 69%。除海盐各等级土壤速效钾含量相对平均外,其他农产品主产区各县(市、区)均以缺乏为主,而衢州部分相对嘉兴部分更为缺乏。这可能与种植制度有一定的关系。农产品主产区也是粮食主产区。为保障粮食生产,浙江省长期较高强度种植,增加粮食种植复种指数。在收获过程中农田中大量养分被带走,极易导致土壤出现磷钾缺乏。土壤缓效钾是速效钾的贮备库,土壤缓效钾的高低主要由成土母质所决定,具有明显的地带性。浙江省耕地土壤缓效钾含量普遍较低。

土壤 pH 值是影响土壤养分有效性的重要因素,也直接影响作物生长和对肥料的吸收利用等。过酸或过碱土壤都不利于大部分农作物正常生长,导致作物减产和品质下降。浙江省农产品主产区耕地整体土壤 pH 值呈偏酸性,489 各点位中,约 17% 属于中性,33% 属于中弱酸,42% 属于强酸性,另有 4% 达到极酸性,其余 4% 属于中等碱性,可见土壤酸化现象较为严重。嘉兴部分的农产品主产区耕地土壤pH值适中,而衢州部分的农产品主产区土壤pH值以酸性为主,龙游、江山60%以上呈偏酸性,少部分达极酸性水平。整体上来看,土壤pH值呈沿海地区高于内陆地区之势,这可能和土壤母质有关,沿海主要以偏碱性的盐碱土为主,而金衢盆地以酸性较强的红黄壤为主。

同时,研究利用18个省级耕地质量监测点2010—2015年期间的监测数据来计算耕地质量变化情况。总体来看,农产品主产区耕地质量整体稳中向好。在18个长期定位监测点中,11个点耕地质量呈趋良态势,占总体的61%,7个点耕地质量呈稳定态势,占总体的39%,没有点位耕地质量呈恶化态势。与基准年耕地质量各特征指标情况类似,在18个农产品主产区监测点中,耕地质量趋良比例嘉兴片区(71%)要高于衢州片区(54%)。以上结果反映了浙江省大力推广测土配方施肥、开展耕地地力提升等措施取得的成效。同时,通过调研得知,嘉兴片区在耕地质量保护与提升中的资金投入高于衢州片区,这一定程度上也在两个片区的耕地质量趋良比例上得到体现。

从各监测点2010—2015年耕地质量各项指标等级变化和统计结果来看(表3-9),无论是监测点个数,还是变化幅度,有效磷、速效钾含量的等级变化较大,而pH值和有机质、全氮含量相对稳定,缓效钾含量则非常稳定。从各指标等级变化方向来看,通过测土配方施肥,土壤pH值和有效磷、速效钾含量等较易改变的理化性状在总体上表现为较好的改良态势,而较难短期提升的土壤有机质含量在总体上还略有小幅下降,这也说明了在推广测土配方施肥的同时,还须加强增加有机肥和种植绿肥还田,逐步提高土壤有机质含量,改良土壤基础肥力。

表3-9 2010—2015年耕地质量各项指标等级变化

指标 等级		pH值	有机质	全氮	有效磷	速效钾	缓效钾
提高	点数	4	2	2	9	8	0
	占比	22%	11%	11%	50%	44%	0%
下降	点数	1	4	1	3	1	0
	占比	6%	22%	6%	17%	6%	0%

按照取各监测点平均值的方法,计算农产品主产区各县(市、区)2010—2015年耕地质量变化综合指数(表3-10)。从结果来看,农产品主产区5个县(市、区)耕地质量均呈趋良态势。各县(市、区)土壤有机质、全氮、缓效钾含量等级均无变化,pH值等级只有平湖市发生变化,而有效磷、速效钾含量等级变化较大,与直接统计监测点等级变化结果基本类似。

表 3-10 农产品主产区各县(市、区)耕地质量变化综合指数

县(市、区)	各指标等级变化(ΔCG_i)						ΔCG	变化趋势
	pH 值	有机质	全氮	有效磷	速效钾	缓效钾		
海盐县	0	0	0	-2	-4	0	0	趋良
平湖市	-1	0	0	-2	-1	0	0	趋良
衢江区	0	0	0	0	-1	0	0	趋良
龙游县	0	0	0	-4	0	0	0	趋良
江山市	0	0	0	0	0	0	0	趋良

3.1.8 重点生态功能区评价

根据《技术方法(试行)》,水源涵养、水土保持、防风固沙和生物多样性维护等不同重点生态功能区类型,分别采用水源涵养指数、水土流失指数、土地沙化指数、栖息地质量指数为特征指标,评价生态系统功能等级。浙江省内各县市均为水源涵养型,因此本研究均采用水源涵养指数进行评价。

3.1.8.1 浙江省重点生态功能区发展现状

根据《浙江省主体功能区规划》,全省重点生态功能区包括淳安县、文成县、泰顺县、磐安县、开化县、遂昌县、云和县、庆元县、景宁畲族自治县和龙泉市等10个县级单元。该区域生态敏感性较强,生态系统十分重要,关系到全省乃至更大区域范围生态安全,需要在国土空间开发中限制进行大规模高强度工业化城市化开发,以保持并提高生态产品供给能力。生态经济地区包括桐庐县、建德市、临安市、永嘉县、安吉县、新昌县、武义县、浦江县、常山县、嵊泗县、天台县、仙居县、青田县、缙云县和松阳县等15个县级单元[①]。该区域生态服务功能较为重要,具有一定的资源环境承载能力,在保护生态的前提下可适度集聚人口和发展适宜产业。重点生态功能区和生态经济地区分布见表 3-1。

重点生态功能区经济基础较为薄弱,亩均生产总值、人均生产总值在全省处于较低水平。2015 年,全省重点生态功能区和生态经济地区总面积 6744.28 平方公里,接近浙江省总面积的一半,创造 4319.95 亿元地区生产总值,仅占全省

---

① 由于嵊泗县为海岛县,生态植被在海域环境和陆域环境所能达到的要求不同,评价标准也应有所不同。同时,海洋专题又涵盖了海岛评价,因此未将其考虑在研究范围内,下文评价单元中生态经济地区不含嵊泗县。

地区生产总值的 8.6%。按产业结构分类,农业占比相对较高,占全省的 16.9%;工业和建筑业占全省的 9.0%;服务业占比最小,仅占全省的 7.6%。户籍人口 955.92 万人,占全省户籍人口的 17.6%。按户籍人口计算,人均生产总值 45719 元,仅为全省 48.9%。

按照《浙江省主体功能区规划》,该类地区发展以生态保护为主,并适当发展生态产业,主要为以下 5 个方面。

(1)提高水源涵养能力。推进天然林保护和围栏封育,严格保护具有水源涵养功能的自然植被,加大江河源头和上游地区的植树造林力度,禁止过度无序采矿、毁林开垦、侵占湿地等行为,切实保护流域水资源环境。

(2)维护生物多样性。加强生物资源的保护,保持和恢复野生动植物物种种群的平衡,加强防御外来物种入侵的能力,维护生态环境和生物多样性安全。

(3)发展适宜产业。在不损害农业和生态服务功能的前提下,科学开发矿产资源,因地制宜适度开展资源开采、农林产品生产和加工、观光休闲农业、生态工业和绿色服务业,严格控制污染排放,形成以生态产业为主的经济结构。

(4)有序引导人口转移。控制区域人口的总量和密度,促进城镇和村庄适度发展,实施生态移民工程,鼓励和引导人口向重点开发区域和优化开发区域有序转移,缓解区域人口增长与生态环境保护之间的矛盾。

(5)改善公共服务设施。加强道路、给排水、清洁能源、垃圾处理等设施建设,改善教育、医疗、文化等公共服务设施条件,提高基本公共服务供给能力和水平。

3.1.8.2 评价数据

根据《技术方法(试行)》测算水源涵养指数。其中,10 个国家级重点生态功能区和 14 个省级生态经济地区的各类生态系统面积由林业部门提供,包括森林生态系统面积(常绿阔叶林、常绿针叶林、针阔混交林、落叶阔叶林、落叶针叶林、稀疏林),灌丛面积(常绿阔叶灌丛、落叶阔叶灌丛、针叶灌丛、稀疏灌丛),湿地面积(近海与海岸湿地、河流湿地、湖泊湿地、沼泽湿地、人工湿地)。由于浙江省重点生态功能区和生态经济地区竹林面积比较大,本研究参考国家方法编制单位中科院生态中心对森林生态系统的分类方法[1],将竹林作为常绿阔叶林测算水源涵养指数(表 3-11)。24 个评价单元 2015 年蒸发量和降水量数据由气象部门提供的,其中松阳县 2016 年开始有观测资料,2015 年蒸发量和降水量采用临近 3 县市平均值代替。

表 3-11　森林生态系统分类

森林生态系统类型		代表树种
落叶针叶林	寒温带和温带山地针叶林	兴安落叶松、西伯利亚落叶松、华北落叶松等
	温带针叶林	油松、赤松、白皮松等
常绿针叶林	亚热带和热带山地针叶林	大白红杉、台湾铁杉、云南铁杉等
	亚热带和热带针叶林	马尾松、云南松、海南松等
落叶阔叶林	温带落叶阔叶林	蒙古栎、白桦、山杨等
	亚热带落叶阔叶林	青檀、化香、枫香、枸树等
常绿阔叶林	亚热带常绿阔叶林	以栲属、石栎属、青冈属等为主
	热带雨林、季雨林	望天树、青皮、黄葛树等
	亚热带、热带竹林和竹丛	毛竹、箭竹、麻竹等
针阔混交林	温带针阔混交林	红松、蒙古栎、紫椴、风桦等
	亚热带针阔混交林	铁杉属与槭、桦、青冈等

3.1.8.3　评价结果及分析

本研究按照《技术方法（试行）》，测算 10 个列入国家级重点生态功能区和 14 个列入省级生态经济地区的市县的水源涵养指数。结果显示（表 3-12），在国家级重点生态功能区市县中，开化县水源涵养指数最高，达到 54.41％；淳安县其次，为 54.39％；文成县水源涵养指数最低，为 37.56％。在 14 个省级生态经济地区中，建德市水源涵养指数最高，达到 50.15％；缙云县其次，达到 48.81％；天台县水源涵养指数最低，为 33.13％。所有县市水源涵养指数均大于《技术方法（试行）》10％的阈值。

表 3-12　各评价单元水源涵养指数

国家级重点生态功能区			省级生态经济地区		
序号	县市	水源涵养指数	序号	县市	水源涵养指数
1	开化	54.41％	1	建德	50.15％
2	淳安	54.39％	2	缙云	48.81％
3	泰顺	53.54％	3	桐庐	46.53％
4	遂昌	50.92％	4	松阳	46.38％
5	云和	49.92％	5	临安	44.44％

国家级重点生态功能区			省级生态经济地区		
序号	县市	水源涵养指数	序号	县市	水源涵养指数
6	磐安	49.73%	6	浦江	43.53%
7	庆元	48.33%	7	常山	49.74%
8	龙泉	45.98%	8	青田	42.71%
9	景宁	40.23%	9	武义	42.18%
10	文成	37.56%	10	仙居	40.94%
			11	新昌	38.36%
			12	永嘉	36.73%
			13	安吉	34.63%
			14	天台	33.13%

根据评价结果,浙江省 24 个评价单元均不超载,但各评价单元之间存在着一定的差异性。从评价指标上来看,主要是由不同区域的地表植被、水域分布等因素造成的,主要体现在 3 个方面。

(1)森林覆盖率。森林通过林冠层、枯枝落叶层和土壤层等 3 个水文作用层对降水的截留、吸持,削弱了降雨侵蚀力,通过枯枝落叶和根系作用,改善土壤结构,提高了土壤的抗冲、抗蚀能力,增加土壤渗透率,延长径流形成的时间,减少地表径流量;削减洪峰流量,增加枯水期流量,起到良好的水源涵养作用。按照《技术方法(试行)》,一个地区的水源涵养能力与森林植被覆盖情况和类型高度相关。24 个评价单元中,庆元、龙泉、遂昌、云和、磐安、开化、青田、仙居的森林覆盖率超过 80%,新昌、天台、文成等森林覆盖率较低,接近全省的平均水平。

(2)林相结构(本研究主要以阔叶林及针阔混交林占森林面积比重作为参考指标)。调整优化森林树种结构是有效提高森林质量,促进森林生态良性循环,稳定生态功能,实现森林高效经营的基本途径。从水源涵养的角度来看,阔叶林和针阔混交林涵养水源能力相对较强,因此提高阔叶林和针阔混交林是优化浙江省森林结构的方向。从评价结果来看,各评价单元中,新昌、仙居的阔叶林和针阔混交林占森林面积比例最高,达到 50% 以上,大部分县市在 20%～40%,开化、缙云、青田比例较低。

(3)湿地面积占比。湿地在提供水资源、调节气候、涵养水源、均化洪水、促淤造陆、降解污染物、保护生物多样性和为人类提供生产、生活资源等方面发挥了重要作用。按照《技术方法（试行）》，湿地的地表径流系数设置为 0，表明湿地系统在水源涵养方面的功能明显优于其他生态系统类型。表 3-13 显示，各评价单元中，淳安湿地面积占比为全省之最，达到 11.16％，主要是有千岛湖为主的大型水域。青田、建德、云和、景宁、安吉、仙居的湿地面积占比也比较大。但总体而言，大部分县市湿地面积占比都在 3‰ 以内，区域差异不是很明显。

总体来看，在 24 个评价单元中，水源涵养能力相对较弱的安吉、文成、天台、永嘉等森林覆盖率相对较低，且森林结构（阔叶林和针阔混交林占森林面积比例）相对较差；水源涵养能相对较强的开化、淳安、泰顺、遂昌等森林覆盖率较高，且淳安湿地面积大。

表 3-13　各评价单元湿地面积占比

重点生态功能区	湿地面积占比	森林覆盖率	阔叶林和针阔混交林占比	生态经济地区	湿地面积占比	森林覆盖率	阔叶林和针阔混交林占比
龙泉	1.01％	83.05％	35.76％	安吉	2.52％	71.44％	23.31％
景宁	2.53％	80.27％	33.18％	青田	3.10％	81.81％	22.58％
庆元	0.60％	86.90％	36.54％	缙云	1.20％	78.82％	21.22％
遂昌	1.13％	83.88％	35.94％	临安	1.34％	79.57％	43.35％
云和	3.22％	81.95％	32.13％	建德	2.67％	76.65％	30.77％
淳安	11.16％	77.22％	31.50％	松阳	1.03％	78.32％	25.62％
泰顺	1.80％	77.87％	24.79％	天台	1.96％	70.22％	30.41％
文成	2.12％	70.89％	23.86％	武义	1.47％	72.51％	32.49％
磐安	0.79％	83.69％	33.13％	仙居	2.21％	80.11％	55.55％
开化	0.93％	81.84％	20.28％	浦江	1.36％	71.55％	38.86％
				常山	2.11％	73.08％	35.88％
				桐庐	2.82％	76.21％	44.24％
				新昌	1.85％	66.77％	58.98％
				永嘉	2.62％	74.95％	29.47％

3.2　海域评价

3.2.1　评价单元划分

浙江省海域位于东海中西部，与上海市和福建省相邻，海域面积约 4.4 万平方公里,海岸线总长约6600公里,其中海岛约4370个,重要湾区包括杭州湾、象山港、三门湾、台州湾、乐清湾、瓯江口等。根据浙江省级海洋功能区划(2011—2020)分区,海域评价涉及26个县级行政单元,其中市辖区10个、县级市8个、县8个。根据《浙江省海洋主体功能区规划》,全省共有24个优化开发区,占比77.4%;7个限制开发区,占比22.6%;另有18个禁止开发区。按照《技术方法(试行)》要求,海洋空间、海洋渔业、海洋生态环境、海岛资源环境4项基础评价对象为沿海26个县级行政单元;同时开展重点开发用海区、海洋渔业保护区、重点海洋生态功能区3项专项评价。

具体评价单元如下。市辖区10个:宁波市北仑区、镇海区、鄞州区、奉化区;温州市龙湾区、洞头区;舟山市定海区、普陀区;台州市椒江区、路桥区。县级市8个:余姚市、慈溪市、瑞安市、乐清市、平湖市、温岭市、玉环市、临海市。县8个:象山县、宁海县、平阳县、苍南县、海盐县、岱山县、嵊泗县、三门县。

3.2.2 海洋空间资源评价

3.2.2.1 浙江省海洋空间资源现状

按照《技术方法(试行)》,海洋空间资源评价主要研究海岸线和近岸海域空间资源承载状况,采用岸线开发强度、海域开发强度评价指标,分别反映海岸线和近岸海域空间开发状况。

1. 海岸线现状

根据海岸线的成因、物质组成和生态特征综合分析,浙江省海岸线类型可分为自然岸线、人工岸线和河口岸线3类。浙江省大陆海岸线总长2134.22公里,其中自然岸线770.34公里,占36.10%(即自然岸线保有率为36.10%);人工岸线1339.63公里,占62.77%;河口岸线24.25公里,占1.13%。浙江省海岛海岸线总长4432.59公里,其中自然岸线3479.1公里,占78.49%;人工岸线953.47公里,占21.51%;河口岸线0.02公里。

(1)大陆海岸线。按照沿海设区市级行政区划来看,宁波市大陆海岸线最长,为823.76公里;台州市次之,为725.90公里;温州市为502.45公里;嘉兴市大陆海岸线最短,仅为82.13公里。按照沿海县级行政区划来看,宁波象山县大陆海岸线最长,为322.52公里,温州鹿城区大陆海岸线最短,仅为9.39公里。

(2)海岛海岸线。按照沿海设区市级行政区划来看,舟山市海岛海岸线最长,为2369公里,占浙江省海岛海岸线总长度的53%以上;宁波市次之;嘉兴市海岛海岸线最短。按照沿海县级行政区划来看,普陀区海岛海岸线最长,为

806.33 公里。宁波镇海区海岛海岸线最短,为 0.82 公里。

2.海域使用现状

根据国家海域使用管理系统的统计结果,截至 2015 年 12 月 31 日,浙江省现状确权项目用海 3046 个,用海面积 57987.84 公顷。其中,渔业用海项目 520 个,用海面积 28343.78 公顷;工业用海项目 935 个,用海面积 12751.54 公顷;交通运输用海项目 1058 个,用海面积 6986.99 公顷。以上 3 种用海类型项目数量占浙江省用海项目总数的 82.5%,用海面积占浙江省总用海面积的 82.9%。

2015 年,浙江省共新增确权用海项目 227 个,其中渔业用海项目 37 个、工业用海 71 个、交通运输用海 37 个。2015 年全年新增造地工程用海 714.03 公顷,占 2015 年浙江省新增用海面积 20.9%。

3.2.2.2 评价数据

1.岸线开发强度(S_1)

选取围塘坝(围海养殖、渔港等)、防护堤坝、工业与城镇、港口码头岸线等 4 类主要岸线开发利用类型,根据各类海岸开发活动对海洋资源环境影响程度的差异,计算岸线人工化指数。海洋功能区划是海洋空间开发利用管理的基本依据。以省级海洋功能区划为基础测算岸线开发利用标准。根据岸线人工化指数与该区域海岸线开发利用评价标准之比,得到岸线开发强度(S_1)。

本评价采用 2015 年大陆海岸线调查数据、"我国近海海洋综合调查与评价"专项(908 专项)(2003—2007)海岛海岸线数据、《浙江省海岸线保护与利用规划》、2015 年高分影像和《浙江省海洋功能区划(2011—2020 年)》及海域使用确权数据,结合省海洋与渔业局动态监管中心相关资料统计分析,并用 GIS 进行分类解析,将岸线依据《技术方法(试行)》要求归类。

2.海域开发强度(S_2)

选取渔业、交通运输、工业、旅游娱乐、海底工程、排污倾倒、造地工程用海等海域使用类型,根据各种使用类型对海域资源的耗用程度和对其他用海的排他性强度差异,计算海域开发资源效应指数。以海洋功能区划和海洋主体功能区规划为基础,测算海域空间开发利用评价标准。根据海域开发资源效应指数与海域空间开发利用标准之比,得到海域开发强度(S_2)。

本评价以 2015 年 12 月 31 日为基准日期,以《浙江省海洋功能区划(2011—2020 年)》为基准范围,利用 GIS 软件对国家海域动态监视监测管理系统的海域使用现状权属矢量数据开展空间分析,并按照海域使用一级类和二级类分析统计,得到省市县各级不同用海类型的用海面积;将海洋功能区划按功能区类型分类统计省市县各级面积,并分别赋值(允许开发因子)。

3.2.2.3 评价结果

1.岸线开发强度评价结果

根据评价方法及参数,以 2015 年为评价年,对海洋岸线开发强度进行评价。结果显示,以省级和设区市行政区为评价单元,浙江省级和 5 个沿海市岸线开发强度均处于适宜状态;以县级行政区划为评价单元,余姚、慈溪地区岸线开发强度较高,镇海区、乐清市、龙湾区岸线开发强度处于临界状态,其余县(市、区)岸线开发强度适宜(详见附录二)。

2.海域开发强度评价结果

根据评价方法及参数,以 2015 年为评价年,对海洋海域开发强度进行评价。结果显示,以省级和设区市级行政区划为评价单元,浙江省级和 5 个沿海市海域开发强度均处于适宜状态;以县级行政区划为评价单元,北仑区和鄞州区处于临界状态,其余县(市、区)海域开发强度为适宜(详见附录二)。

根据评价结果,宁波余姚、慈溪地区岸线开发强度较高,宁波镇海区、温州龙湾区和乐清市岸线开发强度临界。

(1)余姚慈溪地区和镇海区。宁波市大规模围垦出现于 1958 年和 2004 年,围垦高峰期为 20 世纪 70 年代和 21 世纪初。20 世纪 70 年代,全市共围垦 30 万亩,而 2000—2005 年围垦约 15 万亩;滩涂围垦的主要区域为甬江口以北的余姚慈溪地区、三门湾区域的宁海县和象山县。镇海区、北仑区的滩涂围垦面积也较大,约 12 万亩。根据《宁波市滩涂围垦总体规划(2007 年)》,计划围垦滩涂 36处,围垦面积约 85.77 万亩。宁波市岸线开发强度在沿海 5 市中最高,很大程度是历史原因,同时也与规划围垦规模较大有密切关系。余姚慈溪地区海岸线基本全是人工岸线,分布在余姚慈溪地区整个沿海,是余姚慈溪地区防潮护岸、围垦、渔港口航运等开发活动的主要区域。镇海区人工岸线主要分布在平坦地区,是镇海区防潮护岸、围垦、渔港口航运等开发活动的主要区域。大量的围垦项目是导致镇海区岸线开发程度较高的主要原因。

(2)乐清市。温州市乐清市是沿海城市,受台风影响很大。为防止台风侵扰,从新中国成立初期开始就建设防御台风的海塘。近 20 年来,由于水利基础设施投入的加大,原有标准海塘的防御等级越来越高。在《海域法》出台前,海塘不断外移,使海洋管理范围难以判断,同时也导致了乐清市自然岸线的消亡。

(3)龙湾区。温州市龙湾区经历海滨围垦、永兴围垦、天成围垦、丁山一期围垦及龙湾二期围垦等围填海施工,自然岸线演变为以海堤为主的人工岸线。近2年来,原生自然岸线除了基岩岸线以外,其余自然岸线随着海堤、码头修建,人工岸线急剧增加,自然岸线越变越少,仅占总海岸线的 1.50％。2000—2016 年,人工岸线增加最多。另外,人工岸线修筑加固等使岸线位置及长度发生变化。

3.2.3 海洋渔业资源评价

按照《技术方法(试行)》,海洋渔业资源评价主要根据游泳动物指数和鱼卵仔稚鱼指数两项指标,分析各评价单元的海洋渔业资源稳定情况。

3.2.3.1 浙江省海洋渔业资源现状

1. 浙江渔场渔业资源现状

浙江渔场是东海渔场的重要组成部分,主要包括舟山、鱼山、温台、舟外、鱼外、温外等 6 个渔场,总面积约 22.27 万平方公里。地处亚热带和暖温带交界处,岸线曲折,岛屿众多,海底平坦,东侧受黑潮主干流及其分支台湾暖流、黄海暖流的影响,西侧受江河径流影响,中间广阔海域为两大流系相互作用的海区,形成广阔的渔场。大量的江河径流入海,带来丰富的营养物质,使海域水质肥沃、饵料生物丰富。优越的自然环境为各种渔业资源提供了良好的繁殖生长、索饵和越冬条件,使本渔场成为我国渔业资源最丰富、生产力最高的渔场。

据浙江省渔业资源调查资料显示,浙江渔场共有水产动物资源种类 945 种,其中鱼类 729 种、头足类 29 种、甲壳类 130 种与其他类 57 种(包括软体动物中的螺类、棘皮动物中的海胆与腔肠动物门的海仙人掌等)。浙江省近年来年均捕捞产量为 322 万吨,其中捕捞产量达到 10 万吨以上的有 9 种(带鱼、鲳鱼、小黄鱼、梅童鱼、鲐鱼、蓝圆鲹、三疣梭子蟹、毛虾、鹰爪虾),产量达到 5 万吨以上的有15 种(除上述 9 种外,还有海鳗、马鲛、鳀鱼、白姑鱼、虾蛄、鱿鱼),产量达到 1 万吨以上的有 25 种(除上述 15 种外,还有鮸鱼、黄姑鱼、鲻鱼、沙丁鱼、马面鲀、龙头鱼、对虾类、章鱼类、乌贼类、蟳类)。其他经济价值较高的种类还包括青蟹、海蜇、石斑鱼、方头鱼、鲷类、哈氏仿对虾、管鞭虾类(红虾)等。

2. 浙江近岸(近海)海域渔业资源现状

浙江近岸海域是浙江渔场的重要组成部分,处于舟山渔场、鱼山渔场与温台渔场的西部海域,面积约为 4.7 万平方公里。优越的自然环境为各种渔业资源提供了良好的繁殖和索饵条件,是东海区主要渔业资源最重要的产卵与索饵场所。

据测算,浙江近岸海域渔业资源蕴藏量约为 120 万吨。近年来的渔业资源调查资料显示,浙江近岸海域共有水产动物资源种类 409 种,其中,鱼类 258 种,甲壳类 87 种、头足类 20 种、其他类(包括软体动物中的螺类、棘皮动物中的海胆、腔肠动物门的海仙人掌与节肢动物中的寄居蟹等)44 种。近 5 年的年均捕捞产量约为 70 万吨,包括小黄鱼、鲳鱼、带鱼、大黄鱼、梅童鱼、鲐鱼、蓝圆鲹、海鳗、马鲛、鳀鱼、虾蛄、鱿鱼、鲵鱼、黄姑鱼、鳓鱼、龙头鱼、长蛸、短蛸、曼氏无针乌贼、三疣梭子蟹、毛虾、哈氏仿对虾、中华管鞭虾、海蜇等。"四大海产"中的曼氏无针乌贼与大黄鱼的资源有所好转,而带鱼、小黄鱼资源在波动中略呈下降态势。

3.2.3.2 评价数据

渔获物中经济渔业种类所占比例及其 3 年平均值、渔获量、鱼卵密度及其 3 年平均值、仔稚鱼密度及其 3 年平均值等数据来源于 2013—2015 年秋季(11 月)与 2014—2016 年春季(5 月)对浙江近岸海域共 120 个站点的渔业资源调查资料。每个站点的调查内容主要包括渔业生物(包括鱼类、头足类与甲壳类等)、鱼卵仔稚鱼、浮游动植物、水温与盐度等。

(1)渔获物营养级:本概念由 Pauly 等提出,通过营养级的计算能够获得鱼类在食物链中所处的相对位置,平均营养级的变化还能反映出渔获物种群结构的变化[2],对于了解海洋生态型结构与功能的变化具有重要指示意义[3]。同时,短中期这一趋势也受市场需求、捕捞技术以及环境变化影响[4]。鉴于渔业资源的洄游特性,渔获物的营养级通常以海区(如东海区、渤海区、黄海区)为最小区域单元进行计算。因此,本研究中渔获物营养级的评价是以浙江近岸海域为最小区域单元,并视计算结果为各县(市、区)的评价结果。此外,由于尚无"区域平均营养级指数区域标准值",因此,"区域平均营养级指数区域标准值"用 3 年平均营养级指数替代。

(2)鱼卵及仔稚鱼密度:鱼卵、仔鱼和稚鱼是鱼类早期发育的 3 个不同阶段,其密度变化的研究是监测和研究渔业资源量动态变化的重要途径。20 世纪初,英国、德国、丹麦等欧洲国家的海洋生物学家已经对鱼卵、仔稚鱼的变化对渔业资源量的影响有了较为深入和细致的研究。

3.2.3.3 评价结果及分析

根据浙江省自身的自然资源禀赋及评价参数,以 2015 年为评价年,对海域评价单元进行评价。结果显示,26 个评价单元中,除平湖市和海盐县缺少数据外,其余 24 个评价单元的渔业资源综合承载指数均处于可载等级。各评价单元的海洋渔业资源承载能力评价结果见表 3-14。

表 3-14 浙江省海洋渔业资源承载能力评价结果

地级市	综合承载指数(F)	游泳动物指数(F_1)	鱼卵仔稚鱼指数(F_2)	评价结果
舟山市	2.60	3.0	2.0	可载
宁波市	2.60	3.0	2.0	可载
台州市	2.68	3.0	2.2	可载
温州市	2.60	3.0	2.0	可载

需指出的是,虽然各个评价单元渔业资源综合承载指数都显示可载,但从鱼卵仔稚鱼指数来看,均呈现下降趋势。与此同时,在评价游泳动物指数时可以发现,渔获物经济种类比例评价结果均为"基本稳定",但其 3 年平均值均在 4% 以上,特别是温州市,已经非常接近 5%(一旦超过 5%,评价结果即为下降)。可见浙江省近岸海洋渔业资源现状不容乐观。

(1)海洋捕捞的特殊性使得浙江省海洋渔业资源保护面临挑战。为修复振兴浙江渔场,近年来,浙江省推出了"一打三整治""幼鱼保护攻坚战"等举措,并收到了较好的效果。不过,由于渔业资源具有洄游特性,在全国非"一盘棋"的背景下,国内的海洋捕捞力度依然十分强大,对经济种类的破坏仍然严重,导致经济种类资源量的年间波动较大。2015 年,经济种类比例评价结果就接近"下降"。

(2)海洋生态环境的不健康与亚健康影响渔业资源增长。根据海洋生态环境评价,浙江省海洋环境和海洋生态评价结果呈现大量临界超载和超载的情况,48 个入海排污口全年排放入海污水总量约达 5.8 亿吨,陆源入海污染物总量仍居高不下。近海海洋生态环境的这种不健康和亚健康状态也导致了近海渔业资源逐渐衰退。

(3)生物量正常的年度波动使得渔业资源评价结果发生一定波动。大多数渔业资源作为生物资源都存在正常的资源量的年间波动,特别是中上层鱼类的年间波动更为剧烈。因此,2015 年的监测数据结果并不能完全代表近海渔业资源的真实情况。

(4)海水温度与盐度等自然条件也会影响渔业资源量评价。研究表明,表温是影响鱼卵孵化及仔稚鱼成活率的最重要的环境因子,在适宜的表温范围内,鱼卵孵化及仔稚鱼的成活率与表温呈正相关。近年来,受到全球变暖的趋势影响,海水表温持续上升,适宜的表温极大地提高了鱼卵的孵化率及仔稚鱼的成活率,使得 2015 年仔稚鱼密度明显高于 3 年平均值,这种不稳定导致仔稚鱼密度的评价结果为"下降"。此外,海水盐度是除了水温外另一影响鱼卵孵化及仔稚鱼成活率的重要环境因子,不同的盐度对鱼卵的孵化和仔稚鱼的变态发育有着不同的影响,2015年春季浙江近岸海水盐度可能有利于在该区近岸海域鱼卵的孵化和仔稚鱼的变态,从而影响鱼卵和仔稚鱼的评价结果。

3.2.4　海洋生态环境评价

海洋生态环境评价主要表征海洋生态环境承载状况,包括海洋环境承载状况和海洋生态承载状况,主要通过海洋功能区水质达标率以及浮游动物、大型底栖动物的生物量、生物密度变化等指标反映。

3.2.4.1　浙江省海洋生态环境现状

1. 浙江省海洋环境现状

"十二五"期间,浙江省海域劣Ⅳ类和Ⅳ类海水海域面积比例均值约为57.8%,一、二类海水海域面积均值约为27.6%,与"十一五"期间基本持平。重点港湾和河口中,杭州湾、甬江口、象山港、三门湾全海域和台州湾、乐清湾和温州湾大部分海域均为劣Ⅳ类海水。以2015年为例,仅海洋部门监测的钱塘江等6条主要河流就携带入海化学需氧量等主要污染物270万吨左右,48个入海排污口全年排放入海污水总量约达5.8亿吨,陆源入海污染物总量仍居高不下。但通过落实钱塘江、甬江、椒江、瓯江、飞云江、鳌江及入海溪闸污染物入海量目标和强化对直排海企业的污染整治,控制和减少了陆源污染物入海总量,同时加强海水养殖污染防治和船舶、港口污染综合防治,水质总体有所改善。浙江省全年66%的海域呈现富营养化状态,是全国近岸海域水质富营养化最严重的省份之一。2015年全海域发现赤潮12次,累计面积837.5平方公里,与上年相比下降,但仍居全国前列,其中有毒有害赤潮发生次数和面积同比有所减少。

近岸海域沉积物质量总体良好,除铜、锌、石油类和DDT少数监测站超标外,其他监测因子基本符合第一类海洋沉积物质量标准。与2014年相比,超标因子减少,铜和锌超标的测站比例均有下降,符合第一类海洋沉积物质量标准的测站同比分别上升15.9%和2.4%。海水增养殖区部分养殖贝类体内重金属残留量超标。海洋倾倒区和工业城镇用海区等功能区沉积物质量基本符合环境要求。

2. 浙江省海洋生态现状

海洋生物多样性基本保持稳定,浮游植物种类数稍有波动,浮游动物和底栖生物种类数略有上升。春秋两季海洋生物物种数变化较大,大部分重点港湾生物物种数和密度相对较高。近海渔业资源衰退趋势仍未得到根本性遏制,经济鱼类低龄化、小型化等现象仍不同程度存在。一些重要鸟类、海洋经济鱼类、虾、蟹和贝藻类生物产卵场、育肥场或越冬场逐渐消失,许多珍稀濒危野生生物濒临绝迹。大量海洋工程、港口海运等沿海开发活动给海洋生态环境带来巨大压力。重点港湾特别是杭州湾大型底栖生物密度和生物量偏低,乐清湾内浮游植物密度明显低于正常范围,大型底栖生物密度明显高于正常范围。海洋保护区主要保护对象状况总体良好,但部分保护区发现互花米草、加拿大一枝黄花、巴西乌龟、美国黄鱼等外来生物入侵现象。

3.2.4.2 评价数据

根据 2015 年 8 月份全省海洋环境趋势性监测与调查结果,获得包括全省 312 个监测站点无机氮(DIN)、活性磷酸盐(PO_4-P)、化学需氧量(COD)、石油类等主要参数的水质数据,最终得到能覆盖沿海各个评价单元的水质分类图。根据《浙江省海洋功能区划(2011—2020 年)》获得各个海洋功能区类型,并以此为依据,对照一级海洋功能区水质达标率的评价标准得到各个海洋功能区的水质要求。同时,将水质分类图与海洋功能区区划图进行叠加,计算统计农渔业区、旅游休闲娱乐区、海洋保护区、工业与城镇用海区、港口航运区、矿产与能源区、特殊利用区和保留区等 8 类一级海洋功能区的各级水质占比,统计得到各类海洋功能区的水质达标率。根据 2013—2015 年全省夏季海洋生物多样性监测数据,得到浮游动物 I 型网和大型底栖动物定量监测数据。

(1)海水水质要求:根据《海水水质标准》(GB 3097—1997),海水水质要求包括 DIN、PO_4-P、COD、石油类等指标。但由于浙江省地处长江、钱塘江河口区域,陆源入海的氮磷污染物对近岸海域的影响范围较广,氮磷营养盐本底较高,海域水质环境年际波动较大,且执行现行的海域环境承载能力评价阈值,不能够客观反映真实的海洋环境承载能力水平。因此,本研究中评价海洋环境的指标中不考虑无机氮和活性磷酸盐,只对选取的 312 个监测站点(表 3-15)pH 值、化学需氧量、石油类、溶解氧、铜、汞、镉、铅 8 个水质参数,运用改进的距离反比例法进行插值和等值面提取,最终生成全海域水质状况分类图。

(2)浙江省海洋功能区划:根据《浙江省海洋功能区划(2011—2020 年)》(2016 年修订版),浙江省海洋主体功能区划分为农渔业区、港口航运区、工业与城镇用海区、矿产与能源区、旅游休闲娱乐区、海洋保护区、特殊利用区和保留区共 8 类、22 个二级类,共划出 222 个功能区(表 3-16)。

表 3-15　2015 年 8 月海洋环境趋势性监测站点

序号	属地		站点数（个）	
1	嘉兴市	海盐	17	5
2		平湖		12
3	舟山市	岱山	66	18
4		定海		9
5		普陀		18
6		嵊泗		21
7	宁波市	北仑	57	4
8		慈溪		8
9		奉化		3
10		宁海		9
11		象山		28
12		鄞州		1
13		余姚		1
14		镇海		3
15	台州市	三门	82	20
16		温岭		12
17		玉环		19
18		椒江		20
19		临海		6
20		路桥		5
21	温州市	洞头	90	21
22		乐清		14
23		苍南		15
24		龙湾		12
25		平阳		12
26		瑞安		16
合计			312	

表 3-16 浙江省海洋基本功能区

功能区类型		基本功能区	
代码	类型	数量(个)	面积(万公顷)
1	农渔业区	46	292.03
2	港口航运区	43	33.56
3	工业与城镇用海区	41	10.49
4	矿产与能源区	2	0.10
5	旅游休闲娱乐区	27	6.19
6	海洋保护区	18	49.41
7	特殊利用区	22	1.32
8	保留区	23	47.35
合计		222	440.45

(3)海洋生物多样性监测数据:包括浮游动物Ⅰ型网和大型底栖动物定量监测数据。浮游动物作为从基础生产者到高层捕食者的中间环节在生态系统能量和物质流动中起着承上启下的关键作用,它不仅是转换者,而且起着控制能、物流方向路线的作用[5],被作为国际上海洋生态的重要生物指标之一。大型底栖动物由于生命周期相对较长,迁移能力较弱,主要生活在海底沉积物表面或者内部,生活环境相对固定[6],也能够较好地体现海洋生态情况。但部分县域 2013年的监测站点较少,代表性不足,且部分站位年际变化幅度较大,年际可比性不强,故最终确定以市域为单元开展评价(表 3-17)。

表 3-17 2013—2015 年浙江省各地市生物监测站点数量 (单位:个)

序号	属地		2013 年	2014 年	2015 年
1	嘉兴市	海盐	1	2	3
2		平湖	3	7	8
3	舟山市	岱山	4	11	9
4		定海	3	7	7
5		普陀	6	9	9
6		嵊泗	8	10	9

序号	属地		2013 年	2014 年	2015 年
7	宁波市	北仑	4	2	3
8		慈溪	5	7	5
9		奉化	1	1	1
10		宁海	0	6	6
11		象山	11	15	16
12		鄞州	0	1	1
13		余姚	1	1	1
14		镇海	1	3	2
15	台州市	椒江	2	2	2
16		临海	1	2	2
17		三门	6	14	14
18		温岭	2	4	4
19		玉环	5	7	7
20	温州市	苍南	5	9	10
21		洞头	3	9	10
22		乐清	6	11	11
23		龙湾	2	6	7
24		平阳	2	7	7
25		瑞安	2	7	6
合计			84	160	160

3.2.4.3　评价结果及分析

1. 海洋环境评价结果及分析

根据浙江省自身的自然资源禀赋及评价参数,以 2015 年为评价年,对海域评价单元进行海洋环境评价。结果显示,26 个评价单元中,宁波市奉化区和宁海县海洋环境承载指数均低于 80%,海洋环境超载状态,平湖市、岱山县、嵊泗县、象山县、温州市龙湾区、苍南县海洋环境承载指数介于 80%～90%,属于海洋环境临界超载,其余各县区海洋环境承载指数均高于 90%,海洋环境不超载。各评价单元的评价结果见附录二。浙江省海洋环境评价结果不容乐观。这主要是由这些评价单元的自然资源禀赋、社会经济发展情况及现行评价方法决定的。

（1）海洋生态环境自然本底特殊。浙江省河流众多，集水面积在 10 平方公里以上的多达 2400 多条，沿海主要入海河流为钱塘江、甬江、椒江、瓯江、飞云江、鳌江，流域对近岸海域的影响范围广。此外，由于河流流程短，携带泥沙较粗，绝大部分沉积在河口内，少量泥沙汛期在口外海滨沉积，近岸海域氮磷营养盐本底较高。

（2）人类活动对海洋生态环境影响巨大。浙江沿海地区位于我国"T"字形经济带和长三角世界级城市群的核心区，对内是长江往西入海的江海联运枢纽，对外是"一带一路"的重要通道，在我国经济社会发展进程及对外开放的格局中居于举足轻重的地位，经济社会活动频繁。浙北海域陆源污染物主要是来自长江、钱塘江等外流域河流注入东海的污染物，约占总污染物的 70%。本海域沿岸生产生活污水中携带的污染物，陆地表面随雨水入海的面源污染物，企业、个人非法向海洋倾倒的垃圾等污染物占 30%。近岸海域入海排污超标严重，化学需氧量、氨氮、总磷均为主要超标污染物。海水养殖业的污染进一步加剧了局部海域富营养化程度，据统计估算，部分港湾和养殖活动较为频繁的区域，如象山港、三门湾等海水养殖对该海域污染物入海总量相关指标（氮、磷）的贡献率为 17%。省内河口及污染源排放也对海域环境产生叠加作用，尤其对近岸港湾、半封闭海域水质影响较为明显。

（3）现行评价方法支撑力度尚显不足。目前的海洋环境评价仅考虑了海水水质问题，但海洋环境承载状况不只需要满足海域水质功能的要求，更要考虑海域环境本底容量和其自净能力，还要兼顾海域的区位属性和自然属性，考虑其承受周边环境压力负荷的能力及趋势，由此做出综合判断才较为科学。

2. 海洋生态评价结果及分析

根据浙江省自身的自然资源禀赋及评价参数，以 2015 年为评价年，对海域评价单元进行海洋生态评价。结果显示，宁波市海洋生态可载，嘉兴市、舟山市、台州市、温州市海洋生态临界超载，见附录二。这主要是由这些评价单元的社会经济发展情况及现行评价方法决定的。

（1）海洋经济产业持续快速发展增加近海生态压力。近年来，临港工业、港口运输、滩涂围垦、海洋旅游、海洋渔业等海洋经济产业持续快速发展，一些地区的涉海项目布局缺乏科学统筹与整体规划，资源开发利用较为粗放，生态环境保护力度弱，导致海域海水波浪水动力条件、泥沙运移状况等发生重大变化，大量野生海洋生物栖息场所被大量挤占和严重毁坏，严重影响了海洋生物多样性。

部分电厂邻近海域温排水影响区域生物种类减少,适温范围窄的海洋生物生长受到抑制,浮游动物和底栖生物量降低,呈现小型化趋势。

(2)自然灾害引发生物品种改变。浙江省全年 66％的海域呈现富营养化状态,是全国近岸海域水质富营养化最严重的省份之一,2015 年全海域发现赤潮 12 次,居全国前列。严重的富营养化致使海水中溶解氧含量下降,根据有关研究,长江口有季节性的缺氧区形成[7],并有部分区域处于低氧状态[6]。缺氧会使得区域生物灭绝,低氧状态则会致使底栖生物小型化。

(3)生物多样性监测的特殊性。一方面,海洋生物除浮游动物和大型底栖动物外,还包括浮游植物、游泳动物等其他类型的生物,这些类型的生物同样是海洋生态系统的重要组成部分。在海洋生态评价中仅用到浮游动物和大型底栖动物数据,不能全面客观地反映海域生态承载状况。另一方面,海洋生物与生态系统相对较稳定,通常生物多样性的监测时间间隔较长,但考虑到大量监测站建立的时间不长,海洋生态评价中仅用近 3 年的相关生物数据,时间序列相对较短,尚不能精确地做出评价。

3.2.5 海岛资源环境评价

根据《技术方法(试行)》,海岛资源环境评价主要表征无居民海岛资源环境的承载状况,包括无居民海岛开发强度和无居民海岛生态状况两个方面。其中,无居民海岛开发强度通过海岛人工岸线比例、海岛开发用岛规模指数的组合关系反映。评价对象为面积 500 平方米以上的无居民海岛;对于无居民海岛数量较多、分布较为集中的评价单元,选择适当比例的具有代表性的无居民海岛进行评价。

3.2.5.1 浙江省海岛资源现状

浙江省海岛分布于北纬 27°5.9′～30°51.8′、东经 120°27.7′～123°9.4′。它们展布于大陆潮间带滩地、近岸河口海湾,直至东海陆架水深 50 米以西海域。北起灯城礁,南至横屿,西始木林屿,东迄东南礁,南北跨距 420 公里,东西跨距约 250 公里,分别隶属于嘉兴市、舟山市、宁波市、台州市和温州市的 27 个县(市、区)。

从总体来看,浙江省海岛分布具有明显的南北如链、东西成列、环绕呈群的分布特征。渔山列岛、中街山列岛、嵊泗列岛、东头列岛、南麂列岛、台州列岛等,都是一些具有明显列状分布特征的岛链;呈环绕分布的群岛,以舟山群岛特征最为明显。以 20 米等深线作为划分近岸岛和远岸岛的分界线,则浙江省海岛具有明显的近岸浅水的特征。据 2014 年海岛地名普查统计,浙江省共有海岛 4370 个,海岛总面积 2022 平方公里,岸线总长 4432.59 公里。其中,无居民海岛 4100 个,占海岛总数的 93.82%;面积约为 106.27 平方公里,仅占海岛总面积的 5.26%;岸线总长 1834.7 公里,占海岛岸线总长度的 41.39%。浙江省沿海 5 市中舟山市海岛数量最多,共计 2083 个,占浙江省海岛总数的 47.67%;台州市次之,共 927 个,占海岛总数的 21.21%;嘉兴市最少,仅有 32 个,占 0.73%。从沿海县(市、区)的海岛分布来看,普陀区的海岛数量最多,岱山县次之,余姚市、慈溪市最少。

浙江省海岛深水岸线资源丰富,可建设港口的岸线资源更是其突出的优势资源。浙江省具有建设万吨级以上码头泊位的海岛深水岸线总长为 232.1 公里,大致分布在浙江东部沿海 8 个县(市、区)的 45 个岛上,分布相对较为集中。其中水深在 10～20 米的岸线总长为 139.3 公里,而水深在 20 米以上的岸线总长为 92.8 公里。与此同时,浙江省海岛深水岸线具有以下特点:①大多海岛岸线前端水域较为宽阔,具备建设海港的基本条件;②较大的岛能为港区提供宽广的陆域,而一般中小海岛需开山填海筑陆;③一般海岛深水区离岸较近,而离岸距离多在 1000 米以内。舟山市海岛岸线最长,为 2369 公里,占浙江省海岛岸线总长度的 53% 以上;宁波市次之,嘉兴市海岛岸线最短。从县(市、区)的分布来看,普陀区海岛岸线最长,岱山县次之。浙江省海岛岸线以基岩岸线为主,占岸线长度的 78%,其次为人工岸线和沙砾质岸线,几乎没有粉砂淤泥质岸线。

浙江省海岛共有林业用地 8.85 平方公里,占海岛陆域总面积的 45.2%。森林覆盖率为 36.1%。海岛受自然环境条件影响,生态系统比较脆弱。根据 908 专项调查结果显示,浙江省海岛土地总面积 181982 公顷,其中农用地 122997 公顷,建设用地 30937 公顷,未利用地 28047 公顷。

浙江省无居民海岛总体开发利用的程度不高,尤其是距离大陆较远的海岛,基本上仍保持相对原生态的状态,而距离大陆岸线和有居民的大海岛较近的岛屿,开发利用程度相对较高。2011 年 6 月,《浙江省重要海岛开发利用与保护规划》(简称《规划》)经浙江省人民政府批准实施,筛选了 100 个岛屿作为《规划》的重要海岛,岛屿总面积(含玉环岛)1819 平方公里,占浙江省海岛总面积的 90%;岛屿滩涂总面积 313 平方公里,占浙江省滩涂总面积的 78%;岛屿岸线总长 2470 公里,占浙江省海岛岸线总长的 53%。把这些海岛根据区位条件、资源禀赋及发展基础分为综合利用岛、港口物流岛、临港工业岛、清洁能源岛、滨海旅游岛、现代渔业岛、海洋科教岛和海洋生态岛,采用分类开发的方式进行有序利用,实现差异化、特色化发展。据 2014 年海岛地名普查数据显示,共有 835 个无居民海岛得到不同程度的开发,约占无居民海岛总数的 20.1%;未开发利用的无居民海岛有 3316 个。已开发利用种类有交通运输、工业、渔业、农林牧业、公共服务、城乡建设、旅游娱乐、仓储、可再生能源及其他用途,共计 10 类。

3.2.5.2 评价数据

无居民海岛资源环境承载能力评价数据主要来源于历史调查资料和遥感影像反演或解译。沿海 26 个县(市、区)中,余姚市、慈溪市和龙湾区没有无居民海岛,不参与评价,故本次评价单元共 23 个县(市、区)。需要说明的是,凡涉及无居民海岛的行政权属划分仅用于数据统计,不代表实际情况。

(1)无居民海岛人工岸线:2015 年无任何无居民海岛相关调查数据,现有资料中,以 908 专项调查数据最为权威,且 908 专项调查工作持续时间自 2005 年至 2013 年,时间跨度较大,接近本次评价基准年。鉴于无居民海岛岸线调查数据的难获取性,本次无居民海岛人工岸线评价数据采用 908 专项调查数据替代,以满足评价要求。

(2)无居民海岛开发利用类型和面积:2015 年无任何海岛相关数据,现有资料中,908 调查数据仅有海岛面积,并无利用类型划分;2014 年海岛地名普查虽有海岛利用种类、方式,但无各利用类型面积数据。综上,本次评价采用浙江省测绘与地理信息局每年一次的浙江省地表覆盖遥感监测数据,并根据 2014 年海岛地名普查数据辅助分类。

(3)无居民海岛生态状况:采用植被覆盖率变化情况反映。自 908 专项调查后至今,无任何海岛植被相关调查数据,因此,本次无居民海岛生态状况评价采用基于遥感的像元二分模型法评估的植被覆盖度来反映。现状年和现状年 10 年前遥感影像统一选取月份相近、分辨率 30 米的 Landsat 影像,其中现状年遥感影像选用 2015 年 8 月份的 Landsat 8 影像,现状年 10 年前遥感影像选用 2005 年 9 月份的 Landsat TM5 影像。将现状年与现状年 10 年前无居民海岛植被覆盖度矢量图层叠加分析,并选择面积大于 500 平方米的无居民海岛进行统计,筛选出 1716 个无居民海岛,作为无居民海岛生态状况统一评价基础。

3.2.5.3 评价结果与分析

1. 无居民海岛开发强度评价

(1)无居民海岛人工岸线比例。以 908 专项调查资料为基础,划分并提取浙江省沿海 23 个县(市、区)无居民海岛人工岸线和基岩岸线,运用指标计算方法得到沿海各县(市、区)无居民海岛人工岸线比例评价结果。浙江省沿海 23 个县

（市、区）无居民海岛人工岸线比例均低于 30％，评价结果为适宜。其中乐清市和北仑区无居民海岛人工岸线比例相对较高，分别为 25.64％和 21.48％。其次宁海县、象山县、苍南县、定海区、普陀区、岱山县、嵊泗县、温岭市和玉环市共 9 个无居民海岛人工岸线比例小于 20％。其他镇海区、鄞州区、奉化区、洞头区、平阳县、瑞安市、海盐县、平湖市、椒江区、路桥区、临海市、三门县共 12 个县（市、区）的无居民海岛人工岸线为 0，评价结果均为适宜，无居民海岛开发程度几乎为无。

（2）无居民海岛开发用岛规模。浙江省沿海 23 个县（市、区）无居民海岛开发利用强度指数均小于 30％，开发用岛规模均为适宜。浙江省无居民海岛开发利用强度最大的为乐清市，达 21.24％，其次为嵊泗县、瑞安市，分别为 12.72％、10.05％，其余县（市、区）无居民海岛开发利用强度均不超过 10％。

通过无居民海岛人工岸线和开发用岛规模评价结果组合反映，根据"短板效应"原理，浙江省沿海 23 个县（市、区）无居民海岛人工岸线比例和开发用岛规模指数均为适宜，两者组合后反映出无居民海岛的开发强度也均为适宜。

由此看来，虽然浙江省岛屿资源丰富，但针对无居民海岛的开发利用规模强度较小。一方面，无居民海岛位置偏远，交通不便，基础设施建设和资源开发投入成本高，风险大，特别是淡水使用、海岛用电等成本较高；另一方面，无居民海岛生态环境相对脆弱，加之体制不健全等因素，严重制约无居民海岛的开发。

2. 无居民海岛生态状况评价

通过像元二分模型法计算植被覆盖度数据，与现有无居民海岛矢量数据进行叠加和统计分析，分别得到各县（市、区）2005 年和 2015 年无居民海岛植被覆盖度。进而通过对现状年与现状年 10 年前各县（市、区）无居民海岛植被覆盖度对比，获得各县（市、区）无居民海岛植被覆盖度变化率（表 3-18）。

表 3-18 结果显示，近 10 年来，浙江省无居民海岛生态状况整体变化不大，大部分处于基本稳定状态。植被覆盖度变化率为负说明无居民海岛植被覆盖度显著增加，生态状况变好。其中，20 个县（市、区）无居民海岛生态状况基本稳定，占浙江省沿海县（市、区）总体的 87％；2 个县（市、区）无居民海岛生态状况呈退化态势，分别为温州的瑞安市和乐清市，占浙江省沿海县（市、区）总体的 9％；仅台州的椒江区无居民海岛生态状况为显著退化态势，无居民海岛植被覆盖度变化率达 6.81％。

从市级来看，宁波市、嘉兴市和舟山市无居民海岛生态状况良好，均为基本稳定，且大部分植被覆盖度变化率为负值，生态状况呈显著变好趋势。温州市乐清市和瑞安市无居民海岛植被覆盖度变化率接近阈值 5％，生态状况呈退化态势,其他 3 个县(市、区)为基本稳定状态,且植被覆盖度变化率均为负值,呈显著变好趋势。台州市除了椒江区外,其他 5 个县(市、区)植被覆盖度均呈增加趋势,生态状况基本稳定。

表 3-18　无居民海岛生态状况评价结果

序号	属地		2015 年植被覆盖度	2005 年植被覆盖度	无居民海岛植被覆盖度变化率	评价结果
1	宁波市	北仑区	0.5856	0.5200	−12.62%	基本稳定
2		镇海区	0.4221	0.3821	−10.47%	基本稳定
3		鄞州区	0.4586	0.4029	−13.82%	基本稳定
4		象山县	0.5914	0.5405	−9.42%	基本稳定
5		宁海县	0.5822	0.5419	−7.44%	基本稳定
6		奉化区	0.4878	0.4933	1.11%	基本稳定
7	温州市	洞头区	0.5043	0.4485	−12.44%	基本稳定
8		平阳县	0.4498	0.4284	−5.00%	基本稳定
9		苍南县	0.5671	0.4547	−24.72%	基本稳定
10		瑞安市	0.4225	0.4403	4.04%	退化
11		乐清市	0.3924	0.4103	4.36%	退化
12	嘉兴市	海盐县	0.4839	0.4369	−10.76%	基本稳定
13		平湖市	0.4042	0.4013	−0.72%	基本稳定
14	舟山市	定海区	0.4623	0.4108	−12.54%	基本稳定
15		普陀区	0.4776	0.4330	−10.30%	基本稳定
16		岱山县	0.5556	0.5605	0.87%	基本稳定
17		嵊泗县	0.3744	0.3354	−11.63%	基本稳定
18	台州市	椒江区	0.5105	0.5478	6.81%	显著退化
19		路桥区	0.4495	0.4220	−6.52%	基本稳定
20		玉环市	0.5272	0.4565	−15.49%	基本稳定
21		三门县	0.5068	0.4562	−11.09%	基本稳定
22		温岭市	0.5267	0.4778	−10.23%	基本稳定
23		临海市	0.5174	0.4932	−4.91%	基本稳定

3.2.6 重点开发用海区评价

根据《技术方法(试行)》要求,重点开发用海区评价以海洋功能区划确定的海洋功能区为评价对象。因此,本评价将《浙江省海洋功能区划(2011—2020年)》(2016 年修订版)允许围填海的功能区,即农渔业区二级类中的农业围垦区、养殖区和渔业基础设施区,港口航运区二级类中的港口区,工业与城镇用海区及旅游休闲娱乐区一级类作为重点开发用海区评价的范围。

3.2.6.1 浙江省重点开发用海区现状

1. 浙江省重点开发用海区范围

根据《浙江省海洋功能区划(2011—2020 年)》(2016 修订版),沿海海域划分为农渔业区、港口航运区、工业与城镇用海区、矿产与能源区、旅游休闲娱乐区、海洋保护区、特殊利用区和保留区,共 8 类、22 个二级类、222 个功能区。其中,允许围填海的区位仅有农渔业区、港口航运区、工业与城镇用海区三大一类功能区。农渔业区指适于农业发展空间和开发利用海洋生物资源,可供农业围垦,渔港和育苗场等渔业基础设施建设、海水增养殖和捕捞生产,以及重要渔业品种养护的海域,包括农业围垦区、养殖区、增殖区、捕捞区、水产种质资源保护区、渔业基础设施区;港口航运区指适于开发利用港口航运资源,可供港口、航道和锚地建设的海域,包括港口区、航道区、锚地区;工业与城镇用海区指适于发展临海工业与滨海城镇的海域,包括工业用海区和城镇用海区。除工业与城镇用海区一级类均属于允许围填海功能区外,农渔业区和港口航运区一级类功能区仅有部分区域为允许围填海,且整体面积较大,因此,本研究在评价时,将农渔业区无围填海项目的捕捞区、增殖区和水产种质资源区 3 个二级类,及港口航运区中的航道区、锚地区 2 个二级类分别剔除。最终,本研究将重点开发用海区定义为 8 类功能区中允许一定规模围填海的功能区,即农渔业区二级类中的农业围垦区、养殖区和渔业基础设施区,港口航运区二级类中的港口区,以及工业与城镇用海区一级类。

2. 重点开发用海区发展现状

近年来,浙江省海洋产业结构逐步优化,港口海运业、临港产业和海洋旅游业发展较快,海洋渔业和海涂围垦稳步增长。2015 年浙江省海洋及相关产业总产出 20110.56 亿元,比 2014 年增长 2.3%。其中,第一产业 781.42 亿元,第二产业 10935.79 亿元,第三产业 8393.35 亿元,同比增长率分别为 10.2%、−2.5% 和 8.6%。海洋生产总值为 6180.15 亿元,比 2014 年增长 7.3%,其中第一产业 462.02 亿元,第二产业 2433.21 亿元,第三产业 3284.92 亿元,分别比上年增长 8.1％、7.5％、7.1％。海洋经济生产总值占浙江省地区生产总值的 14.41％,较上年提高 0.08 个百分点。

海洋功能区的划分,在海洋经济、海洋产业发展方面起到了巨大的保障和推动作用,使得海洋经济成为浙江经济的重要组成部分。2015 年,全省确权开发利用海域面积 4655.49 公顷,核发海域使用权证书 247 本。其中,渔业用海占全省用海面积最大,为 20.2％;其次是造地工程用海、交通运输用海、特殊用海和工业用海,旅游娱乐用海最少。

3.重点开发用海区围填海现状

根据《围填海管控办法》,围填海是指筑堤围割海域并最终填成陆域的用海活动。本研究中的围填海定义更为广泛,既包括围海养殖和港池、蓄水 2 种围海方式,也包括建设填海造地、农业填海造地、废弃物处置填海造地等 3 种填海造地用海方式。截至 2015 年,浙江省围填海项目数据近六千宗,其中围海项目超过四千宗,填海造地项目超过一千宗。

3.2.6.2　评价数据

以 2015 年 12 月 31 日国家海域动态监视监测管理系统导出的当年确权用海项目和历史确权用海项目为基础,筛选位于功能区划内的围填海项目,统计得到重点开发用海区内的围填海项目面积。通过对 8 类功能区中允许一定规模围填海的功能区,即农渔业区二级类中的农业围垦区、养殖区和渔业基础设施区,港口航运区二级类中的港口区,以及工业与城镇用海区一级类海洋功能区面积的统计,得到评价单元的海洋功能区总面积。

3.2.6.3　评价结果及分析

根据浙江省自身的自然资源禀赋及评价参数,以 2015 年为评价年,对海域评价单元进行评价,结果显示,浙江省沿海 26 个县(市、区)重点开发用海区围填海强度指数均小于 0.3,围填海强度评价结果均为较小。其中,台州市椒江区围填海强度指数最大,达 0.29,接近中等围填海强度;北仑区、镇海区、路桥区、临海市和嵊泗县 5 个县(市、区)围填海强度指数大于 0.1;其他 20 个县区围填海强度指数均小于 0.1。各评价单元的评价结果见表 3-19。

从重点开发用海区类型来看,影响浙江省重点开发用海区评价结果的最重要因素是工业与城镇用海区中的围填海项目。除奉化区、海盐县和平湖市无工业与城镇用海区外,其他各县区在工业与城镇用海区的围填海面积和规模要远大于在农渔业区和港口区,这与工业与城镇用海区的功能定位相符。宁海县、平阳县、椒江区和临海市 4 个县(市、区)工业与城镇用海区的围填海强度指数大于

0.4,围填海强度较大,占全省的 18%;鄞州区和路桥区工业与城镇用海区围填海强度指数为中等强度,占全省的 9%;其余 16 个县(市、区)围填海强度规模均为较小。不同海洋功能区的围填海强度情况如下。

表 3-19　重点开发用海区评价结果

序号	属地		围填海强度指数	围填海强度
1	宁波市	北仑区	0.15	较小
2		镇海区	0.15	较小
3		鄞州区	0.07	较小
4		象山县	0.04	较小
5		宁海县	0.06	较小
6		余姚市	0.02	较小
7		慈溪市	0.02	较小
8		奉化区	0.02	较小
9	温州市	洞头区	0.02	较小
10		龙湾区	0.08	较小
11		平阳县	0.09	较小
12		苍南县	0.02	较小
13		瑞安市	0.01	较小
14		乐清市	0.05	较小
15	嘉兴市	海盐县	0.00	较小
16		平湖市	0.03	较小
17	舟山市	定海区	0.07	较小
18		普陀区	0.04	较小
19		岱山县	0.05	较小
20		嵊泗县	0.12	较小
21	台州市	椒江区	0.29	较小
22		路桥区	0.18	较小
23		玉环市	0.01	较小
24		三门县	0.04	较小
25		温岭市	0.07	较小
26		临海市	0.10	较小

(1)农渔业区。全省沿海 26 个县(市、区)中,除北仑区、海盐县和平湖市无农渔业区,其余 22 个县(市、区)均包含农渔业区。农渔业区中渔业基础设施区、农业围垦区和养殖区是围填海项目的主要集中区域。用海类型包括交通运输用海、工业用海、造地工程用海等多种类型。其中,舟山市定海区在农渔业区内的围填海面积较大,围填海强度指数达 0.5 以上,围填海规模为较大。鄞州区、象山县、宁海县、奉化区、洞头区、龙湾区、瑞安市、乐清市、普陀区、岱山县、嵊泗县、玉环市、三门县、温岭市和临海市等 15 个县(市、区)在农渔业区内有围填海项目,但面积不大,围填海强度指数均远小于 0.3。镇海区、余姚市、慈溪市、平阳县、苍南县、椒江区、路桥区等其余 7 个县(市、区)在农渔业区内无围填海项目。

(2)港口区。全省除了余姚市和慈溪市无港口区外,其他 24 个县(市、区)均包含有港口区,港口区也是围填海项目的主要集中区域之一,用海类型主要为船舶工业用海、港口用海及渔业基础设施用海等,用海方式为围海和填海造地。各县(市、区)在港口区内围填海强度除嵊泗县较大外,其余均为较小。舟山市嵊泗县在港口区围填海强度系数为 0.495,嵊泗县围填海项目主要体现在港口码头方面。其次是宁波市镇海区和台州市三门县,在港口区的围填海强度指数分别为 0.269 和 0.21,几乎接近中等围填海规模。宁波市北仑区、奉化区围填海强度指数均大于 0.1,其他 19 个县(市、区)围填海规模强度均小于 0.1。

(3)工业与城镇用海区。工业与城镇用海区是围填海项目的主要集中区域,其围填海面积和规模均远大于农渔业区、港口区及旅游休闲娱乐区,这与工业与城镇用海区的功能定位相符。全省共 23 个县(市、区)包含有工业与城镇用海区,奉化区、海盐县和平湖市等 3 个县(市、区)无工业与城镇用海区。宁海县、平阳县、椒江区和临海市四个县(市、区)围填海强度指数大于 0.4,围填海强度较大,占全省的 18%;鄞州区和路桥区围填海强度指数分别为 0.37 和 0.31,为中等强度,占全省的 9%;北仑区、镇海区和象山县等其余 17 个县(市、区)围填海强度规模均为较小。

(4)旅游休闲娱乐区。旅游休闲娱乐区是围填海项目最少的区域,各县区在旅游休闲娱乐区的围填海面积和规模要远小于工业与城镇用海区和农渔业区,这跟旅游休闲娱乐区的定位有关。浙江全省仅有 14 县(市、区)功能区划包含旅游休闲娱乐区,镇海区、鄞州区、余姚市、慈溪市、洞头区、龙湾区、乐清市、瑞安市、平阳县、海盐县、定海区和路桥区等 12 个县(市、区)均无旅游休闲娱乐区。全省只有北仑区在旅游休闲娱乐区的围填海强度为中等,围填海指数为 0.301,其次为宁海县、奉化区、岱山县、普陀区、嵊泗县和平湖市 6 个县(市、区),但围填海规模都较小,围填海强度指数小于 0.1。象山县、椒江区、三门县、温岭市、玉环市、临海市、苍南县等 7 个县(市、区)则是有旅游休闲娱乐区,但暂无围填海项目,因此围填海强度指数为 0,围填海强度为较小。

整体来说,浙江省重点用海开发功能区围填海强度均不大,主要是由于浙江省海洋功能区划体系逐步健全,较早形成了较为规范的海域使用管理制度,有效规范了海洋开发利用秩序,促进了海域资源的合理利用和优化配置。浙江省海洋功能区划工作开始于 1999 年底,在先行编制了"三湾一港"(杭州湾、三门湾、乐清湾和象山港)重点区域的海洋功能区划后,形成《浙江省海洋功能区划》(文本、登记表、图件),并于 2001 年底经浙江省人民政府批准以文件发布实施。2002 年 8 月,《全国海洋功能区划》经国务院批准后发布实施,根据《中华人民共和国海域使用管理法》和国务院发布的《省级海洋功能区划审批办法》的相关要求,浙江与沿海市、县级海洋行政主管部门随即开展了省、市、县三级联动式的海洋功能区划的修编和报批工作。此轮全省海洋功能区划修编已于 2006 年 10 月 24 日由国务院批复实施,宁波、温州、台州、舟山和嘉兴 5 个地市,以及慈溪、乐清、温岭、定海和海盐等 20 个县(市、区)也于 2009 年 3 月底前由省政府批复实施。2016 年《浙江省海洋功能区划(2011—2020 年)》调整了舟山、温州海域部分功能区,并已报浙江省人民政府和国务院批复实施。自此,浙江省已经形成"省级海洋功能区划以定性为主、定量为辅,注重引导性;市级海洋功能区划与省、市的涉海重点项目相协调,注重统筹性;县级海洋功能区划尽量详细化,定性定量相结合,注重可操作性"的省市县三级互为补充的海洋功能区划体系,为浙江实施海域管理提供了制度依据。

3.2.7 海洋渔业保障区评价

根据《技术方法(试行)》,海洋渔业保障区评价主要表征以提供海洋水产品为主要功能的海洋渔业保障区,包括传统渔场、海水养殖区和水产种质资源保护区的渔业资源状况。采用渔业资源密度指数为特征指标,通过传统渔场主要捕捞对象或水产种质资源保护区保护对象资源量近 5 年与近 10 年平均值的变化率来反映。因此,本研究选择国内最大的海洋水产种质资源保护区——东海带鱼国家级水产种质资源保护区(以下简称"带鱼保护区")作为评价对象。

3.2.7.1 浙江省海洋渔业保障区现状

带鱼保护区由农业部于 2008 年 12 月批准设立,是迄今为止国内最大的海洋水产种质资源保护区,总面积约 225 万公顷,其中核心区面积约 72 万公顷,试验区面积约 153 万公顷。带鱼保护区的主要保护对象有带鱼、大黄鱼、小黄鱼、鲐、鲹、灰鲳、银鲳、鳓、蓝点马鲛等重要经济鱼类。其他保护物种包括海蜇、鳀、发光鲷、细条天竺鲷、短尾大眼鲷、黄鳍马面鲀、刺鲳、龙头鱼、黄鲫、鳄齿鱼、日本囊对虾、假长缝拟对虾、葛氏长臂虾、菲赤虾、须赤虾、鹰爪虾、中华管鞭虾、凹管鞭虾、大管鞭虾、哈氏仿对虾、东海红虾、高脊管鞭虾、戴氏赤虾、细巧仿对虾、三疣梭子蟹、细点圆趾蟹、日本鲟、锈斑鲟、武士鲟、光掌鲟、红星梭子蟹、双斑鲟、荧光梭子蟹、长手隆背蟹、卷折馒头蟹、逍遥馒头蟹及乌贼等头足类。

根据近年来春季(5 月)与秋季(11 月)的单船底拖网调查资料,带鱼保护区有水生动物共 294 种,其中,鱼类 139 种、虾类 36 种、蟹类 30 种、头足类 13 种及其他类 76 种(包括甲壳动物中的虾蛄类,软体动物中的螺类、蛏类与蚶类,腔肠动物中的海葵与海仙人掌等)。据测算,带鱼保护区的资源蕴藏量约为 60 万吨。

但根据近年来春季与秋季的单船底拖网调查资料,带鱼保护区内捕获的带鱼、小黄鱼与银鲳等主要保护对象均以当龄幼鱼为主,个体小型化、低龄化现象明显。如带鱼的年平均体重仅为 41.75 克/尾,小黄鱼的年平均体重仅为 25.43 克/尾,分别远小于浙江省地方标准《重要海洋渔业资源可捕规格及幼鱼比例》(DB 33/T 949—2014)规定的最小可捕规格带鱼体重 125 克与小黄鱼体重 50 克的规定。此外,渔业资源结构存在弱化的趋势。根据调查资料显示,在金字塔形的海洋生物生态系统中处于食物链中下层的虾蟹类资源数量近年总体呈逐年增加的趋势,在一定程度上表明处于食物链中上层的优质鱼类资源数量的下降。

3.2.7.2　评价数据

根据《技术方法(试行)》,海洋渔业保障区评价主要表征以提供海洋水产为主要功能的海洋渔业保障区,包括传统渔场、海水养殖区和水产种质资源保护区的渔业资源状况。采用渔业资源密度指数为特征指标,通过传统渔场主要捕捞对象或水产种质资源保护区保护对象资源量近 5 年与近 10 年平均值的变化率来反映。带鱼保护区涉及面非常广,几乎覆盖浙江省沿海舟山、宁波、台州 3 市沿岸 10 米等深线以东至机动渔船底拖网禁渔区线所围成的海域;主要保护对象有带鱼、大黄鱼、小黄鱼、鲐、鲹、灰鲳、银鲳、鳓、蓝点马鲛等重要经济鱼类,与主要捕捞对象高度一致,且调查数据和资料较为全面。

根据从 2011 年 11 月起至 2016 年 5 月止,浙江省海洋水产研究所对带鱼保护区 25 个站点进行的连续 5 年春季与秋季的渔业资源调查结果,得到保护区内保护对象资源量近 5 年与近 10 年平均值的变化率,从而得到评价结果。

3.2.7.3 评价结果及分析

根据浙江省自身的自然资源禀赋及评价参数,以 2015 年为评价年,对海域评价单元进行评价,结果显示,ΔRF 小于 5%,这表明带鱼保护区资源较为稳定,功能趋于稳定。

浙江省海洋渔业保障区资源较为稳定,功能趋于稳定的主要原因:浙江省为保护带鱼等主要经济鱼种资源及其自然生态环境,出台了严格的渔业政策,并严格落到了实处。农业部东海区渔政局于 2012 年 5 月发布了《东海带鱼国家级水产种质资源保护区管理暂行办法》(以下简称《办法》)。该《办法》规定,核心区 4 月 16 日 12 时至 7 月 1 日 12 时,禁止所有捕捞作业生产;实验区按国家和地方现行渔业政策管理。为加强带鱼保护区的管理和《办法》的施行,浙江省海洋与渔业局根据《办法》的有关规定,从 2013 年开始,将带鱼保护区核心区的禁渔休渔规定纳入每年公开发布的《浙江省海洋禁渔休渔的通告》中,并规定"核心区 4 月 16 日 12 时至 7 月 1 日 12 时,禁止所有捕捞作业生产",从而将《办法》落到了实处,有效保护了海洋渔业资源。

3.2.8 重点海洋生态功能区评价

重要海洋生态功能区是指维护海洋生态系统健康和生态安全,在海洋生物多样性维持、海洋产品供给、海岸带防护、淡水和营养物质输入、海洋文化服务等方面具有重要作用,促进沿海社会经济可持续发展的区域。本评价将浙江省重要海洋生态功能区的资源环境承载能力评价的范围确定为海洋自然保护区和海洋特别保护区,分别通过各海洋保护区典型生境植被覆盖度变化率和海洋生态保护对象变化情况,评价各海洋保护区的生态系统状况。

3.2.8.1 浙江省重点海洋生态功能区现状

截至 2015 年,浙江省已建有 3 个海洋自然保护区和 8 个海洋特别保护区,海域面积超过 2700 平方公里,具体分布和保护对象情况见表 3-20。

表 3-20 重要海洋生态功能区评价对象

序号	名称	所属市县	建区时间	保护对象
1	南麂列岛国家级海洋自然保护区	温州平阳县	1990 年	贝藻类、繁殖海鸟、水仙花及名贵鱼类
2	韭山列岛国家级海洋自然保护区	宁波象山县	2003 年	曼氏无针乌贼、大黄鱼、中华凤头燕鸥等繁殖海鸟和江豚的繁衍过程,以及与之相关的海洋生态系统

序号	名称	所属市县	建区时间	保护对象
3	五峙山鸟岛自然保护区	舟山定海区	2001年	繁殖海鸟
4	乐清西门岛国家级海洋特别保护区	温州乐清市	2005年	红树林、繁殖海鸟
5	嵊泗马鞍列岛国家级海洋特别保护区	舟山嵊泗县	2005年	珍稀濒危生物、鱼类资源、贝藻类、无人岛、自然景观和历史遗迹
6	中街山列岛国家级海洋特别保护区	舟山普陀区	2006年	鱼类、贝藻类、繁殖海鸟、无人岛和自然景观
7	渔山列岛国家级海洋特别保护区	宁波象山县	2008年	岛礁、海洋生物资源和海岛景观
8	台州大陈岛省级海洋特别保护区	台州椒江区	2008年	渔业资源、海岛景观、地质地貌、领海基点和陆域植被
9	玉环国家级海洋公园	台州玉环市	2016年	海洋重要经济鱼类,岛礁贝类,珍稀物种,以及海岛植被,海岛自然景观和人文景观
10	龙湾树排沙海洋公园特别保护区	温州龙湾区	2014年	红树林
11	洞头南北爿山省级海洋特别保护区	温州洞头区	2011年	海岛植被、繁殖海鸟、贝藻类、渔业资源和海岛景观

3.2.8.2 评价数据

重要海洋生态功能区评价主要表征海洋主体功能区规划中对维护海洋生物多样性、保护典型海洋生态系统具有重要作用的海域的生态系统变化情况,采用生态系统变化指数为特征指标,通过典型生境植被覆盖度的变化率和保护对象变化率集成反映。

评价数据主要来源于各保护区管理部门的监测报告,以及浙江省海洋水产养殖研究所和温州大学等研究机构的监测研究数据。定量数据获得后,依据《技术方法(试行)》,将定量数据进行数据标准化与归一化处理;定性数据获得后,依据同样的评价标准,进行定性判定其指标得分。

1. 典型生境植被覆盖度变化率(F_c)

植被覆盖度一般定义为观测区域内植被垂直投影面积占地表面积的百分比,是指示生态环境变化的重要指标之一。

本评价利用基于遥感的像元二分模型法评估典型生境植被(红树、柽柳、芦苇、碱蓬等)覆盖度的变化趋势。根据不同海域典型生境特点,利用植被覆盖变化率,表征评价区域海洋资源生态承载力的状态趋势。

2. 海洋生态保护对象变化率(E_h)

采用海洋保护区监测数据,借鉴《近岸海洋生态健康评价指南》(HY/T 087—2005)相关评价方法,对典型生境、珍稀濒危生物、特殊自然景观等重点保护对象进行评价。其中,对珊瑚礁分布区,计算评价年度活珊瑚盖度与评价年度10年前的变化率;对海草床分布区,计算评价年度海草床盖度与评价年度10年前的变化率;对于其他珍稀濒危海洋生物物种,计算评价年度保护物种种群规模与评价年度10年前的变化率。

通常,当保护对象变化率 $E_h > 10\%$ 时,保护对象显著退化;当 E_h 介于 $5\% \sim 10\%$ 时,保护对象呈退化趋势;当 $E_h < 5\%$ 时,保护对象基本稳定。

3. 生态系统变化指数(E_e)

重要海洋生态功能区的生态系统变化指数(E_e)采用极大值模型进行集成。将典型生境植被覆盖度变化率和海洋生态保护对象变化率两项中,任意一项评价结果为显著退化的划分为显著退化,任意一项评价结果为退化的划分为退化,其余的划分为基本稳定。

3.2.8.3 评价结果

根据评价方法及参数,对重点海洋生态功能区进行评价。根据现有数据,对浙江省9个评价单元共11个海洋自然保护区和海洋特别保护区进行生态系统的稳定性评价,选取各保护区的主要保护对象进行评价,参数达到18个。其中鱼类等游泳动物采用物种类数或生物量进行评价,潮间带生物采用平均生物量进行评价,繁殖海鸟采用种类数和物种数量进行评价,红树林和水仙花采用覆盖面积进行评价。保护区评价结果均为基本稳定。总体来看,浙江省重要海洋生态功能区的生态系统稳定性处于较好的状态,见附录二。

根据评价结果,纳入评价范围的11个海洋自然保护区和海洋特别保护区评价结果均为基本稳定,综合各保护区情况,主要由于采取了以下措施。

(1)实施生态保护与建设。如嵊泗马鞍列岛国家级海洋特别保护区实施"封礁育贝"养护模式,对岛礁资源进行保护和管理,大力开展增殖放流,有效改善了渔业资源和海洋生态环境。渔山列岛国家级海洋特别保护区实施了一批重点资源和生态环境保护与开发的建设项目,大力发展海洋生态旅游和生态养殖业,实施渔民转产转业,减少渔民对一些经济性鱼类、贝藻类等的过度捕捞,改善了保护区的生态环境,提高了保护区内的生物多样性,使在保护区内繁衍的重要潮间带生物得以被保护,生态系统得以恢复。台州大陈岛省级海洋特别保护区加大投入,开展增殖放流活动,促进保护区内渔业资源的增长,使岛礁及其周围海域生物资源得到协调有序发展。玉环国家级海洋公园、乐清西门岛国家级海洋特别保护区积极修复滩涂湿地生态系统,引进红树林种植等。

(2)完善监管执法体系。如嵊泗马鞍列岛国家级海洋特别保护区构建"专群结合"监管模式,健全"联合执法"管理模式,形成行政部门执法、养护队伍协管、捕捞渔民协助、社会公众参与的常态化渔业执法管理机制。五峙山鸟岛自然保护区设立宣传警示牌及监控设备,在候鸟繁殖成长期开展日常巡视工作。台州大陈岛省级海洋特别保护区积极开展针对保护对象的调查监视工作,在保护区内严格禁止砍伐、狩猎、捡拾鸟蛋、捕捉鸟类等活动。

3.3 集成评价

在陆域和海域开展基础评价、专项评价的基础上,采取"短板效应"进行综合集成。结合第二章提出的集成方法并调整,开展陆域和海域评价,确定浙江省各评价单元的超载类型。针对超载类型划分结果,分别开展陆域、海域的过程评价,根据资源环境耗损的加剧与趋缓态势,划分各评价单元的预警等级。

《技术方法(试行)》设定的"2个以上临界超载确定为超载"的要求过于严苛,尤其是开展海陆校验以后,会出现海域一个指标临界超载,经校验和集成后该县域单元判定为超载的问题。考虑到临界超载事实上属于未达到超载阈值的范畴,本研究将2个以上领域临界超载认定为临界超载。

3.3.1 超载类型划分

(1)陆域评价结果。综合土地资源、水资源、环境、生态4个基础评价和城市化地区、农产品主产区、重点生态功能区3个专项评价结果,在浙江省73个评价单元中,仅淳安县、舟山市区、岱山县、嵊泗县和温岭市等5个评价单元为不超载,占比6.8%;象山县、洞头区、磐安县、临海市、龙泉市等21个评价单元为临界超载,占比28.8%;萧山区、鄞州区、平阳县、平湖市、德清县等47个评价单元为超载,占比64.4%。在11个设区市中,仅舟山市100%未超载,其余设区市均有不同程度的超载和临界超载,见附录二。

(2)海域评价结果。综合海域海洋空间资源、海洋渔业资源、海洋生态环境、海岛资源环境4项基础评价和重点开发用海区、海洋渔业保障区、重要海洋生态功能区3项专项评价结果,浙江省26个沿海县(市、区)中,奉化区、余姚市、慈溪市、宁海县、椒江区5个评价单元为超载,占比19.2%;北仑区、龙湾区、平湖市、定海区、路桥区等 21 个评价单元为临界超载,占比 80.8%。在 11 个设区市中,仅宁波市、台州市存在超载县(市、区),其余地级市均为临界超载,见附录二。

(3)海陆集成评价结果。集成海域、陆域的评价结果,对沿海区县基础评价的土地资源、环境和生态评价结果进行复合后,对余姚市、慈溪市、温州市区、乐清市、海宁市等地区陆域评价结果进行修正。结果显示,浙江省 73 个评价单元中(表 3-21),只有淳安县为不超载,占比 1.4%;47 个评价单元超载,占比 64.4%;25 个评价单元临界超载,占比 34.2%。

表 3-21 浙江省各地市海陆集成评价结果

海陆集成评价	数量	评价单元
超载	47	杭州市区、萧山区、余杭区、富阳区、临安市、建德市、桐庐县;宁波市区、鄞州区、奉化区、余姚市、慈溪市、宁海县;温州市区、平阳县、苍南县、文成县;嘉兴市区、平湖市、海宁市、桐乡市、嘉善县、海盐县;湖州市区、德清县、长兴县、安吉县;绍兴市区、柯桥区、上虞区、诸暨市、嵊州市、新昌县;金华市区、金东区、兰溪市、东阳市、义乌市、永康市、武义县、浦江县;衢州市区、江山市、常山县、龙游县;台州市区;缙云县
临界超载	25	象山县;瑞安市、乐清市、洞头区、永嘉县、泰顺县;磐安县;开化县;舟山市区、岱山县、嵊泗县;温岭市、临海市、玉环市、三门县、天台县、仙居县;丽水市区、青田县、云和县、庆元县、松阳县、景宁畲族自治县、遂昌县、龙泉市
不超载	1	淳安县
合计	73	

3.3.2 预警等级划分

针对超载类型划分结果,分别开展陆域、海域的过程评价,根据资源环境耗损的加剧与趋缓态势,划分红色预警、橙色预警、黄色预警、蓝色预警、绿色无警 5 级警区,并复合陆域和海域过程评价结果,校验预警等级,最终形成预警等级划分方案。

3.3.2.1 过程评价

1. 陆域过程评价

本节采用土地资源和水资源利用效率变化评价资源利用效率变化,水污染和大气污染排放强度变化评价污染物排放变化,森林覆盖率变化评价生态质量变化。其中,各县(市、区)GDP 数据根据省统计局提供的可比价数据,全国 GDP 数据根据全国统计年鉴数据进行评价。

1)评价数据

(1)单位生产总值建设用地面积。指在一定时期内,每生产万元地区生产总值所占用的建设用地面积,反映了一个区域的资源利用程度,直接影响该区域内的经济社会发展状况和人居环境。通过全域土地资源利用效率趋势分析,寻找提高土地资源利用效率的有效方法,为促进经济发展方式转变和结构调整提供有力支撑。本研究中各县(市、区)区域内建设用地面积数据根据全国第二次土地调查及土地资源变更调查成果,全国建设用地面积数据根据自然资源部土地资源调查成果共享应用服务平台进行评价。

(2)单位生产总值用水量。指每生产一个单位的地区生产总值的用水量,说明一个地区经济活动中对水资源的利用程度,反映经济结构和水资源利用效率的变化。本研究中各县(市、区)用水量根据水资源公报口径数据进行评价。部分地区水资源量无法从地级市市区分离,因此对其合并进行评价,再将市区结果赋值到各县区,主要涉及地区包括:宁波市的鄞州区,金华市的金东区,绍兴市的柯桥区、上虞区。

(3)水污染物排放强度。反映随经济发展水环境污染程度的指标。其中,化学需氧量是以化学方法测量水样中需要被氧化的还原性物质的量,反映了水中受还原性物质污染的程度。氨氮是指以氨或铵离子形式存在的化合氮,可导致水富营养化现象产生,是水体中的主要耗氧污染物,对鱼类及某些水生生物有毒害。本研究根据环境统计数据进行评价。

(4)大气污染物排放强度。反映随经济发展大气环境污染程度的指标。其中,二氧化硫是大气主要污染物之一,是衡量大气是否遭到污染的重要标志,在大气中会氧化而成硫酸雾或硫酸盐气溶胶。氮氧化物是大气的主要污染物之一,会直接或间接造成光化学烟雾、酸沉降、平流层臭氧损耗和全球气候变化等大气环境问题,氮沉降量的增加会导致地表水的富营养化和陆地、湿地、地下水系的酸化和毒化,从而破坏陆地和水生态系统。本研究根据环境统计数据进行评价。

(5)森林覆盖率。指森林面积占土地总面积的比率,是反映一个国家(或地区)森林资源和林地占有的实际水平的重要指标。本研究中各县(市、区)森林覆盖率数据根据二类调查数据和森林资源动态监测数据进行评价。

(6)土地资源利用效率变化指标。由于我国于2009年完成全国第二次土地调查,之后每年在此基础上进行年度变更调查,技术方法、用地分类及统计口径较之前土地调查有较大差异,造成部分评价单元土地资源利用效率评价异常,因此过程评价土地资源利用效率指标采用2010—2015年度数据。

（7）水资源利用效率变化指标。考虑到县一级用水总量数据统计情况，过程评价水资源利用效率指标（单位 GDP 用水量）采用 2010—2015 年度数据。

（8）污染物排放强度变化指标。各县（市、区）化学需氧量、氨氮、二氧化硫、氮氧化物排放量为环境统计数据。

（9）林草覆盖率变化指标。2005 年至今，已有多县开展了森林资源动态监测，但各县开展动态监测有很大自主权，是否开展动态监测主要取决于各县的意愿和需求，目前全省各地区基础数据时间节点无法统一且差异较大，因此，各评价单元评价间隔略有不同。考虑到浙江省森林覆盖率已达到 61%，远高于全国平均水平（21.66%），所以增长难度也大于全国平均水平，因此，变化趋势的比较采用 2005—2015 年全省平均值。

2）评价结果

（1）资源利用效率变化。2010 年全国建设用地总规模为 3491 万公顷，2015 年建设用地总规模为 3780 万公顷，全国年均土地资源利用效率增速为 0.0617，同期浙江省土地资源利用效率为 0.069，略高于全国平均。全省 73 个评价单元中，45 个评价单元土地资源利用效率高于全省平均，土地资源总体利用效率趋良；28 个评价单元低于全省平均，其中 7 个评价单元虽低于全省平均但仍高于全国平均，21 个评价单元低于全省平均也低于全国平均。总体来看，全省土地资源利用效率比较均衡，基本集中在 0.06～0.08（48 个评价单元），少部分在 0.08 以上（7 个评价单元），0.06 以下（18 个评价单元）。土地资源利用效率在 0.08 以上的有淳安县、洞头区、嘉善县、海盐县、永康市、龙游县、青田县。主要原因：①2010 年基期 GDP 基数较小，如淳安县、洞头区、龙游县，易使 2010—2015 年的 GDP 增加量突显；②2010—2015 年间新增建设用地较小，或有一部分新增建设用地尚未记入建设用地总规模。土地资源利用效率在 0.055 以下的有奉化区、象山县、温州市区、绍兴市区、衢州市区（含柯城、衢江）、嵊泗县、台州市区（含椒江、黄岩、路桥）、温岭市、临海市、丽水市区、景宁畲族自治县。主要原因：①2010 年基期 GDP 基数已较大，因此 2010—2015 年 GDP 增速较缓（温州市区、绍兴市区）；②同期 GDP 增速低于全省平均，而建设用地增速又高于平均。

2010 年全国用水量为 6022 亿立方，2015 年用水量为 6103.2 亿立方，年均水资源利用效率增速为 0.0758。2015 年浙江省的万元 GDP（2010 年价）用水量不到全国平均水平的一半。"十二五"期间，除了 2013 年，浙江省的万元 GDP（2010 年价）用水量降速小于全国平均水平。从年均水资源利用效率增速来看，浙江省为 0.087，高于全国的 0.076，水资源利用效率较高。从区域上看，浙江省绝大多数的县级行政区 2015 年的万元 GDP 用水量都比 2010 年的少,只有金华市的永康市与台州市的温岭市、临海市 2015 年的万元 GDP 用水量比 2010 年增多。全省各县级行政区的年均水资源利用效率增速在 -0.218~0.666,其中有 48 个县级行政区的年均水资源利用效率增速高于全省水平 0.087,有 51 个县级行政区的年均水资源利用效率增速高于全国水平 0.076。金华市的义乌市、永康市与台州市的温岭市、临海市的年均水资源利用效率增速小于 0,其他县级行政区均大于 0。总体来看,全省县级行政区的水资源利用效率较高。

利用以上基础数据,计算 73 个单元的土地资源利用效率变化和水资源利用效率变化,结果与全国年均增速比较,判断各单元生态质量变化趋势。全省仅奉化区、金东区、衢州市区、嵊泗县、温岭市、临海市、丽水市区等 7 处资源利用效率趋差,其余均为趋良。

(2)污染物排放强度变化。按照《技术方法(试行)》,根据化学需氧量、氨氮、二氧化硫和氮氧化物 4 类污染物近 10 年的排放强度变化情况,作为趋势评价指标。但考虑到氨氮和氮氧化物的排放统计于 2006 年开始,且"十一五"和"十二五"期间环境统计口径有较大调整,因此本研究直接采用"十二五"期间变化趋势进行评价。2011 年全国化学需氧量、氨氮、二氧化硫和氮氧化物排放量分别为 2499.9 万吨、260.4 万吨、2217.91 万吨和 2404.27 万吨,2015 年化学需氧量、氨氮、二氧化硫和氮氧化物排放量分别为 2223.5 万吨、229.91 万吨、1859.12 万吨和 1851.02 万吨,污染物排放强度增速分别为 -9.62%、-9.79%、-10.95% 和 -12.83%。4 类污染物排放强度变化情况如下。

• 化学需氧量排放强度变化。2011—2015 年,浙江省化学需氧量排放强度总体为递减状态,省平均年变化速率达到 -11.66%。全省 73 个县(市、区)化学需氧量排放强度均呈不同程度的递减状态,年递减速率变化区间为 -7.73%~ -21.17%;其中,递减速率最高的地区为新昌县和嵊州市,均超过了 -20%。2011—2015 年,国家化学需氧量排放强度总体为递减状态,国家平均年变化速率达到 -9.62%。与国家平均年变化速率相比,浙江省 73 个县(市、区)中化学需氧量排放强度递减趋势快于国家的有 65 个地区;慢于国家的有 8 个地区,分别是建德市、奉化区、温州市区、嘉兴市区、绍兴市区、江山市、温岭市、临海市。

• 氨氮排放强度变化。2011—2015 年,浙江省氨氮排放强度总体为递减状态,省平均年变化速率达到 -11.18%。全省 73 个县(市、区)的氨氮排放强度变化为 -22.02%~ -7.74%,均呈不同程度的递减状态。其中,递减速度最高的为嵊州县和新昌县,氨氮排放强度年平均变化速率超过 -20%。2011—2015

年,国家氨氮排放强度总体为递减状态,国家平均年变化速率达到－9.79％。与国家平均年变化速率相比,浙江省 73 个县(市、区)中氨氮排放强度递减趋势快于国家的有 59 个地区;慢于国家的有 14 个地区,分别是建德市、奉化区、象山县、宁海县、嘉兴市区、湖州市区、柯桥区、江山市、温岭市、临海市、玉环市、丽水市区、云和县、缙云县。

• 二氧化硫排放强度变化。2011—2015 年,浙江省二氧化硫排放强度总体为递减状态,省平均年变化速率达到－12.26％。全省 73 个县(市、区)的二氧化硫排放强度,除建德、瑞安、苍南、常山、龙游、岱山、临海、三门和仙居等 9 个县(市、区)以外,均呈不同程度的递减状态。其中,递减速度最高的为玉环市,二氧化硫排放强度年平均变化速率达到－29.48％;其次为平湖市(－28.22％)、余杭区(－24.42％)、富阳区(－23.44％)、宁海县(－22.17％)和杭州市区(－21.28％)。二氧化硫排放强度呈递增状态的地区新增热电或其他项目。2011—2015 年,国家二氧化硫排放强度总体为递减状态,国家平均年变化速率达到－10.95％。与国家平均年变化速率相比,浙江省 73 个县(市、区)中二氧化硫排放强度递减趋势快于国家的有 29 个地区,慢于国家的有 44 个地区。

• 氮氧化物排放强度变化。2011—2015 年,浙江省氮氧化物排放强度总体为递减状态,省平均年变化速率达到－15.25％。全省 73 个县(市、区)中,瑞安市、平阳县、苍南县、嘉兴市区、绍兴市区、临海市和三门县等 7 个县(市、区)氮氧化物排放强度为每年递增,其余地区均呈不同程度的递减状态。各县(市、区)中递减速度最高的为平湖市,氮氧化物排放强度年平均变化速率达到－34.81％;其次为乐清市(－27.46％)、象山县(－23.78％)、玉环市(－21.19％)等地。氮氧化物排放强度呈递增状态的地区,一方面是由于地区新增的热电或其他项目;另一方面是环境统计方面的技术调整,如对于垃圾焚烧发电的项目,其氮氧化物排放要求按照产排污进行测算,并不考虑实际氮氧化物处理量,因此统计数据有一定程度虚高。2011—2015 年,国家氮氧化物排放强度总体为递减状态,国家平均年变化速率达到－12.82％。与国家平均年变化速率相比,浙江省 73 个县(市、区)中氮氧化物排放强度递减趋势快于国家的有 19 个地区,慢于国家的有 54 个地区。

通过计算 73 个单元的污染物排放强度变化,并与全国年均增速比较,判断各单元污染物排放强度变化趋势,全省仅建德市、奉化区、温州市区、嘉兴市区、湖州市区、绍兴市区、柯桥区、温岭市、临海市、丽水市区、缙云县等 11 处资源利用效率趋差,其他均为趋良。

(3)生态质量变化。2005 年和 2015 年,浙江省开展了森林资源年度监测,获取了全省森林覆盖率指标清查结果。2005年,全省森林覆盖率为60.65%,2015年为60.96%,年均增长0.0510%。计算出的森林覆盖率年均增速与全省年均增速比较,判断各单元生态质量变化趋势,全省共有31个评价单元生态质量变化趋差,43个评价单元生态质量变化趋良。

(4)陆域过程评价结果。根据资源利用效率变化、污染物排放强度变化和生态质量变化3类评价结果(表3-22,附录三),建德市、奉化区、绍兴市区、丽水市区、衢江市区、临海市、温岭市等7个评价单元为趋差,占比9.6%;其余66个评价单元均为趋良,占比90.4%。

表3-22 陆域分项过程评价结果

序号	评价单元	资源利用效率		污染物排放强度				生态质量
		土地资源	水资源	化学需氧量	氨氮	二氧化硫	氮氧化物	
1	杭州市区	趋良	趋良	趋良	趋良	趋良	趋良	趋良
2	萧山区	趋差	趋良	趋良	趋良	趋良	趋良	趋良
3	余杭区	趋良	趋良	趋良	趋良	趋良	趋良	趋良
4	富阳区	趋良	趋良	趋良	趋良	趋良	趋良	趋差
5	临安市	趋良	趋良	趋良	趋良	趋良	趋良	趋差
6	建德市	趋良	趋良	趋差	趋差	趋良	趋良	趋差
7	桐庐县	趋良	趋良	趋良	趋良	趋良	趋良	趋差
8	淳安县	趋良	趋良	趋良	趋良	趋良	趋良	趋差
9	宁波市区	趋差	趋良	趋良	趋良	趋良	趋良	趋良
10	鄞州区	趋良	趋良	趋良	趋良	趋良	趋良	趋良
11	奉化区	趋差	趋差	趋差	趋差	趋良	趋良	趋差
12	余姚市	趋良	趋良	趋良	趋良	趋良	趋良	趋差
13	慈溪市	趋差	趋良	趋良	趋良	趋良	趋良	趋差
14	象山县	趋差	趋良	趋良	趋差	趋良	趋良	趋良
15	宁海县	趋良	趋良	趋良	趋差	趋良	趋良	趋良
16	温州市区	趋差	趋良	趋良	趋良	趋良	趋差	趋差
17	洞头区	趋良	趋良	趋良	趋良	趋良	趋良	趋差
18	瑞安市	趋差	趋良	趋良	趋良	趋良	趋良	趋差
19	乐清市	趋良	趋良	趋良	趋良	趋良	趋良	趋差

续表

序号	评价单元	资源利用效率		污染物排放强度				生态质量
		土地资源	水资源	化学需氧量	氨氮	二氧化硫	氮氧化物	
20	永嘉县	趋良	趋良	趋良	趋良	趋差	趋差	趋良
21	平阳县	趋良	趋良	趋良	趋良	趋差	趋差	趋良
22	苍南县	趋良	趋良	趋良	趋良	趋差	趋差	趋良
23	文成县	趋良	趋良	趋良	趋良	趋良	趋差	趋良
24	泰顺县	趋良	趋良	趋良	趋良	趋良	趋良	趋良
25	嘉兴市区	趋良	趋良	趋差	趋差	趋良	趋差	趋良
26	平湖市	趋良	趋良	趋良	趋良	趋良	趋良	趋良
27	海宁市	趋良	趋差	趋良	趋良	趋良	趋差	趋良
28	桐乡市	趋良	趋良	趋良	趋良	趋良	趋差	趋良
29	嘉善县	趋良	趋良	趋良	趋良	趋良	趋差	趋良
30	海盐县	趋良	趋良	趋良	趋良	趋良	趋良	趋良
31	湖州市区	趋良	趋良	趋良	趋良	趋差	趋良	趋良
32	德清县	趋良	趋差	趋良	趋良	趋良	趋差	趋良
33	长兴县	趋良	趋良	趋良	趋良	趋良	趋良	趋差
34	安吉县	趋良	趋良	趋良	趋良	趋良	趋良	趋差
35	绍兴市区	趋差	趋良	趋差	趋良	趋良	趋差	趋良
36	柯桥区	趋良	趋良	趋良	趋差	趋良	趋差	趋良
37	上虞区	趋良	趋良	趋良	趋良	趋良	趋差	趋良
38	诸暨市	趋良	趋良	趋良	趋良	趋良	趋差	趋差
39	嵊州市	趋良	趋良	趋良	趋良	趋良	趋良	趋良
40	新昌县	趋良	趋良	趋良	趋良	趋良	趋差	趋良
41	金华市区	趋良	趋良	趋良	趋良	趋良	趋差	趋良
42	金东区	趋差	趋良	趋良	趋良	趋良	趋差	趋良
43	兰溪市	趋良	趋差	趋良	趋良	趋良	趋良	趋差
44	东阳市	趋良	趋差	趋良	趋良	趋差	趋差	趋良
45	义乌市	趋良	趋良	趋良	趋良	趋良	趋差	趋差
46	永康市	趋良	趋差	趋良	趋良	趋差	趋差	趋差

序号	评价单元	资源利用效率		污染物排放强度				生态质量
		土地资源	水资源	化学需氧量	氨氮	二氧化硫	氮氧化物	
47	武义县	趋良	趋良	趋良	趋良	趋差	趋差	趋良
48	浦江县	趋良	趋良	趋良	趋良	趋差	趋差	趋良
49	磐安县	趋差	趋良	趋良	趋良	趋差	趋差	趋良
50	衢州市区	趋差	趋差	趋良	趋良	趋差	趋差	趋差
51	江山市	趋差	趋良	趋良	趋差	趋良	趋良	趋差
52	常山县	趋差	趋良	趋良	趋良	趋良	趋差	趋良
53	开化县	趋差	趋良	趋良	趋良	趋良	趋差	趋良
54	龙游县	趋良	趋良	趋良	趋良	趋良	趋差	趋差
55	舟山市	趋良	趋良	趋良	趋良	趋良	趋良	趋良
56	岱山县	趋良	趋差	趋良	趋良	趋良	趋差	趋良
57	嵊泗县	趋差	趋良	趋良	趋良	趋良	趋差	趋良
58	台州市区	趋差	趋良	趋良	趋良	趋良	趋良	趋良
59	温岭市	趋差	趋差	趋差	趋差	趋良	趋差	趋良
60	临海市	趋差	趋差	趋良	趋良	趋良	趋差	趋差
61	玉环市	趋差	趋良	趋良	趋良	趋良	趋良	趋良
62	三门县	趋差	趋良	趋良	趋良	趋良	趋差	趋差
63	天台县	趋良	趋差	趋良	趋良	趋良	趋差	趋差
64	仙居县	趋良	趋良	趋良	趋良	趋良	趋良	趋差
65	丽水市区	趋良	趋差	趋良	趋良	趋良	趋良	趋差
66	龙泉市	趋良	趋良	趋良	趋良	趋良	趋差	趋良
67	青田县	趋良	趋良	趋良	趋良	趋良	趋差	趋差
68	云和县	趋良	趋良	趋良	趋差	趋良	趋差	趋差
69	庆元县	趋良	趋良	趋良	趋良	趋良	趋差	趋差
70	缙云县	趋良	趋良	趋良	趋差	趋良	趋差	趋良
71	遂昌县	趋良	趋良	趋良	趋良	趋良	趋差	趋良
72	松阳县	趋良	趋良	趋良	趋良	趋良	趋良	趋良
73	景宁畲族自治县	趋差	趋良	趋良	趋良	趋差	趋差	趋良

2. 海域过程评价

本节采用海域、无居民海岛开发效率变化评价海域/海岛开发效率变化,优良水质比例变化评价环境污染程度变化,赤潮灾害频次变化评价生态灾害风险变化。其中,各县(市、区)GDP 数据依据省统计局提供的可比价数据。

1)评价数据

(1)海域开发资源效应指数。选取渔业、交通运输、工业、旅游娱乐、海底工程、排污倾倒、造地工程用海等海域使用类型,根据各种使用类型对海域资源的耗用程度和对其他用海的排他性强度差异核算,反映海洋空间开发强度。本研究以 2015 年 12 月 31 日为基准日期,以《浙江省海洋功能区划(2011—2020年)》为基准范围,利用 GIS 软件对国家海域动态监视监测管理系统的海域使用现状权属矢量数据开展空间分析,并按照海域使用一级类和二级类分析统计,得到省市县各级不同用海类型的用海面积;将海洋功能区划按功能区类型分类统计省市县各级面积。

(2)海域优良水质比例。海域优良水质比例指所辖海域一、二类海水水质面积比例,反映各县(市、区)管辖海域生态环境状况。本研究依据《海水质量状况评价技术规程》的要求,对选取的监测站点 DIN、PO_4-P、COD、石油类等主要水质参数,运用改进的距离反比例法进行插值和等值面提取,最终生成全海域水质状况分类图。依据《浙江省海洋功能区划(2011—2020 年)》,将水质分类图与海洋功能区区划图进行叠加,运用 GIS 手段,测算统计各年度沿海各县优良水质占比(一、二类海水)。依据 2006—2015 年沿海各县优良水质比例,采用 Mann-Kendall 检验法计算时间序列趋势统计量 S 值和显著性水平 P 值,根据结果表征海域环境污染程度的变化。

(3)生态灾害风险变化指标(赤潮发生频次变化)。赤潮是由某些微藻、原生动物或细菌在一定环境条件下爆发性增殖或聚集达到某一水平,引起水体变色或对海洋中其他生物产生危害的一种生态异常现象。本研究根据近 10 年沿海县级行政区海域赤潮发生频次,采用 Mann-Kendall 检验法计算时间序列趋势统计量 S 值和显著性水平 P 值,判断海域赤潮发生频次的年际变化趋势(D),以表征海域生态灾害风险的变化。本研究根据赤潮信息通报记载的赤潮发生的经纬度信息和区域地理位置信息,对赤潮统计数据进行梳理分类,按赤潮发生县域进行赤潮发生频次统计。除个别赤潮发生情况超出省管海域范围或赤潮无记录面积以外,其余赤潮均纳入统计评价。

2)评价结果

(1)海域/海岛开发效率变化。根据评价结果,宁波市的镇海区、鄞州区、奉化区,温州市的龙湾区、瑞安市、苍南县,嘉兴市的平湖市,台州的椒江区、路桥区、温岭市、玉环市和三门县等12个区县开发效率趋差,其余地区变化不大或趋良。以市级行政区划来看,嘉兴市、台州市海域开发效率变化均趋差。研究发现开发效率变化趋势值与感观不完全相符,这可能是由GDP数据与海域开发利用相关性较弱引起的,后期将根据全省海洋经济调查,了解海岛海洋经济和临海开发区经济活动情况,明确海洋对沿海经济社会发展的贡献,采用与海域开发利用效率变化趋势提供高相关度的经济数据,进一步提高评估的精度。

(2)环境污染程度变化。结果显示,除象山县、普陀区、岱山县、嵊泗县和椒江区水质优良比例呈现降低趋势,海域环境污染程度趋差外,其余各县海域水质优良比例均无显著变化,海域环境污染程度变化不大。

(3)生态灾害风险变化。依据2006—2015年度沿海各县赤潮灾害发生情况,并采用 Mann-Kendall 检验法计算时间序列趋势统计量 S 值和显著性水平 P 值,结果显示,象山县、洞头区、普陀区、岱山县、嵊泗县、椒江区、临海市海域赤潮发生频次均呈降低趋势,海域生态灾害风险趋低;鄞州区、宁海县、瑞安市、平阳县、苍南县、温岭市和玉环市海域赤潮发生频次无显著变化趋势,海域生态灾害风险变化不大,其余沿海县近10年均为发现赤潮,无法开展趋势评价,按变化不大进行评价。

(4)海域过程评价结果。根据上述海域开发效率变化、环境污染程度变化和生态灾害风险变化三类评价结果(附录三),仅三门县为趋差,占比3.8%,其余均为趋良,占比96.2%。

3.海陆过程评价校验

针对沿海的县(市、区),将陆域和海域过程评价结果进行复合,对陆域和海域的预警等级进行校验。将资源环境耗损等级取值为陆域资源环境耗损指数与海洋资源环境耗损指数之间的最高级,并以此调整沿海县(市、区)的预警等级,实现同一行政区内陆域和海域预警等级的衔接协调。结果如表3-23所示。其中,建德市、奉化区、越城区、莲都区、柯城区、衢江区、临海市、温岭市、三门县等8个评价单元为趋差,占比11.0%;其余65个评价单元均为趋良,占比89.0%。

3.3.2.2　预警等级

(1)陆域资源环境预警等级。按照陆域资源环境耗损过程,对超载类型进行预警等级划分,得到全省各县(市、区)陆域预警等级(表3-24,附录四):淳安县、舟山市区、岱山县、嵊泗县和温岭市等 5 个评价单元为绿色无警,占比 6.8%;象山县、洞头区、瑞安市、乐清市、永嘉县等 19 个评价单元为蓝色预警,占比 26.0%;临海市和丽水市区 2 个评价单元为黄色预警,占比 2.7%;杭州市区、萧山区、余杭区、富阳区、临安区等 43 个评价单元均为橙色预警,占比 58.9%;建德市、奉化区、绍兴市区和衢州市区等 4 个评价单元为红色预警,占比 5.5%。

表 3-23   过程评价主要指标及评价结论

指标		指标内涵	资源环境损耗评价	
			趋良	趋差
陆域资源环境耗损指数	资源利用效率	通过单位 GDP 建设用地、用水量等指标的 10 年平均增速与全国增速比进行评价	66	7
	污染物排放强度	通过单位 GDP 水污染物(化学需氧量、氨氮)和大气污染物(二氧化硫、氮氧化物)排放的 10 年平均增速与全国增速比进行评价	62	11
	生态质量变化	通过林草覆盖率的 10 年平均增速与全国增速比进行评价	42	31
	综合陆域 3 项指标	2 项或 3 项均趋差的区域为加剧型,2 项或 3 项均趋良的区域为趋缓型	66	7
海域资源环境耗损指数	海域/海岛开发效率变化	通过近 10 年海域开发资源效应指数和无居民海岛开发强度相对于 GDP 的变化趋势进行评价	14	12
	海洋环境污染程度变化	通过计算近 10 年沿海县级行政区海域优良(一、二类)水质比例,分析时间序列变化趋势	21	5
	海洋生态灾害风险变化	通过计算近 10 年沿海县级行政区海域赤潮发生频次,分析时间序列变化趋势	26	0
	综合海域 3 项指标	2 项或 3 项均趋差的区域为加剧型,2 项或 3 项均趋良的区域为趋缓型	25	1
海陆校验	综合陆、海域 3 项指标	取陆域资源环境耗损指数与海洋资源环境耗损指数之间的最高级,以此调整沿海县(市、区)的预警等级。	65	8

表 3-24   浙江省陆域预警等级

集成评价	数量	评价单元
绿色无警	5	淳安县;舟山市区、岱山县、嵊泗县;温岭市
蓝色预警	19	象山县;洞头区、瑞安市、乐清市、永嘉县、泰顺县;磐安县;开化县;玉环市、三门县、天台县、仙居县;龙泉市、青田县、云和县、庆元县、松阳县、景宁畲族自治县、遂昌县

集成评价	数量	评价单元
黄色预警	2	临海市;丽水市区
橙色预警	43	杭州市区、萧山区、余杭区、富阳区、临安市、桐庐县;宁波市区、鄞州区、余姚市、慈溪市、宁海县;温州市区、平阳县、苍南县、文成县;嘉兴市区、平湖市、海宁市、桐乡市、嘉善县、海盐县;湖州市区、德清县、长兴县、安吉县;柯桥区、上虞区、诸暨市、嵊州市、新昌县;金华市区、金东区、兰溪市、东阳市、义乌市、永康市、武义县、浦江县;江山市、常山县、龙游县;台州市区;缙云县
红色预警	4	建德市;奉化区;绍兴市区;衢州市区
合计	73	

(2)海域资源环境预警等级。按照海域资源环境耗损过程,对超载类型进行预警等级划分,得到全省各县(市、区)海域预警等级(表3-25,附录四):椒江区、奉化区、余姚市、慈溪市、宁海县等5个评价单元为橙色预警,占比19.2%;仅三门1个评价单元为黄色预警,占比3.8%;其余20个评价单元均为蓝色预警,占比76.9%。

表3-25　浙江省海域预警等级

集成评价	数量	评价单元
蓝色预警	20	北仑区、镇海区、鄞州区、象山县;龙湾区、洞头区、瑞安市、乐清市、平阳县、苍南县;平湖市、海盐县;定海区、普陀区、岱山县、嵊泗县;路桥区、温岭市、临海市、玉环市
黄色预警	1	三门县
橙色预警	5	椒江区;奉化区、余姚市、慈溪市、宁海县
合计	26	

(3)海陆资源环境预警等级。通过对海、陆过程评价进行复合,根据集成评价结果和过程评价结果,得到各县(市、区)预警等级(表3-26,附录四):仅淳安县1个评价单元为绿色无警,占比1.4%;象山县、洞头区、永嘉县、泰顺县等21个评价单元为蓝色预警,占比28.8%;温岭市、临海市、三门县和丽水市区4个评价单元为黄色预警,占比54.8%;杭州市区、萧山区、余杭区、富阳区、临安市等42个评价单元均为橙色预警,占比57.5%;建德市、奉化区、绍兴市区、衢州市区等4个评价单元为红色预警,占比5.5%,它们的主要成因情况如表3-27所示。

表 3-26 浙江省海陆预警等级

集成评价	数量	评价单元
绿色无警	1	淳安县
蓝色预警	21	象山县；洞头区、瑞安市、乐清市、永嘉县、泰顺县；磐安县；开化县；舟山市区、岱山县、嵊泗县；玉环市、天台县、仙居县；龙泉市、青田县、云和县、庆元县、遂昌县、松阳县、景宁畲族自治县
黄色预警	4	温岭市、临海市、三门县；丽水市区
橙色预警	42	杭州市区、萧山区、余杭区、富阳区、临安市、桐庐县；宁波市区、鄞州区、余姚市、慈溪市、宁海县；温州市区、平阳县、苍南县、文成县；嘉兴市区、平湖市、海宁市、桐乡市、嘉善县、海盐县；湖州市区、德清县、长兴县、安吉县；柯桥区、上虞区、诸暨市、嵊州市、新昌县；金华市区、金东区、兰溪市、东阳市、义乌市、永康市、武义县、浦江县；江山市、常山县、龙游县；台州市区；缙云县
红色预警	4	建德市；奉化区；绍兴市区；衢州市区
合计	73	

表 3-27 红色预警区主要成因

市县	超载因素	过程监测	指标情况
建德市	环境评价超载（$PM_{2.5}$ 平均浓度超过国家标准）	污染物排放强度变化趋差；生态质量变化趋差	2011—2015 年化学需氧量、氨氮、氮氧化物排放强度年均降速分别低于全国平均 0.32、0.2、1.4 个百分点，二氧化硫排放强度甚至出现上涨趋势（年均 0.63%）；2006—2013 年森林覆盖率呈现下降态势，年均下降 0.075%
奉化区	环境评价超载（$PM_{2.5}$ 平均浓度超过国家标准）；海洋环境评价超载	资源利用效率变化趋差；污染物排放强度变化趋差	2010—2015 年土地和水资源利用效率增速分别低于全国 2.08、0.34 个百分点；2011—2015 年化学需氧量、氨氮、氮氧化物排放强度年均降速分别低于全国平均 0.18、1.39、3.1 个百分点
绍兴市区	环境评价超载（$PM_{2.5}$ 平均浓度超过国家标准）	污染物排放强度变化趋差；生态质量变化趋差	2011—2015 年化学需氧量、二氧化硫年均降速都比全国平均低 1 个百分点，氮氧化物排放强度甚至出现上涨趋势（年均 0.79%）；2007—2016 年森林覆盖率与其他评价单元相比呈现较大下降，年均下降 0.314%
衢州市区	环境评价超载（$PM_{2.5}$ 平均浓度超过国家标准）	资源利用效率变化趋差；生态质量变化趋差	2010—2015 年土地和水资源利用效率年均增速分别低于全国评价 0.70 和 2.45 个百分点；2006—2016 年森林覆盖率呈现下降态势，年均下降 0.2%

3.4 超载成因分析

本节对海陆超载区域与基础评价、专项评价结果的叠加分析,筛选超载和临界超载类型中导致陆域、海域资源环境耗损状态发生变化的关键因素,剖析造成陆域、海域不同预警等级的原因。

3.4.1 陆域超载成因分析

3.4.1.1 陆域主要超载问题

根据评价结果(表 3-28),浙江省陆域资源环境超载问题主要集中在环境、土地、生态 3 个基础评价领域,城市化地区、农产品主产区和重点生态功能区评价无超载和临界超载问题。其中,土地资源评价有 18 个评价单元临界超载,占比 24.7%;环境评价有 44 个评价单元超载(占比 60.3%),有 13 个单元临界超载(占比 17.8%);生态评价有 6 个评价单元超载(占比 8.2%),有 15 个单元临界超载(占比 20.5%)。

表 3-28 陆域超载指标和超载单元数量

超载领域	超载单元数量(个)	临界超载单元数量(个)	超载指标
土地	0	18	土地资源压力指数超过阈值
环境	44	13	$PM_{2.5}$、PM_{10}、O_3 等指标未达到空气质量二级标准;总氮(TN)、总磷(TP)等指标未达到断面水质要求
生态	6	15	发生生态退化土地面积比例(中度以上水体流失面积占比)超过阈值

3.4.1.2 部分单元土地资源压力较大的主要原因

根据土地资源压力指数,浙江省有 18 个评价单元土地压力中等,超载和临界超载占所有评价单元的 24.7%。主要超载原因如下。

(1)浙西、浙西南山区县地形复杂,坡地比例高。浙江省山地和丘陵占 70.4%,平原和盆地占 23.2%,河流和湖泊占 6.4%,有"七山一水两分田"之称。地形复杂,地势西南高、东北低,自西南向东北倾斜,境内地形起伏较大,山地和丘陵主要位于浙西北、浙西南,现状建设用地与适宜建设开发区匹配度较低。全省土地资源超载或临近超载的 21 个评价单元中有 9 个位于山地和丘陵区域"绿色屏障"上。由于这些县、市的山地、丘陵比例高,造成适宜开发土地数量有限,从而导致土地资源压力较大。

(2)平原地区基本农田和高等级耕地比例高。浙北平原地区水系发达,农田肥沃,历来是浙江省粮食的主产区。桐乡市、嘉善县、平湖市境内高等级耕地占所有耕地的 100%,湖州市区也达到 98%,基本农田保护面积较大。平湖市和海盐县是国家级农产品主产区,其主体功能定位要求在国土空间开发中限制进行大规模高强度工业化城市化开发,以保持并提高农产品生产能力,因此区域内特别不适宜土地建设开发占比较高,导致适宜和基本适宜土地数量有限。

(3)优化开发地区现状建设用地基数大。浙北地区人口密集,工业集聚,开发时间较早,虽然其剩余适宜开发建设空间相比山区县普遍要大很多,但已开发建设的土地面积基数较大,造成剩余适宜建设开发程度偏小,导致现状建设用地基数大、建设开发程度高。如宁波市区(含海曙、江东、江北、北仑、镇海)现状建设用地规模约为 4.66 万公顷,剩余适宜建设开发空间达 1.95 万公顷;湖州市区(含吴兴、南浔)现状建设用地规模约为 3.38 万公顷,剩余适宜建设开发空间为 1.65 万公顷;平湖市现状建设用地规模约为 1.61 万公顷,剩余适宜建设开发空间为 1.09 万公顷,杭州市区(含上城、下城、西湖、拱墅、江干、滨江)现状建设用地规模约为 4.13 万公顷,剩余适宜建设开发空间为 0.75 万公顷。

3.4.1.3　部分单元污染物浓度超标的主要原因

环境评价涉及水、气 13 项指标,其中大气污染物以 $PM_{2.5}$、PM_{10}、O_3 指标超标单元较多,水污染物以湖库 TN 指标超标单元较多,各类指标主要超载原因如下。

(1)本地排放是大气污染物超标的主要原因。① $PM_{2.5}$ 是目前浙江大气环境质量超标的主要问题,全省 73 个县(市、区)中 $PM_{2.5}$ 因子超标地区达到 44 个。浙江省已有 $PM_{2.5}$ 源解析结果表明:工业排放(包括工业生产和燃煤)是浙江省 $PM_{2.5}$ 最主要的来源,其次是移动源(包括机动车和船舶排放),再次是扬尘。以杭州为例,$PM_{2.5}$ 来源中,区域传输的贡献占 18% ~ 38%,本地排放的贡献占 62% ~ 82%。其中,机动车是杭州本地排放源中 $PM_{2.5}$ 最大来源,其次是工业生产、扬尘、燃煤、生物质燃烧、餐饮、海盐粒子、农业生产等其他源,贡献了 10.0%。②臭氧是浙江省除颗粒物外最主要的污染指标,从臭氧前体物排放来看,工业源和机动车是氮氧化物和挥发性有机化合物(VOCs)的重要来源。宁波、杭州、湖州、嘉兴和绍兴等地氮氧化物排放分别位于浙江省的第一、二、三、四和五位,约占全省总量的 66.6%;VOCs 排放分别位于浙江省第一、二、五、六和八位,约占全省的 56.7%。从单位面积排放强度来看,这些地区也基本位于浙江省中等偏上水平。臭氧前体物,尤其是 VOCs 的高强度排放是浙江省臭氧污染的重要原因。

(2)气象和地理条件是造成部分地区大气污染物超标的客观因素。①浙江省霾污染的空间分布明显受其地形影响,在杭州、湖州及金衢盆地霾天出现频率最高,而在舟山群岛和浙南丘陵霾日数最少。特别是杭州市区西面三面环山,地势自西南向东北倾斜,夏季盛行西南风冬季盛行西北风,这种地形与盛行风向不利于大气污染物向外扩散,霾污染问题十分突出;金华、衢州地处盆地,也不利于大气污染物扩散,霾污染较为严重;湖州偏内陆,大气扩散条件相对较差,同时受浙江、安徽、江苏三省大气污染排放的影响。②高温、低湿、强辐射强度及小风等气象条件,为高浓度臭氧的形成提供有利的外在条件,每年臭氧浓度最高值通常出现在 5~6 月份或 9~10 月份,在 1~2 月份和 11~12 月浓度最低,大多在 120μg/m³ 以下。

(3)面源污染是水库断面总氮超标的主要原因。浙江省有 37 个断面有总氮监测数据(均为湖库断面,共 245 个断面纳入评价),其中总氮浓度超标指数大于 0 的断面有 29 个,占比 78.38%。这些断面中,除了杭州西湖、嘉兴南湖、绍兴鉴湖外,都是水库断面,且主要位于山区,工业和人口相对较少。造成总氮指标超标的主要原因是降水冲刷造成的面源污染。

(4)工业和生活污染排放量大,水体自净能力有限是浙北平原河网地区部分断面水质超标的主要原因。浙江省水污染物浓度超标的评价单元是萧山区、嘉兴市和柯桥区,共涉及 4 个断面。

3.4.1.4　部分单元生态健康度较低的主要原因

生态评价主要指标是水土流失面积占比,因此根据生态评价结果,全省有 6 个评价单元生态系统健康度低,15 个评价单元生态系统健康度中等,分析造成这些地区生态系统健康度低或中等的原因如下。

(1)坡度是引发水土流失的基础因素。从水土流失所处的坡度状况来看(表 3-29),全省水土流失面积的一半以上分布在人类生产活动较为集中的 25°以下的区域,且在坡度相对较大易发生水土流失的 15°~25°的区域所占比例达到 32.06%。剩下 46.45%的水土流失面积分布在生态环境脆弱的 25°以上的区域,且有 16.34%分布在生态环境极为脆弱的 35°以上区域。

(2)森林覆盖率低、质量不高是水土流失的重要因素。良好的森林植被具有保持水土的功能。由于浙江省原始植被遗存很少,现有植被主要是常绿针阔叶次生林、松灌残次林、灌木小竹丛、草灌丛及人工林,森林结构中针叶林多、

表 3-29　浙江省不同坡度水土流失面积(平方公里)

坡度	轻度	中度	强烈	极强烈	剧烈	合计	比例
5°~8°	454.98	90.74	7.68	1.70	0.20	555.30	6.00%
8°~15°	792.23	606.04	28.39	8.74	1.13	1436.53	15.49%
15°~25°	1367.83	733.00	832.48	37.65	4.53	2975.49	32.06
25°~35°	176.65	1833.95	231.73	544.23	9.75	2796.31	30.11%
≥35°	51.57	1057.49	155.17	100.19	151.65	1516.07	16.34%
合计	2843.26	4321.22	1255.45	692.51	167.26	9279.70	100.00%

阔叶林少,林种结构单一,纯林多、混交林少,降低了植被的水土保持功能(表 3-30)。5 个生态健康度低的评价单元,除新昌县外,森林覆盖率均小于全省均值,且台州市区、温州市区 2 个单元不到全省的 59%;单位面积蓄积指标,除台州市区和新昌县外,均小于全省单位面积蓄积均值。

表 3-30　生态系统不健康的 5 个单元本底数据表

评价单元	森林覆盖率(%)		单位面积蓄积(立方米/公顷)		急坡以上面积比重
	指标值	与全省差值	指标值	与全省差值	
婺城区	58.11	−2.85	55.66	−13.75	28.14%
台州市区	35.42	−25.54	71.76	2.35	15.33%
温州市区	35.85	−25.11	51.87	−17.54	9.90%
瑞安市	46.23	−14.73	52.49	−16.92	19.28%
新昌县	64.60	3.64	75.17	5.76	35.77%

　　(3)不合理人为活动也是水土流失的原因之一。随着社会的发展和人口的不断增长,开发建设利用自然资源强度加强,低丘缓坡地开发,以及部分生产建设项目中水土保持设施滞后,破坏地表植被,加剧水土流失和环境恶化。同时,由于耕地资源相对匮乏,多年来各地通过开垦丘陵山地缓解用地紧张局面。特别是经济果木林地开发过程中,全面整地和后期粗放管理方式,导致林下水土流失以强烈~剧烈为主,加大了水土流失治理难度。全省园地经济林地水土流失面积为 1488.58 平方公里,占总水土流失面积的 16.04%。另据统计,全省坡度5°以上的园地经济林地面积为 6820.4 平方公里,由于在该用地类型上人为耕作、除草等农业生产活动频繁,使得该类型土地水土流失比例和强度高于其他类型土地,水土流失面积比例达 21.83%,所带来的危害也较为严重(表3-31)。

表 3-31 浙江省不同类型园林经济林地水土流失面积(平方公里)

土地利用类型	轻度	中度	强烈	极强烈	剧烈	合计	比例
果园	333.79	308.32	59.90	22.97	3.05	728.03	47.95%
茶园	189.86	175.12	28.26	7.25	0.79	401.28	27.71%
其他园地	56.77	43.65	7.53	2.03	0.30	110.28	7.39%
竹林	59.45	180.83	4.63	2.08	0.38	247.37	16.84%
其他经济林	0.86	0.64	0.09	0.02	0.01	1.62	0.11%
合计	640.73	708.56	100.41	34.35	4.53	1488.58	100.00%

3.4.2 海域超载成因分析

3.4.2.1 海域超载的主要问题

根据评价结果,浙江省海域资源环境超载问题主要表现在海洋空间、海洋生态环境、海岛资源环境 3 个评价领域,各领域超载指标见表 3-32。

表 3-32 海域超载指标和超载单元数量

超载领域	超载单元数量	临界超载单元数量	超载指标
岸线开发强度	2	3	岸线开发强度超过阈值
海域开发强度	0	2	海域开发强度达到临界阈值
海洋环境	2	6	水质不达标海域面积占比超过阈值
海洋生态	0	10	浮游动物和底栖动物出现波动
海岛资源环境	0	3	无居民海岛开发强度超过阈值

3.4.2.2 沿海地区海洋生态环境超载的主要原因

浙江省近海海洋生态环境不容乐观,所有县(市、区)均为超载和临界超载,是海域资源环境超载最多的领域,分析主要原因如下。

(1)陆源污染是造成近岸海域水质富营养化的最主要原因。浙北海域陆源污染物主要来自长江、钱塘江等外流域河流注入东海的污染物,约占总污染物的70%;本海域沿岸生产生活污水中携带的污染物,陆地表面随雨水入海的面源污染物,企业、个人非法向海洋倾倒的垃圾等污染物占 30%;近岸海域入海排污超标严重,化学需氧量、氨氮、总磷均为主要超标污染物;海水养殖业的自身污染,进一步加剧局部海域富营养化程度,据统计估算,部分港湾和养殖活动较为频繁的区域,如象山港、三门湾等海水养殖对该海域污染物入海总量相关指标(氮、磷)的贡献率为 17%。

(2)海洋经济产业持续快速发展增加近海生态环境压力。近年来,临港工业、港口运输、滩涂围垦、海洋旅游、海洋渔业等海洋经济产业持续快速发展,沿海市县排海污染物不断增多,一些地区的涉海项目布局缺乏科学统筹与整体规划,资源开发利用较为粗放,以及生态环境保护力度弱,导致海域海水波浪水动力条件、泥沙运移状况等发生重大变化,大量野生海洋生物栖息场所被大量挤占和严重毁坏,海洋生物多样性受到了严重影响。

(3)电厂温排水热污染已成为港湾生态系统新的威胁。由于能源运输方便、大气污染物扩散条件好、环境影响范围较小、给排水方便等有利条件,沿海地区一直是火电厂、核电厂布局首选地之一。目前,在浙江沿海,秦山核电、浙能乐清电厂、华能玉环电厂等一大批电厂正在运行,未来三门核电等一批新电源也将投入运行。电厂的热污染、生物杀剂及卷载效应等对受纳水体的长期作用,致使海域生物数量、生物多样性及生态群落结构等发生变化,进而对整个海域生态系统产生一定影响。

3.4.2.3 部分单元海洋空间资源超载的主要原因

根据评价结果,岸线开发程度和海域开发程度较高或达到临界水平的评价单元主要集中在宁波市和温州市龙湾区、乐清市,分析造成这些问题的原因是:围垦、海塘建设、港口航运等开发活动造成岸线人工化比例较高。

宁波市岸线开发强度在沿海 5 市中最高,很大程度是历史原因,同时也与规划围垦规模较大有密切关系。20 世纪 70 年代,全市共围垦 30 万亩,2000—2005 年已经围垦了约 15 万亩;滩涂围垦的主要区域为甬江口以北的余姚慈溪地区、三门湾区域的宁海县和象山县。镇海区、北仑区的滩涂围垦面积也较大,约 12 万亩。

温州市龙湾区近年来随着海滨围垦、永兴围垦、天成围垦、丁山一期围垦及龙湾二期围垦等围填海施工,自然岸线演变为以海堤为主的人工岸线。原生自然岸线除了基岩岸线以外,其余随着海堤、码头修建(人工岸线急剧增加),越变越少(仅占总海岸线 1.50%)。

乐清境内岸线的变化主要反映在湾内人工堤线的变化上。90 年代,乐清出现较大规模的围涂工程,尤其是乐清湾西侧浅滩围涂规模较大,其中乐成附近岸线最大外推 1.5 公里;2000 年之后岸线外推速率增加,其中,2002—2011 年蒲岐—乐成岸线外推可达到 2.5 公里,岸线外推速率可达 250 米/年,主要集中在乐清湾港区、胜利塘和乐海塘 3 个地区,以港区南塘和胜利北塘外推最大;蒲岐以北至清江段岸线变化不大;乐清湾西岸岸线类型以基岩海岸为主,用海方式主要为滩涂养殖。

3.4.2.4 海岛资源环境超载的主要原因

根据海岛资源环境评价结果,浙江省有 3 个评价单元无居民海岛开发程度较高,分别是余姚市、慈溪市和乐清市。浙江省海岛数量众多,分布广,大量岛屿离岸较近且集中分布,有利于岛屿开发利用。曾经的海岛开发热潮使浙江省340 多个岛屿被不同程度开发。开发者着眼于经济效益,缺乏开发的整体规划和评估,对生态环境保护的重视不足,破坏了植被、土壤、沙滩和动植物,影响了海岛自然资源。其中,慈溪市和余姚市所辖海区位于钱塘江河口,距离大陆较近,开发利用程度相对较高。据 2014 年海岛地名普查数据显示,共有 835 个无居民海岛得到不同程度的开发,约占无居民海岛总数的 20.1%;未开发利用的无居民海岛有 3316 个。已开发利用种类有交通运输、工业、渔业、农林牧业、公共服务、城乡建设、旅游娱乐、仓储、可再生能源及其他用途共计 10 类。

3.5 针对超载问题的政策响应研究

对资源环境承载能力开展评价和监测预警的最终目的是预防更差的情况发生并解决问题,建立起针对性的资源超载预警响应机制,把资源管理同当地的区域经济社会发展结合起来,从而遏制或解决资源压力的增大和损耗的加剧。

3.5.1 陆域政策响应

3.5.1.1 财政政策

(1)完善财政体制。完善激励与约束相结合的财政奖补政策,健全县级基本财力保障机制。适应主体功能区要求,完善财政转移支付制度,重点加大对禁止开发区域、重点生态功能区、农产品主产区的转移支付力度,增强其实施公共管理和提供基本公共服务的能力。根据各市县(市、区)超载情况和程度,对当年超载问题比较明显的市县(市、区)可以考虑削减一般性转移支付以示惩罚,而在涉及超载问题的领域加大专项转移支付力度。

(2)健全生态环境补偿机制。按照"谁保护、谁受益""谁改善、谁得益""谁贡献大、谁多得益"原则,加大财政转移支付中生态补偿的力度。完善跨界断面河流水量水质目标考核与生态补偿相结合的办法,逐步提高各地保护水源的积极性和受益水平。建立健全分类补偿与分档补助相结合的森林生态效益补偿机制,逐步提高生态公益林补偿标准。

(3)加大各级财政对自然保护区投入。在定范围、定面积、定功能基础上定经费,并分清各级政府的财政责任,合理构建自然保护区稳定投入机制。完善对自然保护区、海洋自然保护区等的财政专项补助政策。

3.5.1.2 投融资政策

(1)按主体功能区安排政府投资。重点安排资金参与省级重点生态功能区的生态修复、环境保护和农产品主产区的发展,加强其提供生态产品的能力建设,包括公共服务设施建设、基础设施建设、生态移民、促进就业和支持适宜产业发展等。根据政府投资规模,分阶段解决重点生态功能区在基础设施、生态修复、环境保护等方面存在的突出问题。

(2)按领域安排政府投资。按照各类区域主体功能定位和发展方向,逐步加大政府投资用于农业和生态环境保护的比例。各部门投资要符合主体功能区定位和发展方向,农业投资主要投向农产品主产区,生态环境保护投资主要投向重点生态功能区和禁止开发区域。对重点生态功能区和农产品主产区内省级支持的建设项目,适当提高省级政府补助或贷款贴息比例,降低市、县级政府投资比例。

(3)以资源环境承载能力引导政府性投资。如交通基础设施、旅游开发等领域的政府性投资向资源环境承载能力较强的区域倾斜,环境整治、农林水利等领域的政府性投资向环境、水资源、生态领域超载的区域倾斜,形成激励到位、目标精准的投资机制,把有限的资金用在刀刃上,实现资源环境保护领域的供给侧结构性改革。

(4)合理引导民间资本投向。按照不同区域的主体功能定位,鼓励和引导民间资本投资。对优化开发和重点开发区域,鼓励和引导民间资本进入法律法规未明确禁止准入的行业和领域。对限制开发区域,鼓励民间资本主要投向基础设施、市政公用事业和社会事业。

(5)积极利用金融手段引导民间投资。引导商业银行按主体功能定位调整区域信贷投向,鼓励向符合主体功能定位的限制开发和禁止开发区域项目提供贷款,严格限制向不符合主体功能定位的项目提供贷款。

3.5.1.3 土地政策

(1)严格保护耕地和生态用地。坚持最严格的耕地保护制度,建立耕地保护补偿机制和基本农田永久保护机制。加大耕地和基本农田保护力度,确保耕地保有量和基本农田保护面积不减少、质量有提高。禁止擅自改变基本农田用途和位置。积极探索重大建设项目补充耕地省域内统筹办法和耕地占补平衡市场化方式。严格林地用途管制,控制林地转为建设用地,保护优质林地。

(2)合理确定建设用地总量和结构。按照不同主体功能区的功能定位和发展方向,实行差别化的土地利用和土地管理政策,科学确定各类主体功能区的建设用地总量和增量。控制工业用地的增加,适度增加城市居住地,逐步减少农村居住用地,合理控制交通用地的增长。探索实行地区、城乡之间人地挂钩的政策,探索城镇建设用地新增规模与吸纳外来人口、农村人口进入城市定居规模挂钩制度。

(3)加大对超载区域的土地资源管控。对土地资源压力中等、压力大的区域,加大节约用地力度,划定城市开发边界,在建设用地容积率、产业项目土地产出效益门槛等方面提出更高的要求。加大对闲置用地和违规用地的检查和惩罚力度。对生态评价超载的市县(市、区),即中度以上水土流失面积超过县域总面积 10% 的地区,减少低丘缓坡开发指标,限制对坡地、林地开发利用。

(4)改革完善土地供应管理模式。进一步完善土地征收制度、工业用地招拍挂制度,积极探索农村宅基地空间置换和工业存量用地盘活机制,促进土地节约集约利用。建立土地市场化配置机制和城乡统一的建设用地市场,逐步推行和建立城市建设用地集中供应、土地使用权公开交易及专项检查制度,推进农村建设用地分类管理、分方式供应改革。

3.5.1.4 产业政策

(1)对产业空间布局进行统筹规划。根据区域的资源环境承载能力,统筹规划全市产业空间布局。强化区域的主体功能分区管理,可以探索运用异地办园区等生态补偿模式,处理好全域发展与保护的关系,实现履行环境保护责任和保障小康社会建设的协调统一。

(2)建立各地产业准入负面清单。对于资源环境超载地区、重要水源地上游、重点生态功能区,通过建立产业准入负面清单,对用水总量、污水排放总量、能耗、水耗、污染物排放强度等指标做出严格的规定,限制发展用水和污水排放较多的化工、造纸、印染等产业,对高耗水、高污染坚决禁入。如对于新增用水量较大的项目和区域性开发工程,实行更严格的水资源总量分配和效率准入政策,并加快区外引水工程建设,突破区域资源瓶颈。

(3)建立产业退出和转移机制。综合运用经济、法律、技术和必要的手段,建立完善落后生产能力的市场退出机制,进一步加大淘汰落后产能和整合资源的力度。采取设备折旧补贴、设备贷款担保、迁移补贴、土地置换等手段,促进产业跨区域转移或退出。

3.5.1.5　人口政策

（1）实施差异化的人口迁移政策。优化开发和重点开发区域要实施积极的人口迁入政策，加强人口集聚和吸纳能力建设，放宽户口迁移限制，鼓励外来人口迁入和定居，将在城市有稳定职业和住所的流动人口逐步实现本地化，并引导区域内人口均衡分布，防止人口向特大城市中心区过度集聚。限制开发和禁止开发区域要实施积极的人口退出政策，切实加强义务教育、职业教育和职业技能培训，增强劳动力跨区域转移就业的能力，鼓励人口到重点开发和优化开发区域就业并定居。同时，要引导区域内人口向县城和中心镇集聚。

（2）改革城乡户籍管理制度。加快推进户口登记制度改革，逐步实现城乡户口登记制度的一元化。进一步推进以具有合法稳定职业和合法稳定住所为基本条件的户口迁移制度改革，继续完善居住证制度改革，按照"属地化管理、市民化服务"和长期性福利与短期性福利相分离的原则，鼓励优化开发和重点开发区域将外来长期务工经商人员纳入当地教育、就业、社会保障、住房保障等体系，逐步实现本外地居民基本公共服务均等化。

3.5.1.6　环境管理政策

（1）实施差异化的产业准入环境标准。在资源环境超载程度比较严重的地区实行更加严格的产业准入环境标准，严格贯彻执行国家限制和淘汰落后生产能力、工艺的规定和产品目录，严格控制高耗能、高污染或产能过剩的行业。对不同主体功能定位的地区采用不同的产业准入环境标准。

（2）实施差异化的污染物总量控制政策。资源环境超载程度比较严重的地区要实行更加严格的污染物排放标准，提高城镇污水处理厂处理标准，出水执行地表水准四类标准。优化开发区域要承担较多的主要污染物减排任务，逐步降低排污许可证许可排放的污染物总量，提高初始排污权有偿使用费征收标准。重点开发区域要合理控制污染物排放总量，限制开发区域要严格控制排污许可证许可排放的污染物总量，禁止开发区域不发放排污许可证。加快建立全省排污权有偿使用和交易制度。

（3）完善优化水资源配置格局。实行最严格的水资源管理制度，落实用水总量控制、用水效率控制和水功能区限制纳污控制"三条红线"。特别是在水资源承载能力较弱的地区，要以提高水资源利用效率和效益为核心，厉行节水，合理配置水资源，控制用水总量增长。

（4）重视水土流失防治和矿山整治工作。针对水土流失问题比较突出的经济林种植区，制定相关水土保持生态修复政策和管理制度，根据"宜乔则乔，宜灌则灌,宜草则草"原则,构建经济林区的生态经济功能结构。建立更加严格的矿山开采管理制度,对全省各地采石场加强管理和复绿,建设绿色矿山。

3.5.2 海域政策响应

3.5.2.1 财政政策

(1)完善财政转移支付制度。完善省海洋经济发展专项资金政策。相关政策重点向海岛县倾斜,保障限制开发区域和禁止开发区域的人均基本公共服务支出与全省平均水平大体相当。积极落实领海基点监视监测经费。同时,适当调整海洋经济发展等专项资金规模,重点支持沿海及海岛基础设施、现代海洋产业等项目建设。

(2)建立生态环境补偿机制。建立省级生态补偿机制,加大对限制开发区域和禁止开发区域的支持力度,建立健全有利于切实保护生态环境的奖惩机制。加大对禁止开发区域的投入力度,制定财政支持方案,明确省、市、县各级的财政责任。

(3)建立地区间横向补偿机制。鼓励生态环境受益地区采取资金补助、定向援助、对口支援等多种形式,对限制开发区域和禁止开发区域因加强生态环境保护造成的利益损失进行补偿。制定监测评估指标体系和具体监测方案,建立生态保护成效与资金分配挂钩的激励约束机制,加强对生态保护补偿资金使用的监督管理。

3.5.2.2 投融资政策

(1)安排政府性投资。重点支持限制开发区域的重点海洋生态功能区和渔业产品主产区的发展,包括生态修复与环境保护,渔业公益事业基础能力建设,渔港经济区建设,生态移民,促进就业,基础设施建设及支持适宜产业发展等。

(2)加大海洋防灾减灾和海上交通基础设施建设投入。加强海洋环境生态监测、观测等能力建设,支持现代化枢纽港及其集疏运网络、渔港、远洋补给站、装备建设。

(3)加强增殖放流、人工渔礁等渔业资源修复活动的投入。加大对海岸线的保护,海堤、海岸防护林等建设投入力度;加强对海洋自然灾害及危化品等泄漏事故的应急和防范能力建设。

(4)鼓励和引导民间资本按照不同区域的主体功能定位投资。充分发挥省级海洋资源开发投融资平台作用,对优化开发区域,鼓励和引导民间资本进入法律法规未明确禁止准入的行业和领域。对限制开发的区域,主要鼓励民间资本投向基础设施、市政公用事业和社会事业等。

（5）积极利用金融手段引导社会投资。引导商业银行按主体功能区定位调整区域信贷投向，鼓励向符合主体功能区定位的项目提供贷款，严格限制向不符合主体功能定位的项目提供贷款。

3.5.2.3 产业政策

（1）建立严格的涉海产业引导政策。明确各类海洋主体功能区的鼓励、限制和禁止发展的产业，制定海洋产业准入政策和海洋产业发展指导目录，建立海洋产业发展导向机制，引导海洋产业的合理布局和产业结构的优化调整。

（2）统筹布局省级以上重大项目。国家和省重大产业项目，优先布局在优化开发区域和重点开发的岛群。促进"三湾一港"临港产业的合理布局，逐步改变重点海域重化工分散布局的状况。

（3）严格市场准入制度。对不同主体功能区的项目实现不同的占地、耗能、耗水、资源回收率、资源综合利用率、工艺装备、"三废"排放和生态保护强制标准。对资源环境超载区域、限制开发区和禁止开发区设置更加严格的准入标准。

（4）支持和鼓励现代海洋产业发展。支持发展港航物流服务业、临港先进制造业、滨海旅游业、海工装备与高端船舶制造业、海洋医药与生物制品业、海洋清洁能源产业、海水淡化与综合利用等现代海洋产业，加快培育建设规模优势强、产业集中度高、示范带动作用明显的海洋特色产业基地。推进水产健康生态养殖；通过贴息贷款等，扶持远洋渔船改造。

3.5.2.4 海域海岛政策

（1）实施差别化的海域供给政策。重点安排国家产业政策鼓励类产业、战略新兴产业和社会公益项目用海。大力推行集中集约用海，统筹安排好项目用海用地的规模和布局，严格控制用海工程建设规模、投资强度等指标，优先保障涉海基础设施建设用海，出台具体政策以推动优化开发区域盘活存量围填海。

（2）制定并出台海岸线分类管理制度。实施自然岸线保有量控制制度，加强调查和监测统计。探索制订港口岸线资源收储管控制度。

（3）加强无居民海岛开发监管。深入推进海洋生态文明建设，强化无居民海岛开发的生态保护约束。按照"因岛制宜、分类开发"原则，建立无居民海岛用途管制制度。建立健全符合主体功能区建设基本要求的产业准入政策。

（4）保障港口和渔业用海。确保对列入国家和省重点的海洋港口工程项目顺利实施，确保并逐步增加海水养殖面积，严格控制重点养殖区的建设用海，保护"三场一通道"。

3.5.2.5 环境政策

(1)实行海洋主体功能区分类管理的环境政策。加强近岸海域环境保护,突出"绿色港"打造和生态湾区建设,制定实施近岸海域污染防治方案。建立补偿机制,制定建立省海洋生态环境损害赔偿机制。造成海洋生态环境损害的单位或个人应依法进行赔偿。

(2)加大海岛生态整治与修复力度。完善生态海岛(岛礁)建设制度。加强对海洋生态红线范围内海岛的监视监测、保护及考核,探索建立海岛生态损害责任追究和赔偿。进一步落实无居民海岛分类分区保护制度,强化特殊用途海岛保护与监管。

(3)加大重点湾区污染治理力度。实施陆源污染物排海总量控制制度,科学确定重点港湾入海污染物排放总量指标,建立实施总量控制目标责任制度。

(4)严格执行海洋伏季休渔制度。控制近海捕捞强度,减少渔船数量和功率总量,积极开展增殖放流。在重点海域实施全年禁渔。

参考文献

[1] 龚诗涵,肖洋,方瑜,等.中国森林生态系统地表径流调节特征.生态学报,2016,22(36):7472-7478.

[2] Pauly D,Christensen V,Dalsgaari J,et al. Fishing down marine food webs. Science,1998,279(5352):860-863.

[3] 薛莹,金显仕. 鱼类食性和食物网研究评述. 海洋水产研究,2003(2):76-87.

[4] 焦敏,高郭平,陈新军. 东北大西洋海洋捕捞渔获物营养级变化研究. 2016,38(2):48-63.

[5] 唐启升,苏纪兰.海洋生态系统动力学研究与海洋生物资源可持续利用.地球科学进展,2001,16(1):5-11.

[6] 何鎏臻,寿鹿,廖一波,等.长江口及其临近海域大型底栖动物功能群演替初探.海洋与湖招,2020,51(3):477-483.

[7] 周锋,黄大吉,倪晓波,等.影响长江口毗邻海域低氧区多种时间尺度变化的水文因素.生态学报,2010,(17):4728-4740.

第4章 基于资源环境承载能力的区域产业负面清单研究

按照绿色、可持续发展的发展导向，一个区域在产业发展、城乡建设过程中应充分考虑各地资源禀赋和环境条件。尤其是在产业和项目引进落地、现有产业转型升级决策中，必须充分考虑各地资源环境承载能力的差异性，并兼顾各类产业的经济社会效益，将资源消耗量大、环境污染严重、单位产出效益不高的行业作为首要限制和优先淘汰的产业，建立更有针对性、更能体现绿色发展理念的产业准入和退出机制。

本章以杭州湾经济区为例，重点开展 3 个方面的研究：①掌握各地的资源环境承载能力和资源利用效率。分析各县（市、区）的资源环境承载能力情况，即超载情况，研究水土资源利用效率、污染物排放强度、生态质量等趋势性问题，即低效/恶化情况。②分析资源消耗和环境影响较大的主要产业情况，包括污染物排放量大、资源消耗量高的行业，并分析近年来的经济效益，重点关注资源环境影响大且经济效益不高，或者经济效益走势下降的行业。③根据各地承载力情况，建立有差异的负面清单管控。对引起该超载问题的产业进行管控，重点对加剧资源环境损耗的行业、资源利用效率较差的行业、资源环境问题严重且经济效益差的行业设置更为严格的准入门槛，要求限期整改等。

4.1 浙江省杭州湾经济区建设情况

杭州湾是我国第二大湾，也是全国唯一河口型海湾，位于浙江省东北部，既是海湾也是钱塘江的入海口。杭州湾西起浙江海盐县澉浦镇和上虞区之间的曹娥江收闸断面，东至扬子角到镇海角连线，与舟山、北仑港海域为邻；西接绍兴市，东连宁波市，北接嘉兴市、上海市。有钱塘江、曹娥江注入，是一个喇叭形海湾。以上海、杭州、宁波为三极所覆盖的环杭州湾区域集聚了 5000 多万人口，GDP 占全国 7.6%，是中国的金融、科技、贸易、先进制造和新经济的重要中心。其中，由杭州、宁波、舟山、绍兴、嘉兴、湖州 6 市组成的浙江省杭州湾经济区总面积4.6万平方公里,约占全省44%,经济总量约占浙江省68.4%,人口占浙江省55.7%,财政收入占浙江省的75.8%,人均GDP是浙江平均水平的1.23倍,集中了全省9个国家级高新区中的5个,高新技术产业产值占全省70%以上,在全省经济发展中举足轻重。杭州湾经济区所属区域滩涂资源有百万亩,是浙江陆海统筹发展的战略支点、港产城融合的战略基地和海洋经济发展新增长极。环杭州湾区域战略优势独特,只要加强统筹,集中资源、集合政策、集中发力,就完全有条件与上海等地共同创建一个在全国具有示范引领作用,在全球占据重要一席的世界级大湾区。

2017年,浙江省第十四次党代会提出,要谋划实施"大湾区"建设行动纲要,重点建设杭州湾经济区,加强全省重点湾区互联互通,推进沿海大平台深度开发,大力发展湾区经济。这是浙江省落实"八八战略",进一步发挥浙江的区位优势,主动接轨上海,积极参与长江三角洲地区交流与合作,不断提高对内对外开放水平的顺势应时之举。2018年,浙江省委省政府印发《浙江省大湾区建设行动计划》(浙委发〔2018〕23号),提出要着力构建环杭州湾综合交通体系,促进城市群协同发展,不断集聚高端要素,以科技创新引领产业升级,加快重大科创平台、现代产业平台和国际科教园区建设,不断改善湾区生态环境,促进竞争力提升和高质量发展,把环杭州湾经济区建成全国现代化建设的新样本。

4.2　杭州湾经济区资源环境承载能力现状

面对日趋严峻的资源压力和环境问题,杭州湾经济区在新一轮的建设中,必须守住资源红线和环境底线,有效规范空间开发秩序,合理控制空间开发强度,促进人口、经济、资源环境的空间均衡,将各类开发活动限制在资源环境承载能力之内。考虑到杭州湾经济区涉及6个地级市,45个县(市、区),各地具有不同的地形地貌、资源禀赋、环境容量和经济社会条件,资源环境承载能力具有一定的差异性。因此,要在全面分析杭州湾经济区各县市区资源环境承载能力的基础上,抓住各地资源环境面临的主要问题和突出矛盾,以产业负面清单的形式,有针对性地对各地空间开发和产业发展实行科学管控。

全面掌握杭州湾经济区资源环境承载能力是科学谋划"大湾区"产业和空间布局的重要基础。按照《技术方法(试行)》,从土地、水、环境、生态、海洋5大领域20多项指标,对2015年杭州湾经济区6市34个评价单元①的资源环境承载

---

　①　根据资源环境管理实际情况,将杭州湾经济区分为34个评价单元,包括6个地级市主城区、7个区、9个县级市和12个县。

力做出以下评价。

沿湾六市土地资源、水资源、海洋空间、海岛、渔业资源以及各主体功能区专项评价(城市化地区、农产品主产区、重点生态功能区)不存在超载问题,但海洋环境和大气环境存在区域性超载,个别地区水环境、生态承载力存在超载、临界超载和资源利用效率低、污染物排放大等问题,具体包括以下 7 个方面,应引起重视。

(1)部分地区土地资源压力较大、效率不高。尽管湾区理论上适宜开发建设土地①面积达到 129 万公顷,现状开发程度 54%,未来可开发的土地达 58 万公顷,但桐乡市、嘉善县、海盐县现状开发程度已经达到 90% 以上,未来新增开发建设的空间有限(图 4-1)。从土地利用效率来看,建德市、淳安县、长兴县、安吉县建设用地产出效率低于 250 万元/公顷(湾区平均 417 万元/公顷),仅略高于全国平均水平(图 4-2),应加强低效用地整治工作。

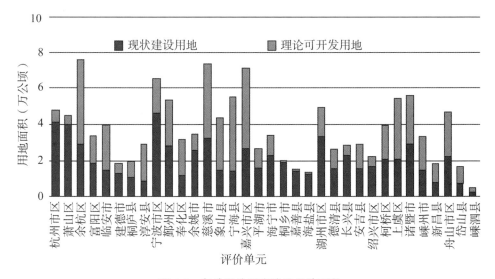

图 4-1　各地理论适宜建设用地面积

---

① 适宜开发建设土地面积是根据国家《资源环境承载能力监测预警技术方法(试行)》土地资源评价方法测算得到的,该面积不含永久基本农田、生态保护红线、行洪通道、地质灾害高发区、重要蓄滞洪区,并综合考虑土地利用类型和坡度因素,其面积反映各地可用于开发的理论上限,未考虑土地、耕地、林地等的指标约束。

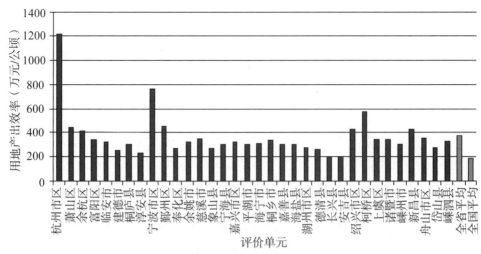

图4-2　各地单位建设用地产出效率

（2）超过一半县（市、区）水资源利用效率偏低。34个评价单元中有19个单元的万元GDP用水量高于全省平均水平（43.4立方米）。其中，建德市、桐庐县、临安市、长兴县、德清县等7地超出全省平均水平的1.5倍以上，长兴县达到91.5立方米，超过全国平均水平（图4-3）。尽管目前无水资源超载地区，但对于过境客水较少的地区，水资源利用效率偏低，可能造成下游地区用水紧张。如临安市，位于东苕溪上游，自身产水将无法满足下游杭州城西科创大走廊等重要平台建设的需求，除实施调水工程外，还应加强对苕溪上游地区高耗水行业管控力度。

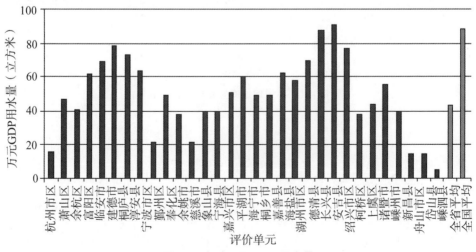

图4-3　各地万元GDP用水量

(3)大气环境超标问题严重、超标县(市、区)多。区域性大气环境超标造成湾区环境承载力[①]普遍超载,PM$_{2.5}$、臭氧是主要超标污染物。除舟山市区、淳安县、象山县、岱山县、嵊泗县 5 个单元外,湾区大气环境呈现普遍超标的情况,主要超标污染物是 PM$_{2.5}$、PM$_{10}$、O$_3$,部分地区 SO$_2$、NO$_x$ 超标。其中,颗粒物主要来源是工业排放,其次是机动车、船和外源输入。O$_3$ 超载的主要原因是臭氧前体物,尤其是 VOCs 的高强度排放,主要来自炼化、化工、涂装等工业源。

(4)嘉绍平原河网地区水环境超标问题突出。嘉兴市区、柯桥区、萧山区水环境呈现超载情况,这些地区工业和人口密集,尤其是纺织、印染、皮革等水污染重点整治行业相对集中,加上平原河网流动性较差、自净能力弱,导致断面水质达标率低,应继续加大对污染源的管控。

(5)部分地区污染物排放强度高于全国平均水平,甚至出现回升现象。大气污染物方面,建德市、长兴县和嘉兴市区的 SO$_2$、NO$_x$ 排放强度均高于全国平均水平(图 4-4)。需要注意的是,2011—2015 年,岱山县、嘉兴市区、绍兴市区的大气污染物排放强度有所上升。在水环境污染物方面,嘉兴市区和海盐的氨氮排放强度是全国平均水平的 1.49 倍和 1.06 倍(图 4-5),水污染物排放强度偏大,应加大对这些地区污染物减量置换力度。

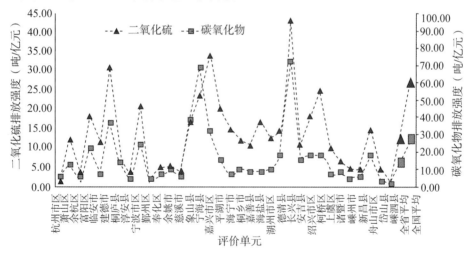

图 4-4　各地大气污染物(二氧化硫、氮氧化物)排放强度

---

①　环境承载力评价指标包括大气环境超标指数和水环境超标指数两项指标,其中大气环境超标指数对标国家《环境空气质量标准》(GB 3095—2012),水环境超标指数对标各控制断面水环境功能区目标。

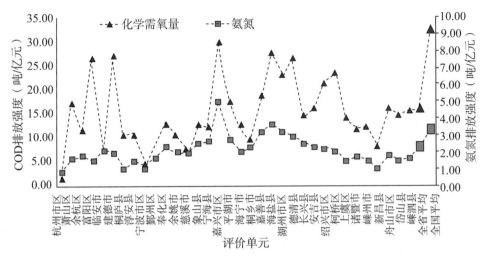

图4-5 各地水环境污染物（COD、氨氮）排放强度

（6）局部山区水土流失问题较重，生态系统健康度不高。新昌县中度以上水土流失面积占比超过10%（13%），生态系统健康度低，生态承载力①超载，应加强对坡地开发的限制和管控措施，同时加强经果林种植和交通基础设施建设的水体流失治理。嵊州市水土流失面积占比达到9.8%，淳安县、临安市、建德市也高于5%，生态承载力临界超载，也需要引起重视。

（7）海洋环境问题严峻。杭州湾区域是浙江省海洋环境问题最为严重区域，水质达标率仅为9.6%（全省31.9%），劣Ⅳ类水体面积占到61.5%。主要是由于浙江省近岸海域受长江入海污染影响严重，污染物通量贡献率达到了80%以上，钱塘江及其他省内河口污染源排放也对海域环境产生叠加作用，尤其对近岸港湾、半封闭海域水质影响较为明显。

4.3　产业负面清单涉及的主要行业分析

根据对杭州湾经济区资源环境承载能力评价结果，主要问题是环境承载力超标，包括地表水环境、大气环境和海洋环境，以及部分县（市、区）水土资源利用效率低，环境污染物排放强度大等。因此，本研究制定的产业负面清单重点管控目标为制造业领域资源消耗量大、污染排放量大的行业，尤其是经济效益又不佳的行业。

---

① 按照国家生态评价方法，中度以上水土流失面积占区域面积比超过10%为超载（生态系统健康度低），5%～10%为临界超载（生态系统健康度中等）。

4.3.1 资源环境耗损问题突出的重点行业

根据《浙江省大气污染防治行动计划》《浙江省水污染防治行动计划》及浙江省节能、国土发展、工业污染防治、海洋生态环境保护、近岸污染防治等多个领域的"十三五"规划,梳理主要高耗水行业、污染重点整治行业、高耗能行业,见表4-1。从土地、水资源、能源产出效率、污染排放强度等方面分析主要行业的资源环境效益,提出资源环境损耗问题比较突出的重点行业和领域。

1. 高耗水行业

2016年,规模以上工业用新水量为28.1亿立方米。用水量前8个高耗水行业分别为纺织业,造纸和纸制品业,化学原料和化学制品制造业,非金属矿物制品业,黑色金属冶炼和压延加工业,电气机械和器材制造业,电力、热力生产供应业,水的生产和供应业,用水总量达到21.1亿立方米,占总工业用新水量的75.1%。用新水量超过2亿立方米的5个行业的用水量合计19.0亿立方米,占总工业用新水量的67.6%。

表4-1 2016年全省八大高耗水行业用水情况

行业	用水量(亿立方米)	比上年增长(%)
纺织业	5.5	−5.6
造纸和纸制品业	2.3	−5.7
化学原料和化学制品制造业	3.6	−1.5
非金属矿物制品业	0.7	−3.9
黑色金属冶炼和压延加工业	0.6	0.4
电气机械和器材制造业	0.7	8.4
电力、热力生产和供应业	3.7	1.9
水的生产和供应业	4.0	5.3

2. 水污染重点整治行业

2015年,全省工业废水排放总量14.74亿吨,化学需氧量排放量15.56万吨,氨氮排放量1.04万吨。各行业中,纺织业、造纸和纸制品业、化学原料和化学制品制造业这3个行业的水污染物排放量为全省最高,废水、化学需氧量、氨氮排放量均占全省行业排放总量的70%以上。农业面源污染也是水污染的主要源头,污染主要来自畜禽养殖、水产养殖和种植业,化学需氧量排放量17.43万吨,氨氮排放量2.27万吨。

全省水污染重点整治行业包括铅蓄电池、电镀、制革、造纸、印染、化工等 6 个行业。专项整治行业包括金属表面处理(电镀除外)、砂洗、氮肥、有色金属、废塑料、农副食品加工等其他 6 个主要涉水行业。

3. 大气污染重点整治行业

根据《浙江省大气污染防治"十三五"规划》,工业领域重点大气污染物治理行业主要包括钢铁、水泥、玻璃、工业锅炉等。VOCs 污染重点行业包括化工、涂装、合成革、纺织印染、橡胶塑料制品、印刷包装、化纤、木业、制鞋、电子信息等 10 个。其中,对石化行业重点推进石化、农药、医药、合成树脂、化纤、橡胶和塑料制品制造等行业挥发性有机物治污减排;对涂装行业重点推进汽车制造、汽车维修、家具制造、船舶制造、工程机械制造、钢结构制造、卷材制造、电气机械制造等行业工业涂装工序挥发性有机物排放控制。

4. 高能耗行业

能源消费量大、能源消费结构不合理是造成当前大气污染的重要原因,因此把高能耗行业(包括电力、热电行业,石油加工行业,化工行业,冶金行业,建材行业,造纸行业,纺织印染行业,化纤行业)作为大气污染超标区域的重点管控行业。

综上,制造业领域主要需要管控的行业见表 4-2。

表 4-2 浙江省主要高能耗、高水耗和重污染行业

序号	行业名称	高耗水行业	水污染重点整治行业	大气污染重点整治行业	VOCs 整治重点行业	高能耗行业
1	化学原料和化学制品制造业	√	√(氮肥、农药)	√(化工)	√(化工)	√(化工)
2	纺织业	√	√(印染)		√(纺织印染)	√(印染)
3	造纸和纸制品业	√	√			√
4	石油加工、炼焦和核燃料加工业	√	√(焦化)	√		√
5	有色金属冶炼和压延加工业		√(有色金属)	√		√(冶金)
6	非金属矿物制品业	√(水泥)		√(水泥、玻璃)		√(水泥)
7	黑色金属冶炼和压延加工业	√(钢铁)		√(钢铁)		√(钢铁)

序号	行业名称	高耗水行业	水污染重点整治行业	大气污染重点整治行业	VOC 整治重点行业	高能耗行业
8	皮革、毛皮、羽毛及其制品和制鞋业		√（制革）		√（制鞋）	
9	金属制品业		√（电镀）		√（涂装）	
10	化学纤维制造业				√	√
11	电气机械和器材制造业		√（铅酸蓄电池）			
12	农副食品加工业		√			
13	木材加工和木、竹、藤、棕、草制品业				√（木业）	
14	印刷和记录媒介复制业				√（印刷包装）	
15	文教、工美、体育和娱乐用品制造业		√（电镀）			
16	橡胶和塑料制品业				√	

4.3.2 资源环境耗损重点行业经济效益分析

考虑到上述 16 个高能耗、高水耗和重污染行业对部分地区经济贡献较大，有些甚至是地方的支柱产业，因此，本研究从横向和纵向两个层面分析资源环境耗损重点行业的经济效益情况，把经济效益不佳的行业作为有限管控的行业。

1. 重点行业外部成本分析

重点行业的外部成本主要包括环境治理成本和社会公共成本。

环境治理成本采用环境治理影子成本法。根据《浙江省治污水重点项目汇总表（2014—2017 年）》，4 年治污水投资 1400 亿元，平均每年 350 亿元。2014 年全省废水排放总量 418262 万吨，2015 年废水排放总量 433822 万吨。初步测算，全省每排放一吨污水需要外部治理成本 8.2 元/吨。以高耗水行业为例，纺织业用水总量 5.5 亿吨，按 70%产污系数，产生污水 3.85 亿吨，外部成本达到31.2 亿元。尤其是造纸行业，年用水量 2.3 亿吨，仅水环境治理一项外部成本达到 13.2 亿元，而 2015 年造纸行业利润仅 56 亿元。

社会公共成本采用公共财政投入情况进行测算，主要包括教育、医疗、社会保障、公共管理和服务等方面。本研究参考《浙江农业转移人口市民化公共成本估算及分担机制研究报告》的测算成本及相关期刊论文对公共成本的测算，并结

合调研获得信息,初步估算各项成本如下:

教育成本:外来务工人员以青壮年为主,按照 5 名外来务工人员携带 1 名未成年子女在当地就读计,公共财政投入生均教育费用 1500 元,人均 300 元。

医疗成本:考虑到青壮年劳动力医疗成本相对较低,按照人均 200 元/年计算。

养老保险:主要由企业缴纳,政府给予一定补贴,按照每人每年补贴 200 元计算。

城市公共管理成本:按照 2015 年浙江省人均一般公共服务支出 1200元/人。

综上,初步测算外来务工人员平均每人每年需要公共财政投入 1900 元。

本研究以杭州某产业集聚区和绍兴某开发区为研究对象,分析印染、化工等重点行业外部成本投入及其产出效益(税收),测算重点行业对社会的净贡献。

杭州某产业集聚区现有规模以上(简称"规上")印染企业 14 家、化工企业 49 家、化纤企业 21 家,合计 84 家企业。2016 年,这 84 家企业实现产值 430.7亿元,占全区工业总产值约 37.6%;创造税收 8.1 亿元,占比约 10.4%;用地面积 11441 亩,占全区工业用地的 29.9%;用工人数 28072 人,占全区"四上"企业①职工人数的 25.6%;综合能耗 276.6 万吨标煤,占比约 86.3%(表 4-3)。

根据测算,2016 年全区印染行业对社会净贡献 1.28 亿元,精细化工 5 亿元,化纤行业-0.35 亿元。同时,3 个行业亩产税收均远低于产业集聚区 40 万元/亩的准入门槛,属于用地低效行业。此外,全区尚有规模以下(简称"规下")印染企业 3 家、化工企业 74 家、化纤企业 4 家。这 81 家企业占地约 800 亩,年营业收入约 6 亿元,创造收税约 2000 万元,亩产税收仅 2.5 万元。

表 4-3　杭州某产业集聚区三大重点行业外部成本分析

行业情况	印染	精细化工	化纤
企业数	14	49	21
废水排放量(万吨/年)	798	240	864
环境治理成本(万元/年)	6703	2016	7258
员工人数	7939	14815	5318

---

① "四上"企业:规模以上工业企业、资质等级建筑企业、限额以上批零住餐企业、国家重要服务企业等四类规模以上企业。

续表

行业情况	印染	精细化工	化纤
社会公共成本（万元/年）	1508.41	2814.85	1010.42
占地面积（亩）	1918	7570	1953
产生税收（亿元/年）	2.1	5.5	0.48
亩产税收（万元）	10.9	7.3	2.5
税收－环境成本－社会成本	12788.59	50169.15	－3468.42

绍兴某开发区现有纺织企业 109 家（主要是印染企业），2016 年工业总产值 192.6 亿元；化纤企业 14 家，总产值 132.3 亿元；化工企业 16 家，总产值 140.9 亿元。三大行业从业人员总数达到 33132 人，占园区总从业人数的 50.7%。根据测算，2016 年全区纺织行业对社会净贡献 5 亿元，化纤 1 亿元，化工 0.23 亿元（表 4-4）。

表 4-4　绍兴某开发区三大重点行业外部成本分析

行业情况	纺织	化纤	化工
企业数	109	14	16
废水排放量（万吨/年）	2024	183	287
环境治理成本（万元/年）	17002	1537	2411
员工人数	24656	6282	2194
社会公共成本（万元/年）	4685	1194	417
产生税收（万元/年）	71724	12914	5179
税收－环境成本－社会成本	50037	10183	2351

2. 重点行业主营业务利润水平分析

考虑到国家、省、市统计指标的可得性，本研究以每百元主营业务收入利润总额作为对制造业经济效益分析的主要指标，比较重点行业效益情况（表 4-5）。

结果显示，杭州湾经济区 6 市 2015 年除石油加工、炼焦和核燃料加工业及黑色金属冶炼和压延加工业 2 个行业效益高于全国平均水平外，其余行业均低于全国平均水平。

电气机械和器材制造业、化学原料和化学制品制造业、橡胶和塑料制品业、造纸和纸制品业 4 个行业每百元主营业务收入利润总额低于全国平均水平的 90%；印刷和记录媒介复制业，金属制品业，有色金属冶炼和压延加工业、文教、

表 4-5 主要高能耗、高水耗和重污染行业经济效益分析

序号	行业大类	每百元主营业务收入利润总额(元)						横向比较 湾区6市/全国		纵向比较: 湾区6市 2012—2015年 趋势情况
		湾区6市		浙江省		全国				
		2012	2015	2012	2015	2012	2015	2012	2015	
1	石油加工、炼焦和核燃料加工业	2.02	9.23	1.91	8.9	0.76	2.12	265.79%	435.28%	增长356.93%
2	黑色金属冶炼和压延加工业	1.82	2.38	2.31	2.62	2.37	0.94	76.79%	252.80%	增长30.21%
3	纺织业	4.32	5.38	4.47	5.35	5.88	5.56	73.47%	96.74%	增长24.47%
4	非金属矿物制品业	6.04	6.06	6.31	5.82	7.82	6.44	77.24%	94.16%	基本稳定
5	化学纤维制造业	3.05	3.91	3.07	3.99	4.02	4.26	75.87%	91.81%	增长28.29%
6	化学原料和化学制品制造业	5.09	5.04	5.40	5.37	6.08	5.59	83.72%	90.13%	下降1.06%
7	橡胶和塑料制品业	5.20	5.54	5.32	5.58	6.49	6.33	80.12%	87.50%	增长6.44%
8	电气机械和器材制造业	4.77	5.71	5.16	6.02	6.27	6.54	76.08%	87.31%	增长19.59%
9	文教、工美、体育和娱乐用品制造业	5.21	4.96	5.42	5.6	5.77	5.84	90.29%	84.93%	下降4.83%
10	造纸和纸制品业	4.26	4.63	4.67	4.82	6.19	5.69	68.82%	81.33%	增长8.69%
11	木材加工和木、竹、藤、棕、草制品业	4.84	5.01	5.47	5.43	7.20	6.29	67.22%	79.60%	增长3.52%
12	有色金属冶炼和压延加工业	3.62	2.22	3.37	2.36	4.26	2.84	84.98%	78.34%	下降38.46%
13	金属制品业	4.34	4.61	5.28	5.04	6.34	6.01	68.45%	76.76%	增长6.25%
14	印刷和记录媒介复制业	6.33	5.81	6.31	5.45	8.77	7.81	72.18%	74.41%	下降8.14%
15	皮革、毛皮、羽毛及其制品和制鞋业	3.32	4.81	4.87	4.87	7.29	6.69	45.54%	71.97%	增长45.24%
16	农副食品加工业	2.94	3.08	3.65	3.69	6.14	5.24	47.88%	58.79%	增长4.73%

工美、体育和娱乐用品制造业,皮革、毛皮、羽毛及其制品和制鞋业 5 个行业每百元主营业务收入利润总额低于全国平均水平的 80%;农副食品加工业仅为全国平均水平的 58.6%;木材加工和木、竹、藤、棕、草制品业仅为全国平均水平的 51.6%。

比较 2012—2015 年各主要行业效益变化情况,石油加工、炼焦和核燃料加工业呈明显增长态势,增长幅度达到 358%;有色金属冶炼和压延加工业,文教、工美、体育和娱乐用品制造业,木材加工和木、竹、藤、棕、草制品业甚至出现了比较明显的下降趋势。

从产业经济效益角度来看,对负面清单涉及主要行业,各类超载地区应特别加强对①类和②类低效益行业的管控力度。

①效益为全国平均水平 80% 以下且趋势下降的行业:印刷和记录媒介复制业、有色金属冶炼和压延加工业。

②效益为全国平均水平 80% 以下的行业,或效益为全国平均水平 90% 以下且趋势下降的行业:木材加工和木、竹、藤、棕、草制品业,皮革、毛皮、羽毛及其制品和制鞋业,金属制品业。

③效益为全国平均水平 90% 以下,或效益为全国平均水平 90%~100% 且趋势下降的行业:电气机械和器材制造业、橡胶和塑料制品业、造纸和纸制品业,文教、工美、体育和娱乐用品制造业。

④效益为全国平均水平 90%~100%,且趋势稳定或上升的行业:纺织业,非金属矿物制品业,化学纤维制造业,化学原料和化学制品制造业。

⑤效益高于全国平均水平的行业:石油加工、炼焦和核燃料加工业,黑色金属冶炼和压延加工业。

4.4 基于资源环境承载能力的产业负面清单

本研究根据以下 3 个原则,制定基于资源环境承载能力的产业负面清单,体现绿色发展理念的产业准入和退出机制。

(1)要有针对性。根据各地资源环境承载能力评价结论,抓住各地问题和短板,对水、土地、环境、生态、海洋等不同类型的资源环境承载能力问题,将资源消耗量大、环境污染严重的行业作为首要限制和优先淘汰的产业,制定有针对性的管控措施和产业负面清单。

(2)要有差异性。根据各地超载、效率和行业效益情况对产业准入、限制、淘汰提出有差异性的管控措施。原则上某类资源超载区域禁止新建、扩建对该资源影响较大的项目;临界超载或效率偏低的地区,有条件允许新建、扩建。但对于效益不佳的行业采取加码限制,即临界超载或效率偏低的地区禁止新建、扩建。

(3)要有动态性。根据资源环境承载能力定期监测结果(一般水、环境、海洋每年 1 次,土地、生态每 5 年 1 次),对各地的产业负面清单进行动态调整,倒逼地方保护资源环境、提高资源效率。

基于以上 3 点原则,将不同资源环境承载能力超载(临界超载)区域分为 5 个大类(土地、水、环境、生态、海洋)19 类,其中子类一、二对应土地资源问题,子类三、四对应水资源问题,子类五~九对应环境问题,子类十、十一对应生态问题,子类十二~十九对应海洋资源环境问题。对每个子类提出相应的准入要求(各子类产业项目准入要求见表 4-6),包括以下几种准入条件。

(1)设置准入门槛。如对土地资源压力较大地区,要求新建、扩建产业项目必须达到投资强度≥400 万元/亩,容积率≥1.2,亩均产值≥600 万元/亩;水资源超载地区新建、扩建产业项目的单位产品用水量不得低于《浙江省用(取)水定额》中定额下限的 20%。

(2)禁止部分项目准入。如对水环境超载地区,禁止新建、扩建电镀、造纸、印染、氮肥、原料药、有色金属、制革、铅蓄电池等水污染重点整治行业项目。

(3)禁止部分开发活动。如对生态健康度较低的地区,禁止天然林、25°坡以上及水土流失重点预防区和治理区森林采伐。对海洋空间资源超载地区,禁止新建岸线开发和围填海项目。

(4)有条件允许部分项目准入。如对大气环境超载地区,除被列入省级以上重点项目外禁止新建、扩建化工、石化项目,且重点项目必须达到清洁生产一级标准。

(5)有条件允许部分开发活动。如对海岛资源环境超载地区,除国家级重点项目外,禁止无居民海岛开发建设。

(6)提出污染物减量置换要求。如对水环境超载地区,要求新建、扩建产业项目水环境污染物排放减量置换替代比不低于 1∶2。对水环境临界超载地区,要求新建、扩建产业项目水环境污染物排放减量置换替代比不低于 1∶1.5。

(7)制定落后产能退出方案。如对大气环境超载地区,制定落后产能退出方案,逐步淘汰水泥、玻璃、钢铁、有色金属、化学原料药(中间体)、合成革、橡胶塑料制品、印刷包装行业规下和 2020 年 1 月 1 日后未通过清洁生产审核的规上企业。淘汰不符合《浙江省环境准入指导意见》的染料、化学原料药、制革、化纤、热电联产企业。

列入各管控子类的县(市、区)清单见表 4-7。

表 4-6　各管控子类产业准入和退出要求

管控子类	满足符合条件之一	准入和退出要求
一	1.水资源超载区; 2.用水效率低于全省平均水平 50％以上且近 5 年水资源利用效率变化低于全省水平的地区。	1.禁止新建或扩建印染、基础化学原料、造纸、水泥、钢铁等高耗水行业项目。 2.其他新建、扩建产业项目的单位产品用水量不得高于《浙江省用(取)水定额》中定额下限的 20％。 3.制定落后产能退出方案,淘汰现有不符合《浙江省用(取)水定额》要求的企业
二	1.水资源临界超载区; 2.用水效率低于全省平均水平 50％以上的地区; 3.用水效率低于全省平均水平且近 5 年效率变化低于全省水平的地区	1.禁止新建或扩建纺织(印染)、化工(基础化学原料)、造纸项目。 2.新建或扩建石化、水泥、钢铁 6 大高耗水行业项目应达到清洁生产一级标准国际先进水平。 3.其他新建、扩建产业项目的单位产品用水量不得高于《浙江省用(取)水定额》中定额下限的 40％。 4.制定落后产能退出方案,淘汰现有不符合《浙江省用取水定额》要求的印染、化工、造纸企业
三	1.土地资源压力较大地区; 2.土地利用效率低于全国平均水平; 3.国家级农产品主产区评价耕地质量趋差地区	1.新建、改扩建产业项目必须利用存量建设用地。 2.禁止新建大型仓储物流项目。 3.禁止在产业园区和城市开发边界外新建产业项目。 4.新建、扩建产业项目投资强度≥400 万元/亩,容积率≥1.2,亩均产值≥600 万元/亩。 5.制定落后产能退出方案,淘汰亩均产值低于 300 万元的企业
四	1.土地资源压力中等; 2.国家级农产品主产区; 3.土地利用效率低于全省平均水平且近 5 年效率变化低于全省水平的市县	1.禁止在产业园区和城市开发边界外新建产业项目。 2.新建、扩建产业项目投资强度≥350 万元/亩,容积率≥1.2,亩均产值≥500 万元/亩。 3.制定落后产能退出方案,淘汰亩均产值低于 250 万元的企业

管控子类	满足符合条件之一	准入和退出要求
五	1.水环境超载地区； 2.水环境污染物COD、氨氮排放强度高于全国平均水平的地区； 3.近5年水环境污染物COD、氨氮排放强度增长的地区	1.禁止新建或扩建造纸、印染、氮肥、原料药、有色金属、制革、羽毛制品、铅蓄电池等水污染重点整治行业项目。 2.新建或扩建金属表面处理、砂洗、废塑料、农副食品加工项目应达到清洁生产一级标准（国际先进水平）。 3.新建、扩建项目水环境污染物排放减量置换替代比不低于1：2。 4.其他新建、扩建产业项目的单位产品用水量不得低于《浙江省用（取）水定额》中定额下限的20％。 5.现有未通过清洁生产审核的水污染重点整治行业企业，应在规定限期内完成升级改造，并达到清洁生产一级水平。 6.新建、改扩建城镇污水处理厂的尾水排放标准执行准四类水标准。 7.制定落后产能退出方案，逐步淘汰印染、造纸、化工、有色金属、皮革、羽毛制品、铅蓄电池行业规下和规定限期内未通过清洁生产审核的规上企业，淘汰不符合《浙江省环境准入指导意见》的印染、废纸造纸、化学原料药、电镀、农药、制革、啤酒、黄酒、生猪养殖企业
六	1.水环境临界超载地区； 2.水环境污染物COD、氨氮排放强度高于全省平均水平的地区，且近5年效率变化低于全省水平的市县	1.禁止新建或扩建造纸（废纸造纸）、制革、铅蓄电池、有色金属项目； 2.新建或扩建金属表面处理、砂洗、废塑料、农副食品加工项目应达到清洁生产一级标准（国际先进水平）。 3.新建或扩建产业项目水环境污染物排放减量置换替代比不低于1：1.5。 4.新建、扩建产业项目的单位产品用水量不得低于《浙江省用（取）水定额》中定额下限的40％。 5.制定落后产能退出方案，逐步淘汰造纸（废纸造纸）、制革、铅蓄电池、有色金属行业规下和规定限期内未通过清洁生产审核的规上企业；淘汰不符合《浙江省环境准入指导意见》的印染、废纸造纸、化学原料药、电镀、制革企业

管控子类	满足符合条件之一	准入和退出要求
七	1.大气环境超载,且大气污染物二氧化硫、氮氧化物排放强度高于全国平均水平的地区; 2.大气环境超载,且近5年大气污染物二氧化硫、氮氧化物排放强度呈增长趋势的地区	1.禁止新建或扩建燃煤发电、燃煤热电联产、水泥、玻璃、钢铁、有色金属、化学原料药(中间体)、合成革、橡胶塑料制品、印刷包装及其他含燃煤工艺(煤制品)项目。 3.除国家级重大项目外,禁止新建或扩建化工、化纤、石化项目;新建或扩建化工、化纤、石化项目必须达到清洁生产一级标准。 4.新建或改扩建纺织、木业项目必须达到清洁生产一级标准,其他产业项目必须达到清洁生产二级以上标准。 5.新建、扩建产业项目大气环境污染物排放减量置换替代比不低于1:2。 6.制定落后产能退出方案,逐步淘汰水泥、玻璃、钢铁、有色金属、化学原料药(中间体)、合成革、橡胶塑料制品、印刷包装行业规下和规定限期内未通过清洁生产审核的规上企业。淘汰不符合《浙江省环境准入指导意见》的染料、化学原料药、制革、化纤、热电联产企业
八	1.大气环境超载; 2.大气污染物二氧化硫、氮氧化物排放强度高于全国平均水平的地区; 3.近5年大气污染物二氧化硫、氮氧化物排放强度呈增长趋势的地区	1.禁止新建或扩建燃煤发电、水泥、玻璃、钢铁、有色金属、化学原料药(中间体)及其他含燃煤工艺(煤制品)项目。 2.禁止新建燃煤热电联产项目,改扩建建目必须执行超低排放要求。 3.除省级以上重大项目外,禁止新建或扩建化工、石化项目;新建或扩建化工、石化、化纤、纺织、木业项目必须达到清洁生产一级标准。 4.新建或改扩建印染、造纸等高能耗产业项目必须达到清洁生产二级以上标准。 5.新建、扩建产业项目大气环境污染物排放减量置换替代比不低于1:1.5。 6.制定落后产能退出方案,逐步淘汰水泥、玻璃、钢铁、化学原料药(中间体)行业规下和规定限期内未通过清洁生产审核的规上企业。淘汰不符合《浙江省环境准入指导意见》的染料、化学原料药、热电联产企业

管控子类	满足符合条件之一	准入和退出要求
九	1. 大气环境临界超载; 2. 主要大气污染物二氧化硫、氮氧化物强度高于全省平均水平的地区,且近5年效率变化低于全省水平的市县	1. 禁止新建或扩建燃煤发电、水泥、玻璃、钢铁、化学原料药(中间体)项目。 2. 新建或扩建化工、石化、有色金属等大气污染重点治理行业项目必须达到清洁生产二级以上标准。 3. 新建、扩建产业项目大气环境污染物排放减量置换替代比不低于1:1.2。 4. 制定落后产能退出方案,逐步淘汰水泥、玻璃、钢铁、化学原料药(中间体)行业规下和规定限期内未通过清洁生产审核的规上企业
十	1. 生态健康度低地区; 2. 生态系统功能(水源涵养功能)低地区	1. 禁止天然林、25°坡以上及水土流失重点预防区和治理区森林采伐。 2. 禁止采伐水源涵养林、水土保持林等防护林
十一	1. 生态健康度中等地区; 2. 近5年森林覆盖率下降地区; 3. 生态系统功能(水源涵养功能)中等地区	1. 禁止天然林、35°坡以上及水土流失治理区森林采伐。 2. 对水源涵养林、水土保持林等防护林仅限进行抚育和更新性质的采伐
十二	海洋空间资源超载区	1. 禁止新建岸线开发和围填海项目。 2. 控制海岸带港口、工业和城镇的开发建设规模;严格控制占用海岸线、沙滩和沿海防护林的人工设施
十三	海洋空间资源临界超载区	禁止新增占用自然岸线的用海项目和围填海项目
十四	海洋渔业资源超载区	1. 禁止建造、使用对渔业资源破坏强度大的底拖网、帆张网和单船大型有囊灯光围网等作业类型渔船。 2. 延长海洋伏季休渔时间,逐年降低近海捕捞和养殖总量限额
十五	海洋渔业资源临界超载区	1. 严格限制建造、使用对渔业资源破坏强度大的底拖网、帆张网和单船大型有囊灯光围网等作业类型渔船。 2. 严格执行海洋伏季休渔制度和近海捕捞和养殖总量限额
十六	海洋生态环境超载区	1. 禁止新增入海排污口。 2. 禁止新建向海排放的污水处理厂
十七	海洋生态环境临界超载区	1. 除省级以上重点项目外禁止新增入海排污口。 2. 禁止新建向海排放的污水处理厂
十八	海岛资源环境超载区	除国家级重点项目外,禁止无居民海岛开发建设
十九	海岛资源环境临界超载区	除省级以上重点项目外,禁止无居民海岛开发建设

表 4-7　列入各管控子类的县(市、区)清单

管控大类	管控子类	划入各管控子类的县、市、区
水资源	一	建德市
	二	临安市、建德市、桐庐县、湖州市区、长兴县、安吉县、德清县
土地资源	三	无
	四	杭州市区、萧山区、建德市、宁波市区、余姚市、桐乡市、嘉善县、海盐县、长兴县、绍兴市区、平湖市
环境	五	萧山区、嘉兴市区、柯桥区、海盐县
	六	象山县、慈溪市
	七	建德、嘉兴市区、长兴、岱山、绍兴市区
	八	杭州市区、萧山区、余杭区、桐庐县、建德市、富阳市、临安市、宁波市区、鄞州区、宁海县、余姚市、慈溪市、奉化区、嘉兴市区、嘉善县、海盐县、海宁市、平湖市、桐乡市、湖州市区、德清县、长兴县、安吉县、绍兴市区、柯桥区、新昌县、诸暨市、上虞区、嵊州市
	九	象山县
生态	十	新昌县
	十一	嵊州市
海洋	十二	余姚市、慈溪市
	十三	宁波市北仑区、镇海区、鄞州区
	十四	无
	十五	无
	十六	嘉善县、海盐县、宁波市区、鄞州区、宁海县、余姚市、慈溪市、奉化区、象山县、舟山市区、岱山县、嵊泗县
	十七	无
	十八	余姚市、慈溪市、嵊泗县
	十九	无

第5章 省域资源环境承载能力监测预警长效机制建设

资源环境承载能力监测预警工作涉及国土资源、环境保护、农林水利、海洋渔业、城市管理等多个领域，是具有较高专业性、创新性要求的系统工程，建设监测预警长效机制更需要系统研究和考虑，确保相关工作落实科学、高效、有序。2017年7月，中共中央办公厅、国务院办公厅联合印发了《关于建立资源环境承载能力监测预警长效机制的若干意见》（厅字〔2017〕25号），将按资源环境承载能力等级和预警等级对区域进行综合管控，对红色预警区、绿色无警区及承载状况恶化/好转地区，分别实行对应的综合奖惩措施。

本章结合浙江省在开展资源环境承载能力监测预警试评价实践的经验，研究浙江省长效机制建设的方向和思路，研究建立资源环境监测、定期评价、结论统筹应用、政府和社会协同监督、可操作的管控制度等长效机制。

5.1 资源环境承载能力动态监测机制

按照"预警工作提需求，监测部门布网络"的思路，明确各部门开展资源环境承载能力各项指标监测的工作要求，进一步优化监测站点布局，强化监测站点建设和数据收集处理，建立监测预警数据库和信息平台，实现指标监测到位、数据管理高效，为全省资源环境承载能力评价和预警工作提供可靠支撑。

5.1.1 国土资源监测

国土资源监测包括土地资源评价和过程评价指标监测。其中，土地资源评价主要涉及土地资源压力指数1项复合型指标，具体由土地建设开发适宜性分类面积、现状建设用地、区域现状开发程度3项指标测算得到。过程评价主要涉及土地资源利用效率变化效率1项指标，具体由单位面积用地和GDP两项指标计算得到。除GDP属于紧急社会指标外，其他3项属于国土资源监测指标，指标监测要求如下。

(1)土地建设开发适宜性分类面积:以 1:10000 比例尺第二次全国土地调查和年度变更调查成果图斑为基本单元,参照《技术方法(试行)》、自然资源部最新关于国土空间适宜性评价的技术方法,开展全省 73 个评价单元的土地建设开发适宜性评价。计算各评价单元最适宜、基本适宜、不适宜、特别不适宜 4 类面积(单位:公顷),数据精度保留到 1 公顷。监测周期同国土普查,每 5 年开展1 次全省资源环境承载能力评价,土地属性变更较大地区和超载地区适当增加适宜性评价频率,提高至 1 年 1 次。

(2)现状建设用地面积:统计全省 73 个评价单元的现状建设用地面积(单位:公顷),数据精度保留到 1 公顷。定期评价周期为 1 年。土地超载地区保留实时监测数据。

(3)区域现状开发程度:根据《技术方法(试行)》中现状建设用地与适宜(基本适宜)用地面积计算得到(单位:%)。定期评价周期为 1 年。土地超载地区保留实时监测数据。

5.1.2 水资源和水土保持监测

水资源和水土保持监测涉及水资源评价、生态评价和过程评价指标监测。其中,水资源评价涉及用水总量、地下水供水量、水功能区达标率、污染物入河总量 4 项指标,生态评价涉及各类水土流失面积 1 项指标。根据超载成因分析需要,增加用水结构 1 项指标。因此,水资源和水体保持监测总计 6 项具体指标,指标监测要求如下。

(1)用水总量:统计全省 73 个评价单元用水总量(单位:万立方米),数据精度保留到 1 万立方米。监测周期为每年 1 次。超载地区监测周期为每季度1 次。

(2)地下水供水量:统计全省 73 个评价单元地下水供水量(单位:万立方米),数据精度保留到 1 万立方米。监测周期为每年 1 次。超载地区监测周期为每季度 1 次。

(3)水功能区水质达标率:根据全省 73 个评价单元水功能区总数和水功能区水质达标总数计算得到。监测周期为每年 1 次。超载地区监测周期为每季度1 次。

(4)污染物入河总量:包括 COD 和氨氮 2 项污染物年入河总量,统计全省73 个评价单元污染物入河总量(单位:吨),数据精度保留到 0.01 吨。监测周期为每年 1 次。超载地区监测周期为每季度 1 次。

(5)各类水土流失面积:监测各评价单元发生中度、强烈、极强烈、剧烈4类水土流失的面积及其占土地总面积的比例(单位:平方公里),数据精度保留到0.01平方公里。监测周期为全省每5年1次。超载和临界超载地区每年进行1次评价,超载地区保留实时监测数据。

(6)用水结构指标:统计全省73个评价单元工业、农业、生活、生态环境用水量(单位:万立方米),数据精度保留到1万立方米。监测周期为每年1次。其中,农业用水包括农业灌溉、鱼塘补水、畜禽用水等,生活用水包括居民生活、建筑业、第三产业等,生态补水包括城镇环境、河湖补水等。

5.1.3 环境监测

环境监测涉及环境评价、城市化地区评价和过程评价指标监测。其中,环境评价涉及污染物浓度超标指数1项复合型指标,具体由大气污染物浓度超标指数、水污染物浓度超标指数2项指标测算得到。城市化地区专项评价涉及城市黑臭水体污染程度和$PM_{2.5}$超标情况2项指标。过程评价涉及4类主要污染物排放量1项指标。因此,环境监测总计5项具体指标,指标监测要求如下。

(1)6种大气污染物年均浓度:统计全省73个评价单元SO_2、NO_2、PM_{10}、CO、O_3、$PM_{2.5}$等6种大气污染物年均浓度(单位:微克/立方米),数据精度保留到0.1微克/立方米。监测周期为每年一次。环境评价超载地区保留实时监测数据。

(2)7种水污染物浓度超标指数:统计全省73个评价单元省控以上断面DO、COD_{Mn}、BOD_5、COD_{cr}、NH_3-N、TN、TP等7种水污染物年均浓度。监测周期为每年1次。环境评价超载地区保留实时监测数据。

(3)城市黑臭水体污染程度:评价城市化地区县以上城市建成区黑臭水体密度(单位:米/平方公里。数据精度保留到1米/平方公里)和重度黑臭比例(单位:%),均分为轻度、中度和重度3个等级。监测周期为每年1次。超载地区保留实时监测数据。

(4)$PM_{2.5}$超标情况:评价城市化地区县以上城市$PM_{2.5}$年均浓度(单位:微克/立方米。数据精度保留到0.1微克/立方米)和超标天数(单位:天)。城市空气质量等级分为轻度、中度、重度、严重4个等级。监测周期为每年1次。超载地区保留实时监测数据。

(5)5类主要污染物排放量:评价各单元SO_2、NO_x、COD、氨氮挥发性有机物年排放量(单位:吨),数据精度保留到0.01吨。监测周期为每年1次。其中,

VOCs 为浙江省自主设定的指标,纳入过程评价污染物排放强度变化指数进行分析。

5.1.4 农业资源监测

农业资源监测涉及农产品主产区评价指标监测。主要涉及耕地质量变化指数 1 项指标,由于浙江省没有大规模草原牧业地区,因此不对草原草畜平衡指数进行评价,指标监测要求如下。

耕地质量变化指数:包括有机质、全氮、有效磷、速效钾、缓效钾 5 项土地养分指标和土地 pH 值指标,通过对 6 项指标划分等级,评价期初和期末年变化情况。该指标评价周期为 5 年。超载和临界超载地区评价周期为 1 年。

农产品主产区评价对象为《浙江省主体功能区规划》确定的主体功能定位为农产品主产区的 5 个县(市、区),未来如各地主体功能定位调整应及时更新。同时,为强化对全省耕地质量的定期监测预警,建议在全省农产区主要产地(如温岭、诸暨、松阳等)设置监测站点,开展定期评价,必要时纳入资源环境承载能力集成评价。

5.1.5 林业资源监测

林业资源监测涉及重点生态功能区评价和过程评价指标监测。其中,重点生态功能区评价涉及采用水源涵养指数 1 项指标,需要监测各类生态系统面积;过程评价涉及森林覆盖率 1 项指标。指标监测要求如下。

(1)各类生态系统面积:评价各单元范围内森林、灌丛、草地、湿地 4 类一级生态系统,以及常绿阔叶林、常绿针叶林、针阔混交林、落叶阔叶林、落叶针叶林、稀疏林、竹林、常绿阔叶灌丛、落叶阔叶灌丛、针叶灌丛、稀疏灌丛、草原、草甸、草丛、稀疏草地等二级生态系统面积(单位:公顷),数据精度保留到 0.1 公顷。监测周期为 5 年。超载和临界超载地区监测周期为 1 年。

(2)森林覆盖率:评价各单元森林覆盖率(单位:%),数据精度保留到 0.01%。监测周期为 1 年。

5.1.6 海洋资源环境监测

海洋资源环境监测涉及海洋空间资源评价、海洋渔业资源评价、海洋生态环境环境评价、海岛资源环境评价、重点开发用海区评价、海洋渔业保障区评价、重点海洋生态功能区评价和海域过程评价指标监测。海洋资源环境监测指标见表 5-1。

表 5-1 海洋资源环境监测指标

序号	指标名称	单位	所属评价
1	沿海各类人工海岸长度	公里	海洋空间资源评价
2	各类用海类型面积	公顷	
3	自然岸线保有率	％	
4	渔获物经济种类比例	％	海洋渔业资源评价
5	渔获物营养级状况	％	
6	鱼卵密度	个/立方米	
7	仔稚鱼密度	个/立方米	
8	各类海洋功能区的各类水质类型面积	公顷	海洋生态环境评价
9	浮游植物密度、生物量、多样性指数	个/立方米 千克/平方公里	
10	浮游动物密度、生物量、多样性指数		
11	大型底栖动物密度、生物量、多样性指数		
12	无居民海岛人工岸线长度	米	海岛资源环境评价
13	无居民海岛已开发利用面积和类型	平方米	
14	重点开发用海区围填海面积	公顷	重点开发用海区评价
15	海洋渔业保障区主捕对象生物量	千克/平方公里	海洋渔业保障区评价
16	海洋渔业保障区保护对象生物量		
17	典型生境植被覆盖度变化率	％	重点海洋生态功能区评价
18	海洋生态保护对象变化率	％	
19	一二类海水水质面积比例	％	海域过程评价
20	赤潮发生频次	次/年	

5.1.6.1 海洋空间资源监测

海洋空间资源监测涉及岸线开发强度、海域开发强度 2 项评价指标,指标监测要求如下。

(1)岸线开发强度:通过岸线人工化指数与海岸线开发利用标准之比计算得到。其中,海岸线开发利用标准采用浙江省试评价计算值。岸线人工化指数根据围塘堤坝岸线、防护堤坝岸线、工业与城镇岸线、港口码头岸线 4 类人工岸线长度监测数据加权计算得到(单位:公里),数据精度保留到 0.01 公里。该指标评价周期为 5 年。超载和临界超载地区评价周期为 1 年。

(2)海域开发强度:通过海域开发资源效应指数与海域空间开发利用标准之比计算得到。其中,海域空间开发利用标准采用浙江省试评价计算值。海域开发资源效应指数根据渔业用海、交通运输用海、工业用海、旅游娱乐用海、海底工程用海、排污倾倒用海、造地工程用海、特殊用海 8 类海域使用面积加权得到(单位:公顷),数据精度保留到 0.01 公顷。该指标评价周期为 5 年。超载和临界超载地区评价周期为 1 年。

5.1.6.2 海洋渔业资源监测

海洋渔业资源监测涉及游泳动物指数和鱼卵仔稚鱼指数 2 项指标。其中,游泳动物指数包括渔获物经济种类比例和渔获物营养级状况 2 项指标;鱼卵仔稚鱼指数包括鱼卵密度、仔稚鱼密度 2 项指标。考虑到游泳动物具有区域流动性,海洋渔业监测数据以舟山、宁波、台州、温州 4 个地级市为基本单元,指标监测要求如下。

(1)渔获物经济种类比例:该指标采用经济种类生物量占游泳动物生物量之比。评价采用年度监测平均值(单位:%),数据精度保留到 0.01%。该指标评价周期为 1 年。超载和临界超载地区评价周期为季度。

(2)渔获物营养级状况:该指标需要监测近海渔获物中各类鱼类渔获量,通过渔获量和对应的营养级计算得到,评价采用年度监测平均值(单位:%),数据精度保留到 0.01%。该指标评价周期为 1 年。超载和临界超载地区评价周期为季度。

(3)鱼卵密度:采用近海渔业资源监测调查值,评价采用年度监测平均值(单位:个/立方米),数据精度保留到 0.0001 个/立方米。该指标评价周期为 1 年。超载和临界超载地区评价周期为季度。

(4)仔稚鱼密度:采用近海渔业资源监测调查值,评价采用年度监测平均值(单位:个/立方米),数据精度保留到 0.0001 个/立方米。该指标评价周期为 1 年。超载和临界超载地区评价周期为季度。

5.1.6.3 海洋生态环境监测

海洋生态环境监测涉及海洋环境承载状况和海洋生态承载状况 2 项综合指标。考虑到浮游动物具有区域流动性,海洋生态监测数据以舟山、宁波、台州、温州 4 个地级市为基本单元,指标监测要求如下。

(1)海洋环境承载状况:该指标需要监测各类海洋功能区(农渔业区、港口航运区、工业与城镇用海区、矿产与能源用海区、旅游娱乐用海区、海洋保护区、特殊利用区、保留区)的各类水质类型面积(单位:公顷),数据精度保留到 0.01 公顷。水质指标为无机氮、活性磷酸盐、化学需氧量、石油类 4 项。该指标评价周期为 1 年。超载和临界超载地区保留实时监测数据。

(2)海洋生态承载状况:该指标需要分别监测浮游植物、浮游动物、大型底栖动物的密度(单位:个/立方米。数据精度保留到 0.0001 个/立方米)、生物量(单位:千克/平方公里。数据精度保留到 0.01 千克/平方公里)和多样性指数。该指标评价周期为 1 年。超载和临界超载地区保留实时监测数据。

5.1.6.4 海岛资源环境监测

海岛资源环境监测涉及无居民海岛开发强度和无居民海岛生态状况 2 项综合指标。其中,无居民海岛开发强度又包含无居民海岛人工岸线比例、无居民海岛开发用岛规模指数 2 项指标。指标监测要求如下。

(1)无居民海岛人工岸线比例:该指标需要监测无居民海岛人工岸线长度(单位:米),数据精度保留到 1 米。该指标评价周期为 5 年。超载和临界超载地区评价周期为 1 年。

(2)无居民海岛开发用岛规模指数:包括无居民海岛工矿仓储及交通、水利设施及坑塘养殖、住宅及公共服务、耕地和园林及经济林 4 类开发用岛类型面积(单位:平方米),数据精度保留到 1 平方米。该指标评价周期为 5 年。超载和临界超载地区评价周期为 1 年。

(3)无居民海岛生态状况:该指标需要监测无居民海岛植被覆盖度(单位:%),数据精度保留到 0.01%。该指标评价周期为 5 年。超载和临界超载地区评价周期为 1 年。

5.1.6.5 重点开发用海区监测

重点开发用海区监测涉及各海洋基本功能区内围填海面积(单位:公顷),数据精度保留到 0.01 公顷。根据《全国海洋主体功能区规划》,重点开发区域包括城镇建设用海区、港口和临港产业用海区、海洋工程和资源开发区。因此,该评价针对具有上述海洋功能区的评价单元开展。该指标评价周期为 5 年。超载和临界超载地区评价周期为 1 年。

5.1.6.6 海洋渔业保障区监测

海洋渔业保障区监测主要涉及监测区域内全部主捕对象和水产种质资源保护区保护对象的资源量/生物量(单位:千克/平方公里),数据精度保留到 0.01 千克/平方公里。根据《浙江省海洋主体功能区规划》,浙江省象山县、鄞州区、苍南县海域主体功能定位为海洋渔业保障区,因此相关监测数据范围为上述 3 个县区。该指标评价周期为 1 年。

5.1.6.7 重点海洋生态功能区监测

重点海洋生态功能区监测主要涉及典型生境植被覆盖度变化率、海洋生态保护对象变化率 2 项指标。根据《浙江省海洋主体功能区规划》,浙江省平阳县、乐清市、嵊泗县、奉化区海域主体功能定位为海洋重点生态功能区,因此相关监测数据范围为上述 4 个县区,指标监测要求如下。

(1)典型生境植被覆盖度变化率:需要监测典型生境植被(红树、芦苇、碱蓬等)覆盖度(单位:公顷。数据精度保留到 0.01 公顷)的变化趋势。该指标评价周期为 5 年。超载和临界超载地区评价周期为一年。

(2)海洋生态保护对象变化率:需要监测典型生境、珍稀濒危生物、特殊自然景观等重点保护对象的覆盖面积(单位:公顷。数据精度保留到 0.01 公顷)和生物量(单位:千克/平方公里。数据精度保留到 0.01 千克/平方公里)。该指标评价周期为 5 年。超载和临界超载地区评价周期为 1 年。

(3)滩涂面积保有率:需要定期监测评价单元潮间带滩涂面积(单位:%),数据精度保留到 0.01 %。该指标评价周期为 5 年。超载和临界超载地区评价周期为 1 年。

5.1.7 气象监测

气象监测涉及重点生态功能区评价指标监测,包括重点生态功能区评价中需要的年降水量和年蒸散发量 2 项指标,指标监测要求如下。

(1)年降水量:取评价单元范围内各监测站点年降水量平均值(单位:毫米),数据精度保留到 0.1 毫米。定期评价周期为 1 年。

(2)年降水量:取评价单元范围内各监测站点年蒸散发量平均值(单位:毫米),数据精度保留到 0.1 毫米。定期评价周期为 1 年。

5.1.8 经济社会指标监测

经济社会监测涉及过程评价和超载成因分析指标监测,主要包括各评价单元的地区生产总值和常住人口 2 项指标,同时考虑评价结果分析需求,补充城镇居民可支配收入、农村居民可支配收入、工业增加值 3 项指标,指标监测要求如下。

(1)地区生产总值:各评价单元当年地区生产总值(单位:万元),数据精度保留到 1 万元。定期评价周期为 1 年。

（2）常住人口：各评价单元年末常住人口（单位：万人），数据精度保留到 0.1 万人。定期评价周期为 1 年。

（3）城镇居民可支配收入：各评价单元当年城镇居民人均可支配收入（单位：元），数据精度保留到 1 元。定期评价周期为 1 年。

（4）农村居民可支配收入：各评价单元当年农村居民人均可支配收入（单位：元），数据精度保留到 1 元。定期评价周期为 1 年。

（5）工业增加值：各评价单元当年工业增加值（单位：万元），数据精度保留到 1 万元。定期评价周期为 1 年。

5.2 资源环境承载能力监测预警综合评价机制

开展定期评价、确定各地超载类型和预警等级是及时掌握区域资源环境承载能力的有效手段。本节重点从评价周期、评价方法和参数更新方式、数据采集方式、评价和结论发布机制等方面，提出定期评价的工作思路和具体要求。

5.2.1 评价周期

按照中央《关于建立资源环境承载能力监测预警长效机制的若干意见》（厅字〔2017〕25 号），国家将结合国土普查每 5 年同步组织开展 1 次全国性资源环境承载能力评价，每年对临界超载地区开展 1 次评价，实时对超载地区开展评价。

根据试评价结果，浙江省超载和临界超载单元比较多，因此建议全省资源环境承载能力定期评价的基本评价周期为 1 年。考虑到各项评价指标监测条件和监测复杂程度差距较大，土地资源、水资源、环境及海洋生态环境等大部分领域监测条件较为成熟，基本上可以做到 1 年 1 评价（年评）。水土流失面积、海岛资源环境、重点生态功能区等部分评价指标监测周期比较长，建议全省范围 5 年进行 1 次评价，超载和临界超载地区 1 年进行 1 次评价。对不同评价周期的 14 个专题评价和过程评价（表 5-2），按照监测数据就近原则组合形成每年的集成评价和综合预警结论。

表 5-2　各领域主要指标定期评价周期

评价领域	主要指标	全省定期评价周期	临界和超载地区定期评价周期
土地资源	适宜开发建设面积	5 年	1 年
	现状建设用地面积	1 年	1 年

续表

评价领域	主要指标	全省定期评价周期	临界和超载地区定期评价周期
水资源	用水总量、地下水供水量、水质指标①	1 年	1 年
环境	水、气污染物超标情况	1 年	1 年
生态	各类水土流失面积和分布	5 年	1 年
城市化地区	水气黑灰指数	1 年	1 年
农产品主产区	耕地质量变化情况	5 年	1 年
重点生态功能区	各类生态系统面积	5 年	1 年
	降雨量、蒸散发量	1 年	1 年
海洋空间资源	岸线开发强度、海域开发强度	5 年	1 年
	自然岸线保有率	1 年	1 年
海洋渔业资源	游泳动物指数、鱼卵仔稚鱼指数	1 年	1 年
海洋生态环境	海洋环境状况、海洋生态状况	1 年	1 年
海岛资源环境	无居民海岛开发强度、无居民海岛生态状况	5 年	1 年
重点开发用海区	围填海面积	5 年	1 年
海洋渔业保障区	主捕对象生物量、保护对象生物量	1 年	1 年
重点海洋生态功能区	典型生境植被覆盖度变化率、海洋生态保护对象变化率	5 年	1 年

5.2.2 评价方法和参数更新方式

1. 评价方法

目前,《技术方法(试行)》仍在不断完善。浙江省根据试评价对技术方法提出了修改建议。在国家《技术方法》修改确定前,按照《技术方法(试行)》和浙江省调整后的技术方法分别对各项指标进行评价。监测预警技术支撑平台分别设置 2 种方法的计算和结果展示功能。待国家《技术方法》明确后,统一采用国家发布方法,浙江省可增加部分特色指标作为补充。

2. 参数设置和更新

试评价对各评价指标设定了具体参数和阈值,已经得到各部门的认可。因

① 水资源评价中水质指标暂不纳入评价,仅作为参考数据。

此,监测预警技术支撑平台将根据试评价确定的参数和阈值设计计算程序。允许各资源环境管理和监测部门未来按照实际情况需要,对相关指标的参数和阈值进行一定的修正。参数和阈值的修改、更新应由该指标监测和管理部门出具论证意见,提交资源环境承载能力评价管理部门,经同意后,在下一年度评价工作中采用新的参数和阈值。

5.2.3 资源环境监测数据采集方式

各资源环境监测部门对各项监测预警指标开展定期和实时监测工作。每年3月底前,各监测部门将上一年监测数据和图件提交给省级主管部门,其中数据以表格形式。主管部门将相关数据和图件录入资源环境承载能力监测预警技术支撑平台,实现数据集中存储,方便评价计算和查阅。

5.2.4 监测预警评价和结论发布机制

1. 监测预警评价和结论校验

每年3月底前,资源环境监测部门将监测数据统一汇总到省级主管部门。省级主管部门组织专业技术团队将监测数据录入资源环境承载能力监测预警平台,并对全省各县级行政单元开展资源环境承载能力评价,包括14个专项领域评价、过程评价、集成评价和预警等级划分。在每年6月底前完成浙江省资源环境承载能力监测预警评价,并于7月底前完成省级部门校验和地市校验工作。

(1)省级部门校验:评价结论形成后征求自然资源、生态环境、水利、农业农村、海洋渔业、建设、统计、气象等部门意见,对部门监测和评价结论进行一次校验工作。

(2)地市校验:将各地级市下辖区的县(市、区)评价结论发布下去,征求11个地级市意见,经地级市对数据进行校核确认,完成第二次校验工作。

经省级部门和地市校验后,形成当年资源环境承载能力监测预警评价结论。

2. 超载成因调查和分析

超载成因调查和分析阶段是出现超载和临界超载的各评价单元调查、分析存在问题的阶段,分为市县级自查和省级重点调查分析两部分。

(1)市县级自查。根据评价结论,存在超载和临界超载地市自主开展超载成因分析,并以书面形式上报省发改委。鼓励各市县(市、区)建立地方的资源环境承载能力监测预警机制,提前进行自评自查。

(2)省级重点调查。省级部门针对年度评价中出现的重点问题进行调查分析,主要包括以下 3 类:①红色预警区主要问题;②与上年度相比超载问题加剧地区(临界超载区变为超载区、不超载区变为临界或超载区);③与上年度相比资源环境耗损指数由趋缓型转为加剧型的地区。

省级重点调查通过现场调查、部门相关数据分析和咨询调研等形式,并形成当年资源环境承载能力重点区域调查报告。

3. 编制监测预警报告和公报

每年对全省各县级行政单元开展资源环境承载能力评价,并形成《浙江省资源环境承载能力监测预警年度报告》,主要内容包括当年评价结论、预警等级和各超载(临界超载)单元的原因解析。报告每年报送省委、省政府、省人大、省政协、省级各部门、各市县区和相关单位。

在《浙江省资源环境承载能力监测预警年度报告》的基础上,编制"浙江省资源环境承载能力监测预警公报",向全社会公开发布。

浙江省资源环境承载能力监测预警工作机制见图 5-1。

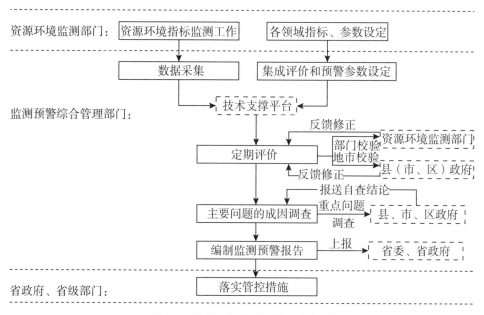

图 5-1 资源环境监测预警工作机制

5.3 监测预警评价结论统筹应用机制

研究探讨将浙江省资源环境承载能力监测预警结论应用于全省及各部门规划、空间管制和地方考核,形成各部门、各领域统筹兼顾、协调发展的工作机制。

5.3.1 评价结论应用于各部门规划

依据不同区域的资源环境承载能力监测预警评价结论,编制实施经济社会发展总体规划、专项规划和区域规划,建立科学合理的生态环境与经济综合决策体系。

5.3.1.1 将资源环境承载能力评价指标纳入相关规划

加强资源环境承载能力评价结果与经济社会发展总体规划、专项规划和区域规划的衔接,资源环境承载能力评价指标应纳入相关规划,推进资源环境承载能力评价结果落地。

建议纳入经济社会发展 5 年规划的指标。目前,浙江省"十三五"规划纲要资源环境类指标共有 10 项,其中包括资源环境承载能力评价指标 5 项:单位生产总值用水量降低、万元生产总值耗地量、主要污染物排放总量减少、森林覆盖率、空气质量。前 4 项均为陆域过程评价指标或近似指标,第 5 项为陆域城市化地区专项评价的近似指标。

表 5-3　纳入浙江省"十三五"规划纲要的资源环境类指标

一级指标	二级指标
单位生产总值能耗降低(%)	—
非化石能源占一次能源消费比重(%)	—
单位生产总值用水量降低(%)	—
耕地保有量(万亩)	—
万元生产总值耗地量(平方米)	—
单位生产总值二氧化碳排放降低(%)	—
主要污染物排放总量减少(%)	化学需氧量
	氨氮
	二氧化硫
	氮氧化物
空气质量(地级及以上城市)	PM2.5 浓度下降(%)
	空气质量优良天数比率(%)
地表水达到或由于Ⅲ类水质比例(%)	
森林增长	森林覆盖率(%)
	林木蓄积量(万立方米)

结合资源环境承载能力监测预警工作,考虑到相关领域重要性和典型代表性,建议将以下 3 项指标纳入经济社会发展规划的资源环境类指标。

(1)中度以上水土流失面积占比。该项指标是浙江省生态评价的唯一指标,且浙江省有 6 个县(市、区)水土流失面积过大,存在生态超载问题,还有 15 个县(市、区)处于临界超载状态,问题相对比较多,因此建议将该指标纳入省级和各县(市、区)经济社会发展规划。

(2)Ⅲ类及以上海水水质比例。目前,浙江省经济社会发展规划中只有陆域水质指标,没有海洋水质指标。考虑到浙江省面临海洋环境问题比较突出,海洋资源环境超载问题较多,因此建议将该指标纳入,突出海洋环境保护工作的约束性。

(3)挥发性有机物。考虑到浙江省不少地区存在颗粒物和臭氧污染问题,而 VOCs 是臭氧生成的前体物,同时参与 $PM_{2.5}$ 的形成,其排放量对大气环境的影响已经超过传统污染物二氧化硫,因此建议将该指标补充到"主要污染物排放总量减少"指标,即总量控制指标增加到 5 个。

尤其是现有规划中未列入的指标,应尽可能在规划调整和修编过程中,按照指标的重要性纳入不同类型的规划。

(1)建议纳入城乡规划和土地利用规划的指标。土地资源压力指数,基于土地开发适宜性评价和现状土地利用情况,综合考虑主体功能定位、适宜建设开发空间集中连片情况等,体现建设开发利用现状对一个地区土地资源的压力情况。

(2)建议纳入资源开发和环境保护相关规划的指标。包括污染物浓度超标指数、城市黑臭水体污染程度、耕地质量指标、自然岸线保有率、岸线开发强度、海域开发强度、海洋渔业资源承载状况、海洋功能区水质达标率、无居民海岛开发强度和生态状况、赤潮灾害频次变化。

5.3.1.2 将资源环境承载能力阈值与相关规划目标衔接

为确保各地开发建设活动控制在资源环境承载能力范围内,应在制定经济社会发展规划和其他专项规划主要目标时,充分考虑资源环境承载能力评价指标的阈值,即确保各项指标不超载和资源环境耗损趋缓的参数阈值。如国民经济和社会发展 5 年规划和生态环境保护规划中主要污染物排放强度下降率,要与国家和省区市预期平均值进行分析比较,确保过程评价资源环境耗损指标为趋缓。具体各项指标与相应规划目标对应情况见表 5-4。

表 5-4　资源环境承载能力指标与各部门规划的主要目标衔接

指标来源			指标名称	指标和目标衔接
陆域评价	基础评价	土地资源	土地资源压力指数、土地开发程度	指标纳入空间规划、土地利用规划、城市总规,各地根据评价阈值设定目标值
		水资源	水资源开发利用量、地下水用水量、水功能区水质达标率、入河污染物总量	4项指标与最严格水资源管理制度设定的目标、水资源和环境保护规划目标相衔接
		环境	水环境和大气环境污染物浓度超标指数	将环境污染物浓度超标指数作为地方经济社会发展规划指标,将大气环境6项指标、水环境7项指标作为地方环境保护规划指标,目标值设定要考虑临界超载阈值范围,即高于"达标"要求
		生态	中度以上水土流失面积占比	指标纳入地方经济社会发展规划和生态保护相关规划的主要指标,目标值与评价目标相衔接
	专项评价	城市化地区	水气环境黑灰指数	指标纳入地方环境保护规划和城市建设相关规划,目标值与评价目标相衔接
		农产品主产区	耕地质量变化指数	指标纳入地方农业发展规划,目标值与评价目标相衔接
		重点生态功能区	生态系统功能指数	将重要生态系统面积、水源涵养指数纳入地方林业和生态保护规划
	过程评价	资源利用效率变化	土地资源利用效率变化	纳入地方经济社会发展规划、土地利用规划,目标值选取要与全国和全省平均水平相衔接
			水资源利用效率变化	纳入地方经济社会发展规划、水资源开发利用规划,目标值选取要与全国和全省平均水平相衔接
		污染物排放强度变化	水污染物排放强度变化	纳入地方经济社会发展规划、水资源开发利用规划,目标值选取要与全国和全省平均水平相衔接
			大气污染物排放强度变化	纳入地方经济社会发展规划、水资源开发利用规划,目标值选取要与全国和全省平均水平相衔接
		生态质量变化	林草覆盖率变化	纳入地方经济社会发展规划、森林资源开发利用规划,目标值选取要与全国和全省平均水平相衔接

续表

指标来源			指标名称	指标和目标衔接
海域评价	基础评价	海洋空间资源	岸线开发强度	指标纳入全省和地方海洋资源保护与利用规划;编制《海岸线保护与利用规划》,目标值与评价目标相衔接
			海域开发强度	指标纳入全省和地方海洋资源保护与利用规划,目标值与评价目标相衔接
		海洋渔业资源	渔业资源综合承载指数	指标纳入地方海洋资源保护与利用规划,目标值与评价目标相衔接
		海洋生态环境	海洋水功能区水质达标率	指标纳入地方经济社会发展规划、全省和地方海洋生态环境保护规划,目标值与评价目标相衔接
			浮游植物、浮游动物、大型底栖动物密度、生物量、多样性变化情况	指标纳入全省和地方海洋资源和环境保护规划,目标值与评价目标相衔接
		海岛资源环境	无居民海岛开发强度	指标纳入《浙江省无居民海岛保护与利用规划》等
			无居民海岛生态状况	
	专项评价	重点开发用海区	围填海强度指数	指标纳入全省和地方海洋资源和环境保护规划,目标值与评价目标相衔接
		海洋渔业保障区	渔业资源密度指数	指标纳入海洋渔业保障区县(市、区)地方海洋资源和环境保护规划,目标值与评价目标相衔接
		重要海洋生态功能区	滩涂面积保有率、典型生态植被覆盖度、海洋生态保护对象变化率	指标纳入全省和地方海洋资源和环境保护规划,目标值与评价目标相衔接
	过程评价	海洋/海岛开发效率变化	海域开发效率变化、无居民海岛开发强度变化	指标纳入全省和地方海洋资源和环境保护规划,目标值与评价目标相衔接
		环境污染程度变化	优良水质比例变化	指标纳入全省和地方经济社会发展规划、海洋资源和环境保护规划,目标值与评价目标相衔接
		生态灾害风险变化	赤潮灾害频次变化	指标纳入全省和地方海洋资源和环境保护规划,目标值与评价目标相衔接

5.3.1.3 将资源环境承载能力评价结论与规划任务相对应

科学确定规划目标任务和政策措施,合理调整优化产业规模和布局,引导各类市场主体按照资源环境承载能力谋划发展。

以陆域大气环境评价单元为例:

单项临界超载县(市、区):深化工业污染治理,推进火电、热电行业烟气超低排放技术改造,以及钢铁、水泥、玻璃和工业锅炉等重点行业领域废气清洁排放改造;建立重点管控企业名录,完成印染、炼化化工、涂装等行业 VOCs 整治。着力优化能源结构,实行煤炭减量替代,推进煤炭清洁化利用;推进天然气管网、加气站等设施建设,加快工业园区集中供热和煤改气;积极发展太阳能、生物质能等可再生能源利用。调整产业布局和结构,强化规划环境评价,引导全省重点产业合理布局,将二氧化硫、氮氧化物排放总量作为前置准入条件,新建高污染高耗能项目单位产品(产值)能耗必须达到国际先进水平;推动工业项目向园区集中,深入实施园区循环化改造。

单项超载县(市、区):在临界超载地区相关任务的基础上开展燃煤锅炉淘汰,工业企业率先执行排放标准的特别排放限值;明确导致超载产业退出的时间表,对县域内已建大气重污染企业通过限制生产、停产整顿等手段实施清理;新建、改扩建项目重点污染物排放加大减量转换。若综合评价超载时,则在超载帽子摘除前严禁新项目审批、落地。

5.3.2 评价结论应用于国土空间管制

在先行开展资源环境承载能力评价的基础上,加强与区域主体功能定位相协调,根据监测预警评价结论编制空间规划,科学划定空间格局、设定空间开发目标任务、制定空间管控措施,并注重开发强度管控和用途管制。

1. 将资源环境承载能力评价监测纳入"一张图"管理

目前,国土资源"一张图"工程主要是土地利用现状、基本农田、遥感监测、土地变更调查及基础地理等多源信息的集合,并主要体现了土地资源特别是建设用地的动态监管。随着资源环境承载能力评价和预警工作的开展,"一张图"有必要从土地监管转向包括土地、草原、林地、水资源和海洋等空间单元和地质环境等国土空间的综合监管。在此基础上叠加国土资源行政监管系统,构建统一的综合监管平台及决策支持系统。

2. 开展全方位国土资源开发利用监测预警

按主体功能定位对国土资源空间进行统筹监测,制定有效的监测规程与方法体系,并根据实际需要建立预警机制。

(1)城市化地区——城市发展边界的划定和监测。协同住建厅、生态厅、林业局,在永久性基本农田、生态保护红线(含湿地红线)的基础上,修订土地利用总体规划、城市发展规划等各项规划,逐步推进"多规合一",协同划定城市发展边界,建立多部门共监共管机制。

(2)农产品主产区——永久基本农田和耕地质量监测预警。依据耕地质量,按照距离城市由远及近、由大到小、先大城市、后中小城市的次序,科学划定永久性基本农田,并实现上图入库、标识清楚、明确责任。永久性基本农田划定后,即通过信息化和卫片执法检查工作,实行动态监测和预警,其结果直接与地方政府政绩考核机制相挂钩。协同农业厅,开展耕地质量等级评定(并作为耕地红线体系划分依据),建立定期监测、预警和公报制度。

(3)重点生态功能区——生态保育红线监控和发展权补偿制度。加强资源开发利用对生态环境的影响研究,确保工程建设、城市扩张、资源开发不突破公园体系、保护区、特殊功能区等边界红线,确保生态功能保障基线,环境质量安全底线。同时,关注人口和产业转移,允许地方探索飞地经济,提高资源损害补偿,如各类红线区不能开发的矿产资源的补偿、生态补偿和转移支付额度等模式,妥善处理各类红线划定与地方经济发展之间的矛盾,建立以资源环境承载能力为基础的发展权补偿制度。

3. 推进国土资源节约集约管理

通过资源环境承载能力评价,建立相应的预警和约束机制,制定区域性产业负面清单,强化节水、节地、外部成本内在化等市场准入标准,引导地方政府招商引资过程中避免实际收益无法弥补资源损害、环境破坏和生态补偿的现状,把资源环境承载能力评价结果作为前置项,进行选址、安排项目,确定国土资源开发利用强度,探索利用承载力指标进行国土资源(空间)用途管制的途径与方式,缓解资源超强度开发、环境持续恶化和由资源开发引发的社会矛盾给国土资源管理带的压力。

5.3.3 评价结论应用于地方考核

加强生态文明建设,各地方必须牢固树立绿色施政理念。用好行政手段,建立干部政绩考核体系,强化考核问责。对资源环境承载能力评价可用于地方政府和领导干部政绩考核体系中,建立科学发展的生态环境绩效评估考核体系。

1. 地方政府绩效考核体系

将各地资源环境承载能力监测预警综合评价和部门重要专项评价指标纳入省政府对地方政府绩效考核的指标体系。同时，将资源环境承载能力状况作为考核当地政府生态环境保护和治理的重要指标。

2. 领导干部政绩考核体系

统筹经济增长和生态环境，如环境质量改善效益或环境质量退化成本、生态系统改善效益或破坏成本，使地方领导者在实现经济增长的同时，强化生态优先。

县级领导干部层面：以生态环境改善绩效为根本导向，既要保证生态环境资产总量不减少、不破坏，又要坚持生态环境资产质量不降、标准要求不降低，将各县资源环境承载能力评价中的海陆基础评价结果、主体功能评价结果和过程评价结果纳入领导干部政绩考核体系。

部门领导干部层面：结合承载力评价指标，制定各部门内部工作绩效考核办法，并纳入部门领导干部考核，如将水资源开发利用效率纳入水利部门关于印发《实行最严格水资源管理制度的考核办法（试行）》，以及所在县（市、区）对水利部门领导干部的考核指标体系；将渔业资源密度指数纳入海洋与渔业工作目标考核，以及所在县（市、区）对海洋渔业部门领导干部的考核指标体系。

3. 领导干部自然资源资产离任审计

将自然资源和生态保护、环境质量作为"为官一任、造福一方"的重要内容。创新生态文明建设责任追究制度，将资源环境承载能力监测预警评价结论纳入领导干部绩效考核体系，将资源环境承载能力变化状况纳入领导干部自然资源资产离任审计范围。对于有严重破坏生态、污染环境行为的领导干部，依照法纪严格追究其责任。

5.4 政府与社会协同监督和参与机制

建立资源环境承载能力监测预警机制需要政府和社会共同参与、协调监督，推进政府、社会、公民协同保护本地区资源环境的良好局面，全力解决区域资源环境超载问题。

5.4.1 建立政府监督和限时整改机制

（1）建立预警及时提醒机制。被评价县（市、区）是资源环境承载能力的责任主体,每年由省级有关部门书面通知参与评价地区水资源、土资源、环境、生态等单项评价结果和综合评价结果。以约谈或者公告等形式对超载地区、临界超载地区进行预警提醒,督促相关地区转变发展方式。

(2)建立最严格的超载区响应制度。建立成因剖析制度,对于被约谈或者公告的超载地区,应在限期内对各单项超载的原因进行深入分析,明确是否为政府管理问题,同时因地制宜制定治理规划,明确资源环境达标任务的时间表和路线图,并向全社会公布治理路线措施。对于政府管理疏漏、政策失误造成的超载区域,对不顾资源和生态环境盲目决策、造成严重后果的,要依纪依法追究有关人员的监管责任,落实党政领导干部生态环境损害责任追究制度。

5.4.2 建立社会协同参与行动和监督机制

(1)加强生态理念教化、宣传和赋权。注重生态道德、生态立法、生态政策建设的回应性,发挥舆论宣传、监督、引导作用,加大资源环境承载能力监测预警的宣传教育和科学普及力度,提高全社会依法节约资源和保护环境的意识,把遵守资源环境保护相关法规和科学开发利用资源为全社会的自觉行为。增加生态文明建设公益广告投入,定期开展资源、环境相关的公益宣讲。制定和完善公众参与资源环境承载能力监测预警的程序,按照法律法规,赋予公众更大的知情权和监督权。

(2)培育社会组织,拓宽公民参与渠道。①发挥非政府组织的力量。加强省内各级各类环保社会组织的桥梁、纽带作用,调动媒体、党员、普通大众,积极参与水源地、湖泊、河流、森林、湿地等生态系统保护的志愿者行动,履行资源节约和环境保护的社会责任。扶持科技背景的非政府组织,依托其资源利用和环境保护的丰富知识和经验,不断壮大非政府组织科技力量,使其以专业的水准、独立的观点和对社会负责的担当成为资源环境承载能力建设的一支重要力量。②建立多渠道公民参与机制。通过网站、热线电话、邮箱等,拓宽公民参与渠道。制定来函、来电的回复机制,设立小额的专项奖励资金,并联合媒体进行宣传报道、公开表彰。

(3)搭建信息共享平台和信用体系。①规范监测信息的发布机制。省级层面建立资源环境承载能力公共信息平台,制定评价结果定期公开制度,主动接受社会对资源环境承载能力监测预警评价、超载地区资源环境治理全过程的监督。同时,避免信息发布口径不一,造成误导公众的负面影响。②建立企业社会责任发布制度。明确企业作为主要消耗者和环境污染者的社会责任,承担主体责任。

超载和临界超载地区相关企业认真落实水资源管理、大气污染防治管理等相关限制性措施,上报年度整改方案,如在水资源临界超载地区自觉淘汰高耗水工艺、高耗水产品,在环境临界超载地区自觉加强环保投入,严格控制排放标准,在信息平台公开整改方案,接受社会监督。③健全和完善政府和企业信用体系。考虑将限制性措施落实不力、资源环境持续恶化地区的政府和企业等纳入全国信用信息共享平台,依法依规严肃追责。

5.5 资源环境承载能力长效管控机制

对红色预警区、绿色无警区及承载状况恶化/好转地区,分别实行对应的综合奖惩措施。对单项超载地区,则实施具有针对性的管控措施。

5.5.1 综合性管控措施

1. 红色预警区

针对超载因素实施最严格的区域限批,依法暂停办理相关行业领域新建、改建、扩建项目审批手续。

削减一般性转移支付,在涉及超载问题的领域加大专项转移支付力度。

建立产业负面清单,明确导致超载产业退出的时间表,实行城镇建设用地减量化。

建立资源环境破坏责任追究制度。对现有严重破坏资源环境承载能力、违法排污破坏生态资源的企业,依法限制生产、停产整顿,并依法依规采取罚款、责令停业、关闭,以及将相关责任人移送行政拘留等措施从严惩处,构成犯罪的依法追究刑事责任。对监管不力、徇私舞弊、玩忽职守的政府部门负责人及相关责任人,依纪依法追究有关人员的监管责任,根据情节轻重实施行政处分直至追究刑事责任。

落实领导干部追责制度。对在生态环境和资源方面造成严重破坏负有责任的干部,不得提拔使用或者转任重要职务,视情况给予诫勉、责令公开道歉、组织处理或者党纪政纪处分。完善资源环境离任审计和终身追责制度,对负有主要责任的负责人终身追责。

建立地方对资源环境超载问题的响应机制。各地政府要根据超载因素制定系统性减缓超载程度的行动方案,限期退出红色预警区。对红色预警区仍不采取减缓措施的,领导干部和相关责任人根据以上追责措施从严从重处罚。

2. 绿色无警区

建立生态保护补偿机制和发展权补偿制度,加强转移支付力度,提高一般性转移支付比例。支持绿色生态经济发展,鼓励符合主体功能定位的适宜产业发展,加大绿色金融倾斜力度。提高领导干部生态文明建设目标评价考核权重。对绿色无警的重点和优化开发区域,在土地、水资源、污染物排放量、能耗等指标分配过程中,给予适当的倾斜。

3. 承载状况恶化/好转地区

对从临界超载恶化为超载的地区,参照红色预警区综合配套措施进行处理。对从不超载恶化为临界超载的地区,参照超载地区水资源、土地资源、环境、生态、海域等单项管控措施酌情进行处理,必要时可参照红色预警区综合配套措施进行处理。

对从超载转变为临界超载或者从临界超载转变为不超载的地区,从财政、产业、环保政策等方面,实施不同程度的奖励性措施。

5.5.2 陆域单项管控措施

1. 土地资源管控措施

对土地资源超载地区,原则上不新增建设用地指标,实行城镇建设用地零增长,严格控制各类新城新区和开发区设立。适时修改完善土地利用总体规划,增强规划适应性,及时修正土地资源压力状态。具体定位与盘查对不适宜开发用地的开发建设情况,并根据实际情况制定相应的用地退出计划,限期定量改善土地压力情况。对耕地、草原资源超载地区,研究实施轮作休耕、禁牧休牧制度,禁止耕地、草原非农非牧使用,大幅降低耕地施药施肥强度和畜禽粪污排放强度。

对临界超载地区,严格管控建设用地总量,推进土地利用年度计划差别化、精准化管理,逐步提高存量土地供应比例,用地指标向基础设施和公益项目倾斜,促进土地资源利用结构的合理调整。严格限制永久基本农田、生态保护红线划定区域等强限制开发区域,以及耕地、草原非农非牧使用。

对不超载地区,鼓励存量建设用地供应,巩固和提升耕地质量。

2. 水资源管控措施

对水资源超载地区,暂停审批建设项目新增取水许可,制定并严格实施用水总量削减方案。调整产业布局,对主要用水行业领域实施更严格的节水标准,对工矿企业实行产品定额用水管理,对不符合用水定额标准的高耗水行业企业制定限期整改或退出方案,尽快减少工业生产耗水量。退减不合理灌溉面积,开展节水技术和节水设备、设施、器具的研究开发及推广应用。按照"定额用水、超额加价"的原则,引入经济调节手段,实行累进加价制度,推行阶梯式水价。城市用水和水利工程供水价格,均要按照"补偿成本、合理盈利、促进节约"的原则,上调到合理水平。同步积极推进水资源税改革试点。

对临界超载地区,暂停审批高耗水项目,严格管控用水总量,加大节水和非常规水源利用力度,优化调整产业结构。厉行节约用水,增加对节水工作的投入,扶持农业、城市的节水设施改造和建设。充分利用现代传媒,广泛开展水资源保护、节约等方面的宣传,将水资源循环利用列入循环经济建设之中。

对不超载地区,严格控制水资源消耗总量和强度,强化水资源保护和入河排污监管。积极探索符合当地实际和市场经济规律、有利于水资源保护和开发利用的管理体制,实行水务管理改革,逐步建立源水、制水、供水、排水、污水处理统一管理、一体运作的水务管理体制,努力为水资源的长效保护、科学利用、合理开发和实现"一龙管水"创造条件。

3. 环境管控措施

将《浙江省环境功能区划》作为各地生态环境空间管制方面的基础性、约束性和强制性规划,落实生态环境保护要求的重要依据。

对环境超载地区,率先执行排放标准的特别排放限值,规定更加严格的污水排放许可要求。实行新建、改建、扩建项目重点环境污染物排放量减量置换,水环境超载地区对主要水环境污染物排放量(COD、氨氮)按照1:2减量置换,大气环境超载地区对主要环境污染物排放量(二氧化硫、氮氧化物、VOCs)按照1:2减量置换,暂缓实施区域性排污权交易。水环境超载地区城镇污水处理厂出水标准按照准Ⅳ类标准执行。全面整治重污染行业,分别对水环境和大气环境污染重点整治行业制定整治提升和行动计划,限期对不符合环境准入要求和清洁生产要求的污染企业制定退出计划和时间表。

对环境临界超载地区,加密监测敏感污染源,实施严格的污水排放许可管理,实行新建、改建、扩建项目重点水污染物排放减量置换,水环境超载地区对主要水环境污染物排放量(COD、氨氮)按照1:2减量置换,大气环境超载地区对主要环境污染物排放量(二氧化硫、氮氧化物、VOCs)按照1:2减量置换。加强区域开发和项目建设的环境风险评价,强化企业环境风险物资的预警体系建设,采取有效措施严格防范突发区域性、系统性重大环境事件。

对环境不超载地区,建立严格的环境管理制度。建立覆盖所有固定污染源的排污许可证制度,激励和约束企业主动落实环保责任,研究出台企业污染物在线监测违法确认制度,构建守信激励和失信惩戒机制。实行新建、改建、扩建项目重点污染物排放等量置换。

4. 生态管控措施

对森林资源实物量和价值量的存量及变量进行科学核算,推动建立森林资源核算与国民经济核算相衔接的综合核算体系,探索编制林地、湿地等生态资源资产负债表,对领导干部实行生态资源资产在任与离任审计。加强对江、湖、河、山脉等自然生态系统的保护,在重要江、湖、河、山脉及周边划定红线,实施最严格的保护措施,最大程度地保障整体生态安全。对生态超载地区,实行更严格的定期精准巡查制度,并制定限期保质的生态修复方案。采取"采造挂钩、烧造平衡、除造同步、造管结合"等措施,加大绿化造林更新任务力度。在重要水系流域源头和上游区域,实施退耕还林、开垦地造林等修复措施,大力种植涵养水源能力强的优良乡土阔叶树种和珍贵树种,建成多树种、多层次、多功能的森林生态系统。通过实施各种修复措施,提高防护林质量,提升生态功能,构建功能强大的防护林生态安全体系。必要时应实施生态移民搬迁,对生态系统严重退化地区实行封禁管理,促进生态系统自然修复。清晰划分对生态保护行政和管护人员责任,明确职务、职权、职责关系,实施生态保护责任终身追究制度。制定生态损害赔偿标准和管理办法,加大生态环境损害赔偿和生态破坏处罚制度。对生态临界超载地区,加强陆地生态系统定位观测研究站建设,健全生态状况监测体系,加密监测生态功能退化风险区域,全面、及时、准确地掌握生态现状和变化情况。科学实施山水林田湖系统修复治理,合理疏解人口,遏制生态系统退化趋势。进一步提升建成区生态环境质量,提高生态承载力,增强可持续发展能力。实施森林可持续经营,优化树种组成,改善森林结构,加快培育多目标、多功能的健康森林。对生态不超载地区,建立生态产品价值实现机制,开展生态产品价值实现机制试点,综合运用投资、财政、金融等政策工具,支持绿色生态经济发展。提升生态安全风险防范机制,完善森林火险预警监测系统,抓好以松材线虫病为重点的林业有害生物防控工作。

5. 城市化地区资源环境管控措施

对城市化地区评价超载区域,针对劣 V 类水和城市黑臭水体逐一制订治理方案,确保全面消除。强化地区畜禽养殖业、种植业污染防治,城市周边设立禁养区,开展受污染水体生态修复工程。对灰霾问题比较严重的城市,及时出台大气污染治理行动方案,从严治理工业废气排放、城市机动车尾气排放。对城市化地区评价临界超载区域,推进河道综合整治,巩固垃圾河、黑臭河治理成果。建立以环境质量为导向的政绩考核和责任追究机制,预防环境进一步恶化。对城市化地区评价不超载区域,提升城市水环境和大气环境的综合检测能力,建成智慧化的环境监测执法平台,严格监控现有各类污染源和环境质量数据变化。

6. 农产品主产区管控措施

对农产品主产区评价超载地区,调整土壤酸碱度,推广测土配方施肥技术,促进土壤养分平衡,通过增施有机肥及绿肥,合理轮作倒茬等措施继续合理利用耕地,提高耕地土壤的基础肥力水平。对农产品主产区评价临界超载地区,加大耕地质量监测频次,及时了解区域耕地质量现状及演变规律,促进耕地资源合理利用,确保农业可持续发展。对农产品主产区评价不超载地区,需注意保持适度的种植强度,避免耕地资源消耗过度。

7. 重点生态功能区管控措施

完善重点生态功能区生态补偿长效机制,提高县级政府生态保护的积极性。增强一般性的财政转移支付,减少重点生态功能区禁限政策的负外部性。增加横向转移支付资金,促进区域整体的协调发展。对重点生态功能区超载地区,针对不同地区、不同类型、不同程度的生态退化现象,制定不同的修复手段和方法,加强生态修复的推进力度。对重点生态功能区临界超载地区,建立更严格和全面的考核指标体系。将生态保护环境状况、生态效益产出等指标纳入考核体系,并针对不同的重点生态功能区,确定权重和标准,提高考核制度的全面性、科学性和针对性。对重点生态功能区不超载地区,建立严格的产业准入政策,建立生态产品价值实现机制,综合运用投资、财政、金融等政策工具,支持绿色生态经济发展。

5.5.3 海域单项管控措施

1. 海洋空间资源管控措施

对空间资源超载海域,制定严格的自然岸线保有目标,落实岸线整治修复工程。依法依规禁止岸线开发和新上围填海项目,研究实施海岸建筑退缩线制度。强化海域使用"双随机"抽查,对长期"批而未建、建而未用"的闲置海域,依法予以收回。对未达到功能级别的海域使用项目,实施"关停"制度。对于海域转换后生态功能的直接损失与所造成的周围海域生态功能的直接和间接损失进行合理估算,实施长期生态补偿措施。

对空间资源临界超载海域,原则上不再审批新增占用自然岸线的用海项目和围填海项目。加强总量控制,严格管理围填海活动,加强总量控制和功能管控,实行围填海计划指标差别化管理,建立指标安排与上年度执行率、指标使用效率、产业导向、省级重点项目完成情况等内容挂钩的管理机制。

对空间资源不超载海域,严格按照《浙江省海洋功能区划(2011—2020 年)》,对海域使用实施分类管制,实行负面清单制度。结合浙江省海洋功能区划和浙江省海洋生态保护红线划定区域,对涉及管控要求的区域开展相适宜的资源开发利用和环境保护工作,优化用海效率。

2. 海洋渔业资源管控措施

对渔业资源超载的海域,逐年降低近海捕捞和养殖总量限额,制定减船转产计划,定时限量压减海洋捕捞产能。全面取缔"三无"船舶,杜绝非法捕捞,遏制捕捞能力无序增长和渔业资源恶化态势。建立海洋保护区、产卵场保护区、海洋牧场,增殖放流各类水生生物苗种,不断恢复渔业资源。

对渔业资源临界超载的海域,强化海洋渔业资源养护和栖息地保护,引导近岸海水养殖区向离岸深水区转移。全面建成信息化、智能化的渔船、渔民服务管理和智能监控系统。

对渔业资源不超载的海域,完善海洋渔业资源调查机制,提高资源监测能力。平衡海洋捕捞与资源保护,对海洋渔业资源进行可持续开发。

3. 海洋生态环境管控措施

对生态环境超载的海域,大幅提高水质较差的入海河流断面水质考核要求,加大上游地区水环境污染物减量置换力度,依法禁止新增入海排污口和向海排放的污水处理厂,通过清理规范整顿,逐步减少现有入海排污口,暂停审批新建、改建、扩建海洋(岸)工程建设项目。实施更严格的陆源入海污染物总量控制规范,深化船舶污染整治和海洋倾废监管,开展海洋环保专项执法行动,加强沿海地区污染整治,修复改善海洋环境。

对生态环境临界超载的海域,严格执行并逐步提高入海河流断面水质考核要求,严格控制向海排污的海洋(岸)工程建设项目。加强入海排污口摸排巡查、建库立档、监测通报、联合执法等工作,确保入海排污口规范设置、稳定达标排放,稳固并逐步提升海洋生态环境。

对生态环境不超载的海域,制定海洋生态保护红线,规范海洋生态环境评价指标。编制海洋环境污染风险应急预案,增强公众海洋生态环保法治观念。

4. 海岛资源环境管控措施

对无居民海岛资源环境超载的海域,禁止无居民海岛开发建设,划定海岛保护区与海岛修复区,安排专项保护与修复资金,限期开展受损无居民海岛整治修复工作。若为工程项目造成的生态破坏,业主单位应当负责修复,修复不力的,由县级以上人民政府责令停止建设,并可以指定有关部门组织修复,修复费用由造成生态破坏的单位、个人承担。

对无居民海岛资源环境临界超载的海域,加强海岛监控与生态保护,严格限制海岛开发审批,除国家重大项目建设用岛、国防用岛和自然观光科研教育旅游外,禁止其他开发建设。

对无居民海岛资源环境不超载的海域,加强海岛生态环境保护,创新海岛开发模式,实现海岛与周边海域资源的可持续利用。

5. 重点开发用海区管控措施

对重点开发用海区超载的海域,依法依规禁止新上围填海项目。强化海域使用"双随机"抽查,对长期"批而未建、建而未用"的闲置海域,依法予以收回。对未达到功能级别的海域使用项目,实施"关停"制度。对于海域转换后生态功能的直接损失与所造成的周围海域生态功能的直接和间接损失进行合理估算,实施长期生态补偿措施。

对重点开发用海区临界超载的海域,原则上不再审批新增围填海项目。加强总量控制,严格管理围填海活动,加强总量控制和功能管控,实行围填海计划指标差别化管理,建立指标安排与上年度执行率、指标使用效率、产业导向、省级重点项目完成情况等内容挂钩的管理机制。

对重点开发用海区不超载的海域,严格按照《浙江省海洋功能区划(2011—2020 年)》,对海域使用实施分类管制,实行负面清单制度。结合浙江省海洋功能区划和浙江省海洋生态保护红线划定区域,对涉及管控要求的区域开展相适宜的资源开发利用和环境保护工作,优化用海效率。

6. 海洋渔业保障区管控措施

对海洋渔业保障区超载的海域,逐年降低近海捕捞和养殖总量限额,制定减船转产计划,定时限量压减海洋捕捞产能。实施更严格的禁渔休渔规定,增强渔业资源保护。建立海洋保护区、产卵场保护区、海洋牧场,增殖放流各类水生生物苗种,不断恢复渔业资源。

对海洋渔业保障区临界超载的海域,强化海洋渔业资源养护和栖息地保护,引导近岸海水养殖区向离岸深水区转移。全面建成信息化、智能化的渔船、渔民服务管理和智能监控系统。

对海洋渔业保障区不超载的海域,平衡海洋捕捞与资源保护,对海洋渔业资源进行可持续开发。

7.重要海洋生态功能区管控措施

对重要海洋生态功能区超载的海域,安排专项保护与修复资金,限期开展生态受损整治修复。实施更严格的陆源入海污染物总量控制规范,开展海洋环保专项执法行动,加强沿海地区污染整治,修复改善海洋生态环境。

对重要海洋生态功能区临界超载的海域,完善监测系统,严密监控植被覆盖和典型生境、珍稀濒危生物、特殊自然景观等重点保护对象的变化。及时排查变化原因,采取有力措施,防止情况进一步恶化,并采取一定的生态修复行动。

对重要海洋生态功能区不超载的海域,保护优先,适当开发,保证生态健康。

5.5.4 资源环境耗损管控措施

1.资源利用效率管控措施

土地资源利用效率管控措施。对土地资源利用效率变化趋差的地区,应积极引导用地主体增强在已有用地上的资金、技术、劳动等要素投入,合理提高单位建设用地上的土地投入强度,提高土地开发效益;加大政府人才引进力度,改善投资环境,提高企业用地门槛,加速产业转型升级,加快"腾笼换鸟",提高土地利用效率;编制实施负面清单,限制"投资少、占地大、产出低"的项目进入,严格落实工业建设项目土地投资强度和土地产出效率的设置。对土地资源利用效率变化趋良的地区,加强用地监管,强化土地管理,实现土地资源的可持续发展。

水资源利用效率管控措施。对水资源利用效率变化趋差的地区,新增项目采用更严格的用水标准,严控取水许可;对主要用水行业领域实施更严格的节水标准,对工矿企业实行产品定额用水管理,尽快减少工业生产耗水量;按照"定额用水、超额加价"的原则,引入经济调节手段,实行累进加价制度,推行阶梯式水价。对水资源利用效率变化趋良的地区,加强节水宣传,提高全社会节水意识。

2.污染物排放强度管控措施

水污染物排放强度管控措施。对水污染物排放强度变化趋差的地区,率先执行排放标准的特别排放限值,规定更加严格的污水排放许可要求;提高新建、改建、扩建项目化学需氧量和氨氮的排放标准;加快污水收集管网建设,推进城镇污水处理设施建设改造,提高污水处理厂排放标准。对水污染物排放强度变化趋良的地区,强化水环境应急管理措施,完善应急处置机制。

大气污染物排放强度管控措施。对大气污染物排放强度变化趋差的地区,率先执行排放标准的特别排放限值,规定更加严格的废气排放许可要求;提高新建、改建、扩建项目二氧化硫和氮氧化物的排放标准;加快调整能源结构,严格控制煤炭消费总量,实施更严格的煤炭消费控制政策;加快淘汰落后产能,分区域明确落后产能淘汰任务,重点推进去污染产能,对已建大气重污染企业实施搬迁改造。对大气污染物排放强度变化趋良的地区,强化大气环境应急管理措施,完善应急处置机制。

3. 生态质量管控措施

对生态质量变化趋差的地区,制定实施严格的森林保有量任务,原则上禁止征占用林地;加强公益林建设和天然林保护,开展非国有投资主体营造的公益林政府赎买和非国有公益林使用权政府租用的试点工作;实施退耕还林、开垦地造林等修复措施,科学发展沿海滩涂红树林,提高绿化造林任务量。对生态质量变化趋良的地区,提高林地利用效率,提升生态安全风险防范机制,完善森林火险预警监测系统,抓好以松材线虫病为重点的林业有害生物防控工作。

4. 海域/海岛开发效率管控措施

对海域/海岛开发效率变化趋差的海域,提高并严控新上海域/海岛利用项目审批标准,加强总量控制,提高海域/海岛利用效率;对长期"批而未建、建而未用"的闲置海域,依法予以收回;对未达到功能级别的海域使用项目,实施"关停"制度;对受损海域/海岛,应制定修复计划。对海域/海岛开发效率变化趋良的海域,将海域/海岛的开发与保护相结合,实行负面清单制度,优化用海效率。

5. 环境污染程度管控措施

对优良水质比例变化趋差的海域,大幅提高水质较差的入海河流断面水质考核要求,严格控制上游相关污染物入河量,控制新增入海排污口和向海排放的污水处理厂和新建、改建、扩建海洋(岸)工程建设项目;实施更严格的陆源入海污染物总量控制规范,深化船舶污染整治和海洋倾废监管,开展海洋环保专项执法行动,加强沿海地区污染整治,修复改善海洋环境。对优良水质比例变化不大或趋良的海域,编制海洋环境污染风险应急预案,增强公众海洋生态环保法治观念。

6. 生态灾害风险管控措施

对赤潮灾害频次变化趋差的海域,建立健全赤潮监控体系,及时发现,采取防范措施;严控入海营养盐含量,开展赤潮治理专项行动,确保入海排污口规范设置,营养盐排放总量符合标准,减缓或扭转海域富营养化。对赤潮灾害频次变化不大或趋良的海域,编制赤潮应急预案,建立应急体系。

第6章 风景名胜区资源环境承载能力研究——以杭州西湖风景名胜区为例

杭州西湖是中国唯一一个被纳入世界遗产名录的湖泊类文化遗产,长期以来备受游客青睐。众多的游客使西湖风景名胜区(西湖景区)资源、环境、交通等方面都面临巨大的"透支"压力,特别是在公众假期、节庆活动等景区压力高峰点。摸清西湖风景名胜区资源环境承载能力,对保持西湖文化遗产的真实性和完整性有较强的现实意义。

相较传统景区,西湖风景名胜区有其自身的特点:①不均衡性。西湖风景名胜区总面积达 59.04 平方公里,内部结构差异性较大。景点热门程度不一,苏堤景区、南线景区、新湖滨景区和花港观鱼游客往往最多。G20 峰会后,西湖音乐喷泉、武林广场喷泉等"杭城新景观"也集聚了大量游客。②空间开放性。西湖自古就是"三面云山一面城",随着杭州中心城区的扩大,完全嵌套于杭州主城区内部。与传统的封闭式景区相比,西湖景区没有圈定景区范围的围墙类建筑物,入口较多,且不收取门票,和主城区共享交通、餐饮等基础设施。

本章在构建旅游资源环境承载能力预警系统理论架构的基础上,建立西湖资源环境承载能力指标体系,识别主要承载压力特征和变化趋势,并依托手机信令数据,分析游客时空分布不均衡对景区资源环境承载能力的影响。针对西湖风景名胜区面临的资源环境超载问题,从短期应急管理对策和长效缓解机制两方面提出若干建议。

6.1 西湖风景名胜区资源环境承载能力监测预警方法研究

本节通过梳理国内外学者对景区资源环境承载能力和预警体系的研究,构建西湖风景名胜区资源环境承载能力预警系统的技术路线。明确指标构建与测度,根据"木桶原理",根据 4 大类指标中最短板确定超载、临界超载、不超载 3 种超载类型,最终形成超载类型划分方案,建立"状态-预警-响应"机制。由于西湖风景名胜区资源环境承载能力预警研究立足于世界遗产标准,最终服务于景区国土空间开发和景区保护与管理,除资源和环境承载可持续性评判外,游客活动、居民认知、服务能力在实践中也起到关键作用,因此,研究把游客心理承载力也纳入指标体系。

6.1.1 国内外研究综述

6.1.1.1 国外研究进展

比利时生物学家福雷斯特(Forest)于 1838 年最早将"承载力"的研究领域扩展至生态学,随后"承载力"又相继被应用于人口研究、环境保护、土地利用、移民等领域。拉佩芝(Lapage)于 1963 年首次提出了旅游容量的概念,详细阐述了区域旅游发展的自然生态容量规模,并建立解决热点旅游区资源环境承载能力与游客数量之间矛盾的理论基础[1]。20 世纪 70 年代,研究重心逐渐从自然生态容量[2,3]向社会心理容量转移[4]。在研究层面上,由早期的只关注空间容量或自然环境容量的研究,逐渐发展到关注经济、社会、心理、文化等多方面的研究。80 年代以后,对旅游环境容量的概念、分类、影响要素等方面理论进行了深入分析,由一般性讨论转向实证研究,出现许多有利于区域旅游可持续发展、合理规划和科学管理的方法措施,LAC(接受改变的极限)、VERP(游客体验与资源保护理论)、TOMM(游客组织管理模式)、ROS(游憩机会谱系)、VIM(游客影响管理)、VAMP(游客活动管理程序)等旅游环境承载力管理工具逐渐被国外学者应用到旅游实践中。进入 21 世纪以后,国外学者开始从技术进步的角度来动态化旅游环境容量,并侧重于旅游环境容量的量化研究,环境科学领域的驱动力-压力-状态-影响-响应(DPSIR)评价模型、经济学领域的生态足迹法和地理信息领域的 GIS 技术对指导旅游环境承载力的研究起到了积极的推动作用[5-8]。

6.1.1.2 国内研究进展

国内景区环境承载力的研究起源于对旅游环境容量的研究,关注"人"对旅游环境的影响。赵红红以苏州拙政园为研究对象,将旅游容量定义为一个景点、景区,乃至一座风景城市,在一定时间内所容纳的游客密度的上限[9]。刘振礼和金键将旅游环境容量称为"特定区域的旅游规模",较早对旅游容量进行理论探讨和量化测度尝试[10]。汪嘉熙对苏州园林景区容量问题做了研究,并通过典型调查确定了各园林景区每天最适游客数量[11]。保继刚等在探讨旅游容量的基础上,通过对颐和园的实例研究,分析了颐和园旅游环境容量问题的现状,并根据实测将颐和园的旅游环境容量分成 3 个组成部分,即饱和区、非饱和区和水面[12]。楚义芳对这一时期的国内旅游环境容量研究做了综述分析,认为旅游环境容量是一个概念体系,可以分为基本容量和非基本容量两大类,后者是前者在时间上的具体化和外延的结果[13]。

20 世纪 90 年代,景区环境承载力的理论基础研究较多,初步搭建了相关概念体系与指标体系,开始借鉴"木桶原理"寻找短板的方式确定景区承载量。崔凤军在旅游环境容量的基础上提出了旅游环境承载力的概念体系,并将其定义为:在某一旅游地环境的现存状态和结构组合不发生对当代人及未来人有害变化的前提下,在一定时期内旅游地所能承受的旅游强度[14]。研究认为旅游环境承载力是由环境生态承纳量、资源空间承载量、心理承载量、经济承载量 4 项组成,具有客观性、可量性、易变性、可控性、存在最适值与最大值等特性,同时又是旅游可持续发展的重要判据之一。胡炳清借鉴生态学理论提出了旅游环境容量的限制性因子和最低量定律,对旅游环境容量的测算方法进行了更深入的探讨,认为游憩承载力研究应当先分析限制因子,计算该限制影子决定的游憩承载力[15]。刘玲从旅游的 6 要素入手建立了旅游环境承载力的概念体系和指标体系[16]。

近年来,对景区环境承载力的研究更侧重于个案量化研究、量化方法的探讨和管理对策方面的研究,具体包括指标体系法、生态足迹法和计算机模拟法。其中,生态足迹法和计算机模拟法主要用于理论研究,有利于精确地对单项指标预警,但由于相关数据的可获得性较差、更新难度较大,对综合性预警作用有限;而指标体系法测算方式相对简单,数据可获得性相对较好,对政府决策类的预警有较大实践意义。指标体系法建立在系统论和可持续发展的目标之上,把全方位、多层次、不同侧面的研究结果有机地结合起来,最终给出景区(旅游地)整体的综合承载力结果,是一种采用统计方法、选择单项或多项指标来反映旅游区旅游环境承载能力现状和阈值的简捷方法。其统计分析方法主要有模糊综合评价法、主成分分析法、灰色关联评价法、状态空间法和物元分析法等。该方法目前应用比较广泛,主要以自然资源和基础设施为基础,进行定量分析,方法简单、直观。例如:钱丽萍等通过问卷调查、专家访谈等方式构建武夷山风景名胜区的旅游环境承载力指标体系,得出景区的限制因子为经济旅游环境承载力,并测算出景区适宜承载力和极限承载力[17]。米阳对什刹海景区旅游环境承载力进行了测算分析,并完善了开放型景区旅游环境承载力的理论与方法体系[18]。

承载力预警研究起步较晚,主要是对理论研究、指标体系研究和信息技术手段的探索。翁钢民界定了旅游景区环境承载力预警系统的内涵,建立了旅游环境承载力预警系统,阐述评价指标构成、权重确定方法、预测方法和警界确定方法[19]。樊杰在探讨承载能力预警指标体系选取原则的基础上,采用土地资源压力、水资源利用强度、环境胁迫程度、植被覆盖度变化作为基础指标,并开展资源利用效率和环境污染压力两方面的过程评价,构建县域尺度陆域和海域差异化预警指标体系和总体技术流程[20]。国家发改委联合12部委发布的《资源环境承载能力监测预警技术方法(试行)》(发改规划〔2016〕2043号)明确了县域层面的预警技术方法,并提出了成因解析和政策预研的思路。

6.1.1.3 综述小结

综上所述,随着国内外学者对景区环境承载力概念研究的不断深入,相关基础研究系统已经较为全面。其中,对承载力概念的探讨明确了游客是景区承载力分析的关键要素;旅游环境承载力的环境、资源空间、心理、经济等分类方式的划分对大的指标体系的构建提供了借鉴;仅有的一篇开放式景区指标体系的研究,对西湖风景名胜区指标修正起到积极作用。

预警体系的相关研究相对较少,但国土空间承载力评价方式中的基础评价方式、超载类型评价、过程评价、集成模式对构建本研究的综合集成构架有积极的指导作用;学者们对个案量化研究、量化方法的探讨为追因分析方法的选取提供了有益思路;新兴技术手段的应用对监测预警平台模式的搭建有一定借鉴意义。

6.1.2 研究思路

6.1.2.1 研究对象

研究对象西湖风景名胜区位于杭州市区西面,处于平原、丘陵、湖泊与江海相衔接的地带,三面环山、一面濒城,是一个开放式景区。研究范围包括环湖、北山、植物园、灵竺、钱江、五云、吴山、虎跑龙井、凤凰山等9大片区,总面积为59.04平方公里,其中湖面6.39平方公里。

6.1.2.2 技术路线

本节从生态环境承载力、资源空间承载力、设施服务承载力、综合心理承载力等角度研究构建西湖景区环境承载力指标体系。采用"木桶原理"从4大类指标的最短板出发,确定超载、临界超载、不超载3种超载类型,最终形成超载类型划分方案,评价其超载类型。其中,指标中任意1个超载或2个以上临界超载,确定为超载类型;任意1个临界超载确定为临界超载,其余为不超载。具体技术路线见图6-1。

结合资源利用效率变化、污染物排放强度变化、生态质量变化3类过程指标,确定红色预警、橙色预警、黄色预警、蓝色预警和绿色无预警等 5 类预警类型。充分考虑游客量对旅游资源的影响,以景区热度变化指标表征资源利用效率变化;对景区环境保护提出更高水平的要求,污染物浓度变化指标包括水污染物浓度(化学需氧量、氨氮)和大气污染物浓度(二氧化硫、氮氧化物)2 项指标。以森林覆盖率变化表征景区生态质量变化。

最后,通过成因分析,追因剖析其具体成因,并从自然禀赋条件、经济社会发展、资源环境管理等维度研究预警调控方案和管理对策,构建"状态-预警-响应"机制。

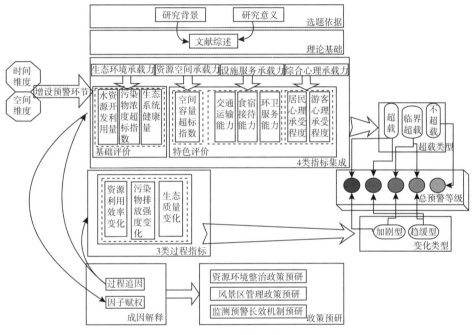

图 6-1 技术路线

6.1.2.3 拟解决的关键问题

(1)预警指标的选取和集成。对西湖风景名胜区资源环境承载能力监测预警研究,主要面向政府决策,既要考虑实际监测评价的可行性,又要考虑评价预警对接的可能性,因此,选用了方法相对简单、综合性较强、操作性较强、决策服务功能较强的指标体系法对西湖风景名胜区资源环境现状进行评价。在《技术方法(试行)》环境生态承载力指标基础评价的基础上,筛选游客量为特色指标,增设资源空间、综合心理和基础设施,确定相关阈值,集成评价游客量超标的综合结果。

（2）西湖风景名胜区时空差异性分析。考虑到游客在空间分布上的不均衡性，寻找热点区域，综合考虑免费热门景点的游客容量，划定单独设立游客量预警评价的核心景点；考虑水域和陆域的不同属性，在交通评价过程中对水域交通承载力和陆域交通承载力进行分项评价；考虑到游客在时间分布上的不均衡性，关注黄金周、节庆活动、寒暑假等游客量激增情况，增设预警环节。重点解决时空维度的差异性和预警系统的结合方式。

（3）过程指标的选取和调整。在《技术方法（试行）》生态质量变化的基础上，增设景区热度变化指标。手机信令具备数据量大，涵盖个体样本时空信息，又不含个人属性的特征，在人流预警与跟踪识别方面，具有较强的现实意义。因此，为减小传统游客人次（按一定统计方式估计）的数据偏差，预警采用新兴的手机信令采集的游客量（瞬时游客量）为现状数据。解决两者的衔接问题是西湖风景名胜区承载力评价的又一关键性问题。

（4）"状态-预警-响应"机制的构建。按《技术方法（试行）》确定预警等级。采用追因分析，识别评价超载的关键因素及其作用程度，识别和定量评价超载的关键因素及其作用程度，采用过程追因剖析其具体成因，并从自然禀赋条件、经济社会发展、资源环境管理等维度研究预警调控方案和管理对策，缓解时间、空间的分布不均，以及各分量承载力之间的不平衡，推进西湖风景名胜区可持续发展。探索互联网、移动终端与相关数据库构建方式，加强"状态-预警-响应"各个模块的衔接，及时输出调控方案，方便追因分析和政策研读，重点服务于景区监测、国土空间开发和日常管理，旨在提出对实践工作起积极作用的政策建议。

6.1.3 指标构建与测度

6.1.3.1 生态环境承载力

生态环境承载力（EEBC）主要指以自然为基础的旅游区容纳旅游活动量的限定值，在这个限定值内，旅游区的自然生态环境不至于退化恶化，并能维系良好的生态系统功能，是一定地域空间可以承载的最大的环境污染排放量及可以提供的生态系统服务能力。借鉴《技术方法（试行）》对环境和生态进行基础评价。其中，环境评价主要表征区域环境系统对经济社会活动产生的各类污染物的承受与自净能力，生态评价主要表征社会活动压力下生态系统的健康状况。

1. 环境评价

• 污染物浓度综合超标指数

污染物浓度综合超标指数由大气污染物和水污染物浓度超标指数构成。在

分项测算的基础上,集成评价形成污染物浓度超标指数的综合结果。计算公式如下:

$$R_j = \max(R_{气j}, R_{水j})$$

式中,R_j 为区域 j 的污染物浓度综合超标指数,$R_{气j}$ 为区域 j 的大气污染物浓度综合超标指数,$R_{水j}$ 为区域 j 的水污染物浓度综合超标指数。

• 大气污染物浓度超标指数

单项大气污染物浓度超标指数以各项污染物的标准限值表征环境系统所能承受的人类各种社会经济活动的阈值[限值采用《环境空气质量标准》(GB 3095—2012)中规定的各类大气污染物浓度限值二级标准]。计算公式如下:

$$R_{气ij} = \frac{C_{ij}}{S_i} - 1$$

$$R_{气j} = \max(R_{气ij})$$

式中,$R_{气ij}$ 为区域 j 内第 i 项大气污染物浓度超标指数,C_{ij} 为年均浓度监测值(其中,CO 为 24 小时平均浓度第 95 百分位,O_3 为日最大 8 小时平均浓度第 90 百分位)。S_i 为该污染物浓度的二级标准限值。$i=1,2,\cdots,6$,分别对应 SO_2、NO_2、PM_{10}、CO、O_3、$PM_{2.5}$。

• 水污染物浓度超标指数

单项水污染物浓度超标指数以各控制断面主要污染物年均浓度与该项污染物一定水质目标下水质标准限值的差值作为水污染物超标量。标准限值采用《浙江省水功能区水环境功能区划分方案修编工作实施办法》中 2020 年各控制单元水环境功能分区目标中确定的各类水污染物浓度的水质标准限值。计算公式如下:

$$当 i=1 时, R_{水ijk} = 1/(\frac{C_{ijk}}{S_{ik}}) - 1$$

$$当 i=2,3,\cdots,6 时, R_{水ijk} = \frac{C_{ijk}}{S_{ik}} - 1$$

$$R_{水ij} = \sum_{k=1}^{N_j} \frac{R_{水ijk}}{N_j}, i=1,2,\cdots,5$$

$$R_{水j} = \sum_{k=1}^{N_j} \frac{R_{水jk}}{N_j}$$

$$R_{水jk} = \max_i(R_{水ijk})$$

式中,$R_{水ijk}$ 为区域 j 第 k 个断面第 i 项水污染浓度超标指数,$R_{水ij}$ 为区域 j 第 i 项水污染物浓度超标指数,$R_{水jk}$ 为区域 j 第 k 个断面的水污染物浓度超标指数,

C_{jik} 为区域 j 第 k 个断面第 i 项水污染物的年均浓度监测值，S_{ik} 为第 k 个断面第 i 项水污染物的水质标准限值。$i=1,2,\cdots,6$，分别对应 DO、COD_{Mn}、BOD、NH_3-N、TP。k 为某一断面，$i=1,2,\cdots,N_j$ 表示区域 j 内控制断面个数。

- 阈值划分

根据污染物浓度的综合超标指数，将评价结果划分为污染物浓度超标、接近超标和未超标 3 种类型。污染物浓度超标指数越小，表明区域环境系统对社会经济系统的支撑能力越强。当 $R_j>0$ 时，污染物浓度处于超标状态；当 R_j 介于 $-0.1\sim0$ 时，污染物浓度处于接近超标状态；$R_j<-0.1$ 时，污染物浓度处于未超标状态。

2. 生态评价

- 生态系统健康度

生态系统健康度由区域内已发生生态退化的土地面积比例及程度反映，通过发生中度及以上水土流失、土地沙化、盐渍化和土地石漠化面积表征。西湖风景名胜区主要的土地退化类型为水土流失。计算公式如下：

$$H = A_d / A_t$$

式中，H 为生态系统健康度，A_d 为中度及以上退化土地面积，包括中度及以上的水土流失、土地沙化、盐渍化和土地石漠化面积；A_t 为评价区的土地面积。

- 阈值划分

根据生态系统健康度，将评价结果划分为生态系统健康度低、健康度中等和健康度高 3 种类型。生态系统健康度越低，表明生态系统退化状况严重。当 $H>10\%$ 时，生态系统健康度低；当 H 介于 $7\%\sim10\%$ 时，生态系统健康度中等；$H<7\%$ 时，生态系统健康度高。

6.1.3.2 资源空间承载力

资源空间承载力（REBC）在传统意义的旅游环境容量的基础上，设定超标指数进行评价。通过对比实际游客量，更全面地对空间容量进行评价，本空间容量超标指数既可以作为对瞬时空间容量的评判，也可以作为对日空间容量、年空间容量的评判。

- 空间容量超标指数

空间容量超标指数反映景区实际游客量的超标情况，阈值以区域空间容量为表征。计算公式如下：

$$R_{pi} = \frac{P_i}{D_i} - 1$$

式中,$R_{\mathrm{p}i}$ 为区域 i 的空间容量超标指数,D_i 为区域 i 的空间容量,P_i 为区域 i 的游客量。

空间容量指由于游客对旅游资源具有的欣赏空间、时间占有的要求而形成的某一时间段内(如一天)的游客承载数量,是一定地域空间可以承载的最大土地资源游客密度。主流计算模型有总量模型和流量流速模型两种。其中,总量模型适用于面状或均质空间的景区或景点;流量流速模型则适用于游览线的游客容量测算。由于西湖风景名胜区子景点较多,同时具有整体开放式的特点,因此采用总量模型较为适宜,具体包括瞬时空间容量、日空间容量、年空间容量。计算公式如下:

$$D_{\mathrm{m}i} = \sum_{i=1}^{n} \frac{S_i}{S_{ki}}$$
$$D_{\mathrm{d}i} = D_{\mathrm{m}i} \times R_i$$
$$R_i = T_i / t_i$$
$$D_{yi} = D_{\mathrm{m}i} \times 365$$

式中,D_{m} 为区域 i 瞬时空间容量,S_i 为区域 i 可供浏览使用面积,S_{ki} 为区域 i 游客人均使用标准(平方米/人),$D_{\mathrm{d}i}$ 为区域 i 日空间容量,R_i 为区域 i 循环系数,T_i 为区域 i 每日开放时间,t_i 为区域 i 平均浏览时间,D_{yi} 为区域 i 年空间容量。

• 阈值划分

根据空间容量超标指数,将评价结果划分为游览空间超载、游览空间临界超载和游览空间可载 3 种类型。空间容量超标指数越小,表明景区空间承载力越强。当 $R_{\mathrm{p}i} < -0.2$ 时,游览空间可载;当 $R_{\mathrm{p}i}$ 介于 $-0.2 \sim 0$ 时,游览空间临界超载;$R_{\mathrm{p}i} > 0$ 时,游览空间超载。

6.1.3.3 设施服务承载力

设施服务承载力(SEBC)主要是基础设施和支持性产业的承载力,包括交通、水电、食物、床位、环卫等诸方面的供给量能服务的游客数量。一般来说,只要旅游资源丰富并具有吸引力,旅游需求充足,发展旅游业获益就较大,旅游设施、相关基础设施及支持性产业皆能较快地满足游客的要求。各因子中,一般来说,水、电供应能力目前不构成影响景区接待游客的主要制约因素;主副食品的供应对于背靠杭州主城区的西湖,也不构成制约景区环境承载力的主要因素。在景区内,床位数量、交通设施和道路条件常常成为制约其接待能力的主要因素。与此同时,随着游客量的日益增大、环境保护的日益重视,我们把环卫服务能力也纳入重点考察指标。

1. 交通评价

• 综合交通承载力指数

综合交通承载力指数由陆域和水域交通承载力指数构成。在分项测算的基础上,集成评价形成其结果。计算公式如下:

$$S_t = \max(S_g, S_w)$$

式中,S_t 为综合交通承载力指数,S_g 为陆域交通承载力指数,S_w 为水域交通承载力指数。

• 陆域交通承载力

本研究的陆域交通对象主要为景区范围内的交通,相关研究对交通的考虑主要包括停车场和相关交通工具。已有研究表明,景区相匹配的停车场的标准为 4~5 平方米/床、0.15 辆/床[21]。但西湖作为开放式景区,有一定特殊性:一方面,主城区其他停车场为景区停车提供了有效支撑,部分游客再通过其他方式到达西湖风景名胜区,能有效节约时间和成本;另一方面,景区内部停车场规模和车流量存在正相关关系,停车场规模的控制逻辑上对减少客流量和车流量能发挥作用。因此,陆域交通承载力主要考虑各交通方式的承载能力。计算公式如下:

$$S_g = \frac{1/D_g}{1/E_g}$$

式中,S_g 为陆域交通承载力,D_g 为陆上交通的实际运送速度,E_g 为陆上交通的标准运送速度。

• 水域交通承载力

从供给-需求角度分析水域交通承载力,计算公式如下:

$$S_w = \frac{D_w}{E_w}$$

式中,S_w 为水域交通承载力,D_w 为水域实际运输人次,E_w 为水域最大运输能力。

• 阈值划分

根据交通接待能力,将评价结果划分为接待能力不足、接待能力稳定和接待能力较强 3 种类型。综合交通承载力指数越小,表明景区交通承载力越强。当 $S_t < 0.9$ 时,交通承载能力较强;当 S_t 介于 0.9~1 时,交通承载能力中等;$S_t > 1$ 时,交通承载能力较弱。

2. 住宿评价

• 住宿接待能力

从供给-需求角度分析景区内部住宿接待能力,计算公式如下:

$$S_b = D_b / E_b$$

式中,S_b为区域住宿接待能力,D_b为区域内实际出租床位夜数,E_b为区域内可供出租床位夜数。

• 阈值划分

根据住宿接待能力,将评价结果划分为接待能力不足、接待能力稳定和接待能力较强 3 种类型。空间容量超标指数越小,表明景区空间承载力越强。考虑到景区有一定的淡旺季之分,设定当 $S_b < 80\%$ 时,接待能力较强;当 S_b 介于 $80\% \sim 90\%$ 时,接待能力稳定;$S_b > 90\%$ 时,接待能力不足。

3. 服务评价

• 垃圾清运处理超载率

从供需关系分析景区内垃圾清运处理能力,计算公式如下:

$$S_s = \frac{D_s}{E_s} - 1$$

式中,S_s为区域垃圾清运处理超载率,D_s为区域内实际垃圾清运处理量,E_s为区域内可承载的最大垃圾清运处理量。

• 阈值划分

根据区域垃圾清运处理超载率指数,将评价结果划分为垃圾清运处理超载、垃圾清运处理临界超载和垃圾清运处理可载 3 种类型。垃圾清运处理超标指数越小,表明景区空间承载力越强。当 $S_s < -0.2$ 时,垃圾清运处理可载;当 S_s 介于 $-0.2 \sim 0$ 时,垃圾清运处理临界超载;$S_s > 0$ 时,垃圾清运处理超载。

6.1.3.4 综合心理承载力

旅游综合心理承载力(PEBC)应包括旅游目的地居民心理承载力和游客心理承载力。本研究主要运用文献参考法,通过借鉴前人的研究成果,将其作为参照值,与西湖风景名胜区实际进行对比。

• 综合心理承载力超标指数

综合心理承载力超标指数由游客心理和居民心理承载力超标指数构成。在分项测算的基础上,集成评价形成其结果。计算公式如下:

$$R_p = \max(R_v, R_r)$$

式中,R_p为区域综合心理超载率,R_v为区域游客心理承载力超标指数,R_r为区域居民心理超载率。

• 游客心理超载率

该指标表征在不影响感受质量、不破坏旅游兴致的情况下,游客在旅游时所能忍受的拥挤程度。计算公式如下:

$$R_v = \frac{P_v}{A_v} - 1$$

式中,R_v 为区域游客心理超载率,P_v 为区域内实际游客容纳量,A_v 为区域内游客心理可承受的最大容量。

• 居民心理超载率

居民从心理感知上所能接受的游客数量,主要来源于由此引起的交通拥挤、物价上涨过快、商品供给不足、社会治安不稳、环境污染(主要是噪声、固体废弃物污染)、对城市基础设施的冲击过强、资源占用过多(如水资源、电力资源、生存空间等)等。计算公式如下:

$$R_r = \frac{P_r}{A_r} - 1$$

式中,R_r 为区域居民心理超载率,P_r 为区域内实际游客容纳量,A_r 为区域内居民心理可承受的最大游客量。

• 阈值划分

根据综合心理承载力超载率,将评价结果划分为综合心理超载、综合心理临界超载和综合心理可载 3 种类型。综合心理超载率指数越小,表明景区综合心理承载力越强。当 $R_r < -0.2$ 时,综合心理可载;当 R_r 介于 $-0.2 \sim 0$ 时,综合心理临界超载;$R_r > 0$ 时,综合心理超载。

6.2 西湖风景名胜区资源环境承载能力评价和预警等级

本节对 2015 年西湖风景名胜区资源环境承载能力进行评价,并确定了预警等级。在维度方面,由于游客在时空分布上的不均衡性,评价结果考虑了西湖风景名胜区总体评价和基于热点地区评价 2 种结果,在资源空间承载力方面考虑了基于日容量和基于年容量 2 种情况。在数据方面,不仅使用了环境监测数据、统计数据,而且使用了移动手机信令数据,实时流量可以精准到 5 分钟甚至更短。该手段优点在于可以分清游客的来源地,剔除一直停留在景区的管理人员和原住居民;缺点则在于移动微机站只有 67% 的市场占有率,而电信联通都是宏机站,无法进行测量,只能通过推算。

6.2.1 超载类型划分

6.2.1.1 生态环境承载力评价结果

• 污染物浓度综合超标指数

(1)大气污染物浓度超标指数。西湖风景名胜区有卧龙桥、云栖 2 个国控监测点。比照大气污染物浓度限值二级标准,2015 年西湖风景名胜区 SO_2 超标指数 -0.80(不超标)、NO_2 超标指数 -0.15(临界超标)、PM_{10} 超标指数 0.01(超标)、CO 超标指数 -0.79(不超标)、O_3 超标指数 -0.45(不超标)、$PM_{2.5}$ 超标指数 0.39(超标)。因此,综合大气污染物浓度超标指数为 0.39(>0),污染物浓度处于超标状态(表 6-1)。

表 6-1 西湖风景名胜区大气污染物浓度超标指数

污染物	相关指标	卧龙桥	云栖	均值	$R_{气 j}$
SO_2	监测指标浓度(微克/立方米)	11	13	12	
	二级标准(微克/立方米)	60	60	60	
	$R_{气 ij}$	-0.82	-0.78	-0.80	
NO_2	监测指标浓度(微克/立方米)	33	35	34	
	二级标准(微克/立方米)	40	40	40	
	$R_{气 ij}$	-0.18	-0.13	-0.15	
PM_{10}	监测指标浓度(微克/立方米)	71	70	70.5	
	二级标准(微克/立方米)	70	70	70	
	$R_{气 ij}$	0.01	0.00	0.01	
CO	监测指标浓度(微克/立方米)	0.9	0.8	0.85	0.39
	二级标准(微克/立方米)	4	4	4	
	$R_{气 ij}$	-0.78	-0.80	-0.79	
O_3	监测指标浓度(微克/立方米)	88	88	88	
	二级标准(微克/立方米)	160	160	160	
	$R_{气 ij}$	-0.45	-0.45	-0.45	
$PM_{2.5}$	监测指标浓度(微克/立方米)	52	45	48.5	
	二级标准(微克/立方米)	35	35	35	
	$R_{气 ij}$	0.49	0.29	0.39	

(2)水污染物浓度超标指数。西湖风景名胜区省级水质断面有 4 个,分别为西里湖北、湖心、少年宫和小南湖。根据《浙江省水功能区水环境功能区划分方案》,西湖属于太湖流域、杭嘉湖平原河网,水环境功能分区为景观娱乐用水区,目标水质为Ⅳ类。根据生态环境局(原环保局)获取的数据,2015 年西湖风景名胜区 DO 超标指数－0.65(不超标)、COD 超标指数－0.93(不超标)、BOD 超标指数－0.73(不超标)、NH_3-N 超标指数－0.87(不超标)、TP 超标指数－0.67(不超标)。因此,综合水污染物浓度超标指数为－0.65($<$0),污染物浓度处于不超标(表 6-2)。

表 6-2　西湖风景名胜区水污染物浓度超标指数

污染物	相关指标	西里湖北	湖心	少年宫	小南湖	均值	$R_{水j}$
DO	监测指标浓度(微克/立方米)	8.39	8.92	8.58	8.82	8.68	
	Ⅳ类目标水质(微克/立方米)	3	3	3	3	3	
	$R_{水ijk}$	－0.64	－0.66	－0.65	－0.66	－0.65	
COD	监测指标浓度(微克/立方米)	1.76	2.54	2.58	1.58	2.12	
	Ⅳ类目标水质(微克/立方米)	30	30	30	30	30	
	$R_{水ijk}$	－0.94	－0.92	－0.91	－0.95	－0.93	
BOD	监测指标浓度(微克/立方米)	1.34	1.9	2	1.26	1.63	
	Ⅳ类目标水质(微克/立方米)	6	6	6	6	6	－0.65
	$R_{水ijk}$	－0.78	－0.68	－0.67	－0.79	－0.73	
NH_3-N	监测指标浓度(微克/立方米)	0.19	0.18	0.18	0.24	0.20	
	Ⅳ类目标水质(微克/立方米)	1.5	1.5	1.5	1.5	1.5	
	$R_{水ijk}$	－0.87	－0.88	－0.88	－0.84	－0.87	
TP	监测指标浓度(微克/立方米)	0.03	0.04	0.04	0.03	0.03	
	Ⅳ类目标水质(微克/立方米)	0.1	0.1	0.1	0.1	0.1	
	$R_{水ijk}$	－0.73	－0.60	－0.60	－0.73	－0.67	

综上,西湖风景名胜区浓度综合超标指数 R_j 为 0.39($>$0)时,污染物浓度处于超标状态。

• 生态系统健康度

西湖风景名胜区内不存在中度及以上水土流失、土地沙化、盐渍化和土地石漠化区域,因此,中度及以上退化土地面积 $A_d=0$,生态系统健康度指标 $H=0$($<$7%),生态系统健康度高。

6.2.1.2 资源空间承载力评价结果

• 游客人均使用标准

游客人均使用标准的确定是合理计算资源空间承载力的关键,由于国情差异,美国、日本等国家的标准差异性较为明显,这里参考国内学者的研究成果。赵黎明在《旅游景区管理学》中古典园林景区 20 平方米/人的标准、城市自然风景公园 60 平方米/人的标准[22];《景区最大承载量核定导则》(LB/T 034—2014)中古典园林景区颐和园 60 平方米/人的标准、古街区类景区周村古商城核心景区 2～5 平方米/人的标准;张文静《自然保护区生态旅游开发研究》基本型单位面积 5 平方米/人、一般型单位面积 20 平方米/人、宽松型单位面积 100 平方米/人的标准[23]。环湖景区包含整个西湖湖面、三堤三岛、宋代西湖十景的 9 大景区,参考古典园林景区平均值,确定 40 平方米/人的游客人均使用标准;吴山景区与杭州主城嵌套较为紧密,河坊街景群按古街区类景区,确定 5 平方米/人的游客人均使用标准,其他区域按城市自然风景公园,确定 60 平方米/人的游客人均使用标准;北山景区、植物园景区、钱江景区等 6 个片区,属于西湖三面环山部分,以游憩为主,按宽松型景区 100 平方米/人的游客人均使用标准。

• 空间容量

瞬时空间容量。根据西湖风景名胜区 9 大景区的控制性详规,西湖风景名胜区可游览面积为 21.16 平方公里,瞬时容量 D_{mi} 为 279688 人(表 6-3)。

表 6-3 景区瞬时容量

序号	景区名称	可游览面积(平方米)	人均指标(平方米/人)	瞬时容量(人)
1	环湖景区	3380877	40	84522
2	北山景区	1461200	100	14612
3	植物园景区	1303000	100	13030
4	吴山景区	405600	45.14	21427
4.1	其中:河坊街景群	80000	3.5	
4.2	其他区域	325600	60	
5	凤凰山景区	3741200	100	37412
6	虎跑龙井景区	9010000	100	90100
7	钱江景区	448000	100	4480
8	五云景区	550500	100	5505
9	灵竺景区	860000	100	8600
	合计	21160377		279688

（1）循环系数。根据西湖风景名胜区游客行为统计分析平台中手机信令数据，分析游客逗留时间（图 6-2），可知 2015 年全年逗留 2 小时的游客量最多，占13.8%；其次是逗留 3 小时的游客量，占 10.4%；第三是逗留 4 小时的游客量，占 9.5%（图 6-2），通过加权平均平均逗留时间为 3.6 小时，这也与西湖节假日平均逗留时间相同（表 6-4），以此作为西湖风景名胜区平均浏览时间。西湖各景点开放时间不尽相同，开放式区域 24 小时全天开放，而开放时间较少的西泠印社一天仅开放 8.5 小时，动物园、南屏晚钟还有淡旺季的区分，本研究按照携程网西湖热门景点（前 100 名杭州热门景点中筛选）中最为普遍的开放时长——18小时，作为每日开放时间计算，得到西湖风景名胜区循环系数 R_i 为 5。

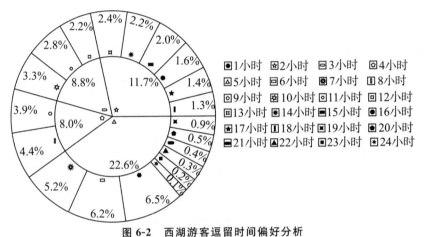

图 6-2　西湖游客逗留时间偏好分析

表 6-4　西湖节假日游客逗留时间　　　　　　　　（单位：小时）

年份	元旦	春节	清明节	劳动节	端午节	中秋节	国庆节	平均值
2015	4.21	3.88	3.52	3.58	3.41	3.34	3.35	3.61
2016	3.07	3.14	4.26	3.29	4.58	4.13	3.95	3.77

数据来源：西湖风景名胜区游客行为统计分析平台。

（2）日空间容量。按瞬时空间容量 D_{mi} 为 279688 人，区循环系数 R_i 为 5 计算，西湖风景名胜区日空间容量 D_{di} 为 1398438 人。

（3）年空间容量。按日空间容量 D_{di} 为 1398438 人，按一年 365 天计算，西湖风景名胜区年空间容量 D_{yi} 为 510429855 人。

• 空间容量超标指数

（1）各类容量利弊和验证。由于日空间容量是理论上最为理想的状态，景点每个时段的人员处于饱和，每天的游客保持基本相等，而实际情况是多变的，因此,瞬时空间容量的预警意义要高于日空间容量,更高于年空间容量。同时,从数据统计推算的难度看,瞬时空间容量也大于日空间容量,更大于年空间容量。传统的人次统计方法,只能依靠人工点数加外推的方式,即便是新兴的手机信令方式,也是基于移动数据的一个外推值,不能保证小区域的估算准确度。因此,研究的关键是用不同方法验证空间容量超标指数。

(2)基于年/日空间容量的超标指数。①传统统计方法下的超标指数。景区传统客流量的统计主要针对收费景点。对于免费景点,以抽样统计为主,同时游客每到一处景点分别统计一人次,从而存在重复计算,如一游客同时前往花港观鱼、岳庙、三潭印月、断桥,客流量统计为 4 人次。2015 年,西湖风景名胜区游客量为 2726.15 万人次。由于年空间容量也考虑了循环系数问题,两者可以直接进行对比,空间容量超标指数 $R_{游}$ 为 -0.9466(<-0.2),游览空间可载。②手机信令模式下的超标指数。手机信令数据来源于园文局信息中心,由于其营销目的,主要功能在于识别客户群,便于精准营销。因此,在计算时存在对相同数据的剔除。例如,某人连续 5 天在景区范围内出现将被剔除。此处采用日平均客流量减少该部分的损失。相比传统统计方法,该方法会增加过境人群和景区管理人员的数据。因考虑到该部分人群同样会从交通、空间密度等多方面影响景区承载力,所以认定其参与计算是合适的。2015 年,西湖风景名胜区日均游客量为 288081 人,空间容量超标指数 $R_{游i}$ 为 -0.7940(<-0.2),游览空间可载。当采用最大日均游客量 288081 人时,空间容量超标指数 $R_{游i}$ 为 -0.4117(<-0.2),游览空间依然可载。

(3)基于瞬时空间容量的超标指数。以日游客量达 822639 人的 2015 年日客流量最高峰(5 月 1 日)作为参照。该天下午 3 点游客量达到最高峰,为减小移动端不稳定性造成的影响,取 1 小时实时分析结果(图 6-3),景区客流量 226261 人,空间容量超标指数 $R_{游}$ 为 -0.1910(<-0.2),游览空间临界超载。

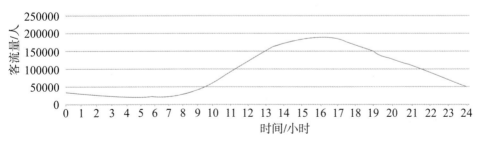

图 6-3 2015 年 5 月 1 日西湖风景名胜区日客流量最高峰实时分析

• 高峰期热点景区案例分析

西湖断桥位于杭州北里湖和外西湖的分水点上，一端跨着北山路，另一端接通白堤，在西湖古今诸多大小桥梁中，它的名气最大，是西湖十景之一，游客量较大，以此作为案例对断桥进行单独分析。

（1）空间容量。断桥可游览区域按长 110 米、宽 8 米计，则可游览面积为 968 平方米，按文物古迹类景区八达岭长城 1.0～1.1 平方米/人为标准，断桥能容纳的最大瞬时容量为 968 人。按携程网断桥浏览时间的推荐时长 10～20 分钟计算，按较短的 10 分钟计算，一天以 18 小时为有效参观时间，则循环系数为 108 次，可承载的最大日容量为 104544 人，最大年容量为 38158560 人。

（2）总体超标情况。主要通过年/日空间容量的超标指数进行分析。2015 年，断桥日均游客量为 29359 人，空间容量超标指数 $R_{游i}$ 为 -0.7191（<-0.2），游览空间可载；当采用最大日均游客量 149012 人时，空间容量超标指数 $R_{游i}$ 为 0.4254（>0），游览空间超载。根据西湖风景名胜区游客行为统计分析平台数据，全年有 3 天（5 月 1 日，10 月 2 日和 10 月 3 日）空间超载，2 天（9 月 27 日和 10 月 4 日）临界超载（图 6-4）。

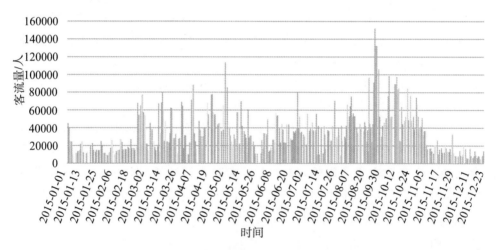

图 6-4　2015 年西湖风景名胜区日客流量统计分析

（3）黄金周超标情况。主要通过瞬时空间容量的超标指数进行分析。以 2015 年断桥人数最多的黄金周为例，分析瞬时空间超标情况，考虑到断桥本身可浏览时间较短，按 5 分钟实时客流量进行分析。通过整理发现，黄金周断桥超载严重，每天 9～20 点成为超载的高峰时段，从 8 点起进入临界超载，到 22 点后才能退出临界超载范畴，最严重的超载时间长达 12 小时，平均超标时间达 7 小时 51 分钟(表 6-5)。可见,虽然西湖风景名胜区整体空间可载,但热点时间热点区域超标情况较为普遍;瞬时承载力从临界超载到超载,到临界超载,在时间上具有连续性,这为预警和调控提供了可能性。

表 6-5 黄金周超标时间段分析

时间段	临界超载	超载
10 月 1 日	10:10—10:40;19:05—19:55	10:40—19:05
10 月 2 日	8:15—8:40; 20:35—21:50	8:40—20:35
10 月 3 日	8:10—8:40;9:55—21:40	8:40—20:00
10 月 4 日	8:30—8:45; 17:50—18:30	8:45—17:50
10 月 5 日	9:40—10:00;17:25—17:45	10:00—17:25
10 月 6 日	9:50—10:25;16:25—17:20	10:25—16:25
10 月 7 日	—	—

6.2.1.3 设施服务承载力评价结果

• 陆域交通承载力

西湖风景名胜区内陆域交通工具主要有旅游大巴、公交车、出租车、私家车、自行车、电瓶车、景区观光车,具体特征见表 6-6。

表 6-6 西湖风景名胜区主要交通方式分类特征

交通工具	流动性	功能特征	载客规模
旅游大巴	小	到达型交通	大
公交车	大	过境型交通,少量参与内循环	大
出租车	大	过境型	小
私家车	大	过境型和到达型交通交织,一级二级道路过境功能较强	小
两轮车(自行车、电瓶车)	大	过境型交通为主,点对点流动	小
景区观光车	小	小范围内循环	大

其中,第一类旅游大巴,流动性小,其特点是到后停车,承载的关键是泊位得到满足。目前,环湖区域内拥有赤山埠、三台山、万松岭、雷峰塔和曲院风荷 5 个旅游大巴停车场,共计 272 个泊位。第二类公交车,流动性较大,载客量也较高,过境功能较强,仅有少量参与内循环,无停车压力。第三类出租车,流动性大,对景区造成的瞬时交通压力较大,无停车压力。第四类私家车,成分较为复杂,使用者既包括部分景区游玩、上班的人群,也包括优步、滴滴等经营性用途的人群,

既有入境人群,也有过境人群,特别在一级二级道路过境功能较强,造成的交通压力大。第五类两轮车,流动性大,两轮车占地较小、灵活机动,一部分过境车辆会加大瞬时交通流量,另一部分租赁车辆存在还借难的问题。第六类景区观光车,仅在飞来峰等一小部分景点内经营,载客规模较大,旅游功能性显著。

在几大类交通方式中,两轮车较为灵活,不具有代表性;景区观光车与主要交通道路不存在冲突。本研究从数据可得性角度出发,以公交集团调研收集的车速作为陆域交通承载力的评价方式(表 6-7)。公交集团划定的景区公交车总共有 9 条线路,24 条过境线路。在景区 9 条公交线路中,31 路景区外的路线较长,7 路和 Y2 路受景区外城站火车站影响较大。因此,仅将 27 路、Y10 路、4 路、51 路、52 路和 103 路作为考察对象。国际上车速标准警戒线为 20 公里/小时,考虑到公交车靠站停车,需要重新加速,因而本研究将标准定在 15 公里/小时。根据分项评价结果,景区日常陆域交通承载力 $S_{g日常}=0.96$(处于 0.9~1),属于临界超载;而节假日陆域交通承载力 $S_{g节假日}=1.29$(>0.9),属于超载。

表 6-7 西湖风景名胜区陆域交通承载力评价结果

线路	起讫点	日常			节假日		
		速度(公里/小时)	S_g	结果	速度(公里/小时)	S_g	结果
27	岳王路—茶博龙井馆区	18.34	0.82	可载	11.67	1.29	超载
Y10	浙江博物馆—动物园	17.47	0.86	可载	15.38	0.98	临界超载
4	龙翔桥—方家畈	16.87	0.89	可载	13.57	1.11	超载
51	吴山公交站—吴山公交站(环湖线)	15.62	0.96	临界超载	12.94	1.16	超载
52	黄龙旅游集散中心—黄龙旅游集散中心(环湖线)	16.95	0.88	可载	13.69	1.10	超载
103	岳王路—九溪	22.16	0.68	可载	15.29	0.98	临界超载

• 水域交通承载力

西湖风景名胜区共拥有 11 个游船码头,由杭州市西湖游船有限公司经营,包括画舫、休闲船、大型游艇、自划船、游览船等多种水域交通方式。目前西湖风景名胜区水域交通(表 6-8)主要服务于上岛游,其登岛门票包含往返码头的游船票,游览三潭印月岛(小瀛洲)后可选择湖滨、中山、岳坟、花港其中一处上岸。该游船航线在一般情况下每 20 分钟发船一班、人满提前发船,在客流量较大时,减缓售票以控制登岛人数。根据"木桶原理"找短板的思路,通过三潭印月售票情况倒推当日游船人次,以客流量最大时段水面运输人次确定实际水上运输人次。

表 6-8　西湖水面交通方式

序号	码头名称	船只类型	项目
1	一公园码头	大型游艇、休闲船	三潭印月(小瀛洲)、包船
2	二公园码头	画舫、"兰桡号"画舫、"荃桡号"画舫	三潭印月(小瀛洲)、包船 (每年 5～10 月提供西湖夜游服务)
3	五公园码头	休闲船	三潭印月(小瀛洲)、包船 (每年 5～10 月提供西湖夜游服务)
4	六公园码头	自划船	自划船租船
5	少年宫码头	画舫、休闲船	三潭印月(小瀛洲)、包船 (每年 5～10 月提供西湖夜游服务)
6	断桥码头	自开船	自开船租船
7	中山公园码头	新休闲船	三潭印月(小瀛洲)、包船、杨公堤景区游
8	岳坟码头	杨公堤游览船	三潭印月(小瀛洲)、包船
9	杭州饭店码头	休闲船	三潭印月(小瀛洲)、包船、游艇
10	花港公园码头	大型游艇、休闲船	三潭印月(小瀛洲)、包船 (为旅行社、团体提供环湖游)
11	钱王祠码头	休闲船	三潭印月(小瀛洲)、包船

根据手机信令平台数据,通过统计三潭印月 2015 年历史客流量可知,黄金周为全年游客量的最高峰,黄金周高峰时段的游客量约占全天游客量的 12%。根据风景名胜区统计部门数据,2015 年黄金周期间 10 月 2 日三潭印月客流量 4.66 万人次,则当日高峰时段游客量为 5592 人。往返小岛的时间约为 20 分钟,按平均每人在岛上的游览 60 分钟计算,则湖面人口为 1864 人。考虑到人满加开班次及其他少量的手划船泛舟情况,增加 100% 进行保守估算,得到水域实际运输人次 3728 人。西湖风景名胜区湖面可供浏览使用面积为 6.38 平方公里,参考日本上野公园划船单位面积 250 平方米/人的标准[24],则水域最大运输能力为 25520 人,水域交通承载力 $S_w = 0.14(<0.9)$,水域交通承载力较强。因此交通承载力 $S_t = 1.29(>1)$,交通承载力较弱。

· 住宿接待能力

由于西湖风景名胜区和主城区关系紧密,实际上主城区的住宿功能可以很大程度上分解景区内住宿设施的压力。此处,仅针对景区内部住宿设施进行评价,能反映拥有就地住宿需求的游客需求和就地住宿供给的匹配程度。同时,由于无法对景区内的民宿进行合理的统计,本研究采用旅游统计监测平台 18 家规上单位的统计数据进行评价。

2015 年景区内实际出租间夜数为 594252 间夜,可供出租间夜数为 1030322 间夜,住宿接待能力指标 $S_b=57.7\%$（<80%）,景区接待能力较强。进一步分析分月数据,4 月和 11 月住宿接待较饱和,其中 11 月份 $S_b=76.34\%$（<80%）。可见,景区接待能力较强(表 6-9)。

表 6-9 2015 年西湖风景名胜区接待能力

月份	实际出租间夜数 (间夜)	可供出租间夜数 (间夜)	S_b
1 月	40311	88164	43.66%
2 月	38501	79632	43.32%
3 月	47568	88164	57.37%
4 月	66696	85290	76.34%
5 月	59765	87888	66.53%
6 月	49974	83958	59.73%
7 月	50765	86366	62.24%
8 月	54002	86366	67.40%
9 月	48964	83580	62.00%
10 月	51590	86366	68.25%
11 月	46255	87810	72.92%
12 月	39861	86738	54.96%
全年	594252	1030322	57.68%

• 服务评价

根据景区环卫管理中心实地调研,景区仅道路、街巷周边就有 156 只垃圾箱。垃圾箱的垃圾由环卫人员从垃圾桶收集,再运至周边较近的垃圾箱房(作为最终的垃圾容纳点),交由环境集团公司统一清运,最后到天子岭垃圾填埋场进行处置。游客自行投放垃圾桶和保洁人员清洁作为垃圾产生的最前道,目前运行较为稳定,路面保洁工作较为频繁,使得垃圾清运能力较强。一类道路实行每天 24 小时/18 小时保洁,每周进行 2 次清洗;二类道路实行每天 16 小时保洁,每周进行 1 次清洗;三类道路实行每天 14 小时保洁,每周进行 1 次清洗。景区内一类街巷实行 16 小时保洁,二类街巷实行 14 小时保洁,三类街巷实行 10 小时保洁。遇节假日,还能增加清洁人员,提高清洁效率。清洁直运段,也即从景区运输到天子岭的一段,目前由直运公司外包,完全能实现日产日清。作为垃圾终端处置的天子岭填埋场虽然库容资源有限,但由于其是杭州市主城区生活垃圾的主要汇集点,由杭州市市政统筹,因此暂不纳入本研究的讨论范围。

根据环卫管理中心提供的数据,2015 年全年路面垃圾清运量 33638 吨,且从 2010 年起,该数据基本保持稳定,维持在全年日平均 92～94 吨。考虑到目前较高的清运频次,区域内可承载的最大垃圾清运处理量 E_b 值弹性较大。这里按接待人数较高的峰值点估计该数值。2016 年黄金周客流量 1500 万人次,平均每天 214 万人次,按每个游客浏览 3 个景点计算,平均每天 71 万人,每个人产生 300 克垃圾[25],按一天最大清运能力 213 吨计算,则区域垃圾清运处理超载率 $S_s=-0.56(<-0.2)$,垃圾清运处理可载。

6.2.1.4 综合心理承载力评价结果

• 游客心理接受程度

游客心理承载力极限值的产生与多种因素相关:由自然风景区开发程度过高、人工建筑物过于密集导致的景观美感度的破坏;旅游资源本身的破坏使得旅游目的不能得到满足;由游客人数过多、人群拥挤导致的视觉干扰和感应气氛的破坏;旅游景点门票价格过高产生的不满等。

长期以来,西湖风景名胜区内严禁新建、扩建有碍景区保护的建筑物,严格控制周边建筑高度、体量、造型和色彩,保持城市的传统风貌特色,特别是围墙的推倒,使得被单位大院和民宅阻隔的西湖沿岸实现了有史以来的第一次全线贯通,景观美感度得到提升。西湖风景名胜区从 2002 年国庆开始逐步免费至今,目前已有 52 处景点免费对游客和市民开放,占杭州全部景点的 73%,走出了一条符合游客追求品质生活出游心理的发展之路,不存在门票价格过高产生的排斥。空间标准制定的主要依据是游客对于密度空间的承受标准。由于游客心理承载力与旅游空间承载力具有数量上的一致性,为避免相同因子重复使用,此处作忽略处理。可见,西湖风景名胜区游客心理承载力主要集中在作为世界遗产的旅游资源本身的保护上,也即杭州西湖文化景观是否得到保护和传承。

根据《景区最大承载量核定导则》(LB/T 034—2014),西湖风景名胜区整体按古典园林景区颐和园 60 平方米/人为标准、白堤等遗产点按文物古迹类景区八达岭长城 1.0～1.1 平方米/人为标准,则游客心理可承受的最大的瞬时游客量为 352740 人。由于西湖沿线景点较为密集,主要旅行社一日游的路线一般包括6～8个景点;而本地游客日常休闲就相对较少,通常为1～3个景点。本按1∶1的外地/本地游客比,则重复计算的倍数为4.5,游客心理可承受的最大的日游客量为1587330人。采用2015年日游客量最高峰值822639人,则游客心理超载率 $R_v = -0.4817 (< -0.2)$,可载。

• 居民心理接受程度

居民心理承载力对于远离居民点的旅游地可以视为无穷大。考虑到西湖风景名胜区有景区、社区共融的特点,实地调查当地居民的综合心理承载力十分重要。

一般来说,旅游发展初期,生态旅游开发给当地居民带来相当可观的旅游收入,当地居民愿意以出让自己宁静的生活方式为代价,换取收入的提高。随着旅游业的进一步发展,居民旅游收入水平及当地经济状况发展到一个新阶段,居民作为有着独立意识和需求偏好的行为主体,对经济收入的需求逐渐降低,而对生活质量的要求逐步提高,对宁静生活的渴望增强,即产生旅游替代效应和旅游收入效应(图 6-5)[26]。

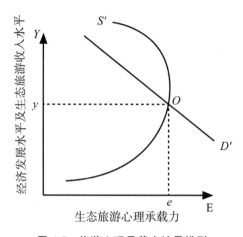

图 6-5 旅游心理承载力计量模型

西湖风景名胜区位于浙江省省会城市杭州,经济整体实力较强,虽然居民需求偏好受多方面因素影响,但总体来说物质和精神生活整体向好。经济水平方面,当地居民利用自家房屋开设民宿、种植茶园、开展地方土特产、旅游纪念品等经营活动,具有较高的收益。2015年西湖区城镇居民人均可支配收入由2010年的1.8万元提高到3.3万元。社会保障方面,城区低保标准由2010年的300元提高到480元,退休人员待遇连续11次提标,城乡居民医保财政补贴标准由2010年的160元提高到420元。旧城改造方面,先后启动了万寿宫街区、象山南路沿线、十字街北街等 30 个房屋征迁项目,累计完成房屋征迁 292 万平方米,探索出房屋征迁"西湖模式",圆了居民"安居梦"。精神层面,西湖全面开放,具备较好的自然环境,已成为周边居民晨练、唱戏、跳广场舞等生活娱乐的重要场所,兼顾了市民的需求。因此,可以认为西湖周边居民包容度较强,对游客也较为友好,满意度处于较高水平。

什刹海景区的研究表明,居民的旅游心理承载力为 20 平方米/人[18]。同样作为开放式景区且位于主城区的西湖景区拥有相似的经济社会发展程度,可参照什刹海景区研究成果进行旅游心理承载力分析。参考什刹海景区数据,西湖景区居民心理可承受的最大瞬时游客量为 1058019 人。由于西湖沿线景点较为密集,主要旅行社一日游的路线一般包括 6~8 个景点;而本地游客日常休闲就相对较少,通常为 1~3 个景点。本按 1∶1 的外地/本地游客比,则重复计算的倍数为 4.5,居民心理可承受的最大的日游客量为 4761086 人。采用 2015 年日客流量最高峰值 822639 人,则居民心理超载率 $R_r = -0.8272 (<-0.2)$,可载。

综上,西湖风景名胜区综合心理承载力超标指数 R_p 为 $-0.4817 (<-0.2)$,可载。

6.2.2 过程评价与测度

6.2.2.1 资源利用效率变化

考虑到数据的可得性,将按西湖风景名胜区规划编制的年份作为比较的 2 个时间点。2015 年西湖风景名胜区可游览面积为 2116 公顷,旅游人次为 2726.15 万人。2002 年西湖风景名胜区可游览面积为 1929 公顷,但当年景区相关统计只有收费公园的人次数(2280.78 万人次),对缺失的免费景点的数据进行推算(表 6-10),旅游人次为 2237.16 万人。按上述数据计算,景区热度变化 $H_e = 0.0896 (\geqslant 0)$。因此,景区热度变化指标趋差。

表 6-10 2002 年游客量人次推算

年份	游客总人次 (万人次)	收费总人次 (万人次)	收费比例
2006 年	2518.03	1425.05	56.6%
2007 年	2745.44	1515.79	55.2%
2008 年	2745.4	1502.08	54.7%
2009 年	2794.48	1486.49	53.2%
2010 年	2984.12	1663.81	55.8%

年份	游客总人次 （万人次）	收费总人次 （万人次）	收费比例
2011 年	2840.23	1646.394	58.0%
2012 年	2818.9	1612.3	57.2%
2013 年	2651.63	1506.773	56.8%
2014 年	2910.17	1736.78	59.7%
2015 年	2726.15	1669.3	61.2%
2002 年*	2237.16*	2019.1	78.4%*

注:"*"为推算值。

近 10 年西湖风景名胜区收费景点客流量占总客流量的 56.8%。考虑到 2002 年景区未全面开放,收费景点居多,免费景点按近 10 年比例的 30% 估计,即收费景点客流量占总客流量的 87.04%。由此推算,2002 年旅游人次为 2280.78 万人。

6.2.2.2 污染物浓度变化

• 大气污染物浓度变化

近年来西湖风景名胜区大气污染物防控措施得力。景区内严格限制机动车道路建设,严格控制景区内停车设施的建设,严格执行《杭州市机动车排气污染防治条例》,并优化单向通行和单双号通行措施;景区内工业企业已全部搬迁腾退;排放油烟污染物的餐饮企业和单位食堂均已经安装油烟净化装置,餐饮油烟废气排放达标率保持在 100%。

卧龙桥和云栖 2 个监测点 2015 年 SO_2 平均浓度为 12 微克/立方米,NO_2 浓度为 34 微克/立方米;2011 年 SO_2 浓度为 23.5 微克/立方米,NO_2 浓度为 42.5 微克/立方米。$S_e = -0.1547(<0)$,$D_e = -0.0543(<0)$,大气环境耗损趋缓型。

• 水污染物浓度变化

近年来西湖风景名胜区水环境管理水平不断提高。随着环西湖沿线及溪流入湖口的截污纳管工作的有效推进,市政雨水、污水收集管网得到改造,西湖风景名胜区已全面实现截污纳管;建立河塘长效保洁制度,全力清除河道的杂草、漂浮物、障碍物,开展生态化整治,恢复河塘自然功能,提高水体自净能力,严禁各类污水排入和倾倒生活垃圾;已建立区域污水管网和涉河排污口信息数据库系统和监管制度,并已组建一支管网维护、抢险、堵漏的专业队伍。

西里湖北、湖心、少年宫和小南湖等 4 个监测点 2015 年 COD_{Mn} 平均浓度为

2.115微克/立方米,NH_3-N 浓度为 0.199 微克/立方米;2011 年 COD_{Mn} 浓度为 2.7125微克/立方米,NH_3-N 浓度为 0.2095 微克/立方米。$W_e = -0.0603(<0)$,$A_e = -0.0128(<0)$,水环境耗损趋缓型。

• 综合结论

综合污染物排放变化通过水污染物和大气污染物排放变化确认,并根据"木桶原理"取短板。从水体和大气角度评判均为资源环境耗损趋缓型,因此,污染物排放变化指标为趋良。

6.2.2.3 生态质量变化

长期以来,西湖风景名胜区严格控制、节约利用林地,强化林地保护利用管理,日常工作中加强森林防火和林业有害生物防治工作;同时,加大森林的培育管理力度,不断改善林木生长环境,促进林木生长,提高林分质量,并高度重视景区群山中的龙井茶园景观。

根据《杭州西湖风景名胜区森林资源规划设计调查成果汇编》,西湖风景名胜区森林覆盖率 1999 年为 64.5%,2010 年为 74.5%。根据《杭州市森林资源与生态状况公告》,2015 年西湖风景名胜区森林覆盖率为 75.61%。1999—2015 年的年均增长率为 1.00%(>0),2010—2015 年均增长率为 0.30%(>0)。虽然近年来森林覆盖率增速放缓,并处于相对稳定的状态,但景区森林覆盖率处于不断的提高过程,生态质量变化指标趋良。

6.2.2.4 资源环境耗损指数

根据资源环境耗损指数和景区热度指数两个类别的匹配关系,得到不同类型的过程评价类型。其中,3 项指标中有 2 项或 3 项为变差的区域,为资源环境耗损加剧型;2 项或 3 项有所好转的区域,为资源环境耗损趋缓型。西湖风景名胜区有 2 项指标有所好转,属于资源耗损趋缓型地区。具体评价结果见表 6-11。

表 6-11 西湖风景名胜区过程评价结果

类别层	指标层	分项结果	总体结果
资源利用效率变化	景区热度变化	趋差	
污染物排放强度变化	水污染物排放强度变化	趋良	资源环境耗损趋缓型
	大气污染物排放强度变化		
生态质量变化	森林覆盖率变化	趋良	

6.2.3　预警等级确定

1. 总体评价结果（按全口径）

根据超载类型评价（表 6-12），环境评价存在超载，设施服务临界超载，因此，认为西湖风景名胜区为超载类型区域。由于资源环境耗损过程评价趋良，西湖风景名胜区总预警等级为橙色预警。

表 6-12　总体评价结果

序号	大类指标	分项指标	分项评价结果	总体评价结果
1	生态环境承载力	污染物浓度综合超标指数	超载	超载
		生态系统健康度	可载	
2	资源空间承载力	基于年/日空间容量的超标指数	可载	可载
3	设施服务承载力	日常综合交通承载力指数	临界超载	临界超载
		住宿接待能力	可载	
		垃圾清运处理超载率	可载	
4	综合心理承载力	综合心理承载力超标指数	可载	可载
5	总体评价		超载	超载

2. 总体评价结果（剔除大气污染指标）

一方面，大气污染指标受背景区域资源环境状况影响较大；另一方面，虽然 2015 年杭州市 $PM_{2.5}$ 排放指标较高，但 2017 年大气环境已明显改善，$PM_{2.5}$ 已达到二级标准。因此本节按去除大气污染指标的结果进行评价，西湖风景名胜区集成评价结果为临界超载，过程评价结果为趋良。西湖风景名胜区总预警等级为蓝色预警（表 6-13）。

表 6-13　总体评价结果（剔除大气污染指标）

序号	大类指标	分项指标	分项评价结果	总体评价结果
1	生态环境承载力	污染物浓度综合超标指数	可载	可载
		生态系统健康度	可载	
2	资源空间承载力	基于年/日空间容量的超标指数	可载	可载
3	设施服务承载力	日常综合交通承载力指数	临界超载	临界超载
		住宿接待能力	可载	
		垃圾清运处理超载率	可载	

序号	大类指标	分项指标	分项评价结果	总体评价结果
4	综合心理承载力	综合心理承载力超标指数	可载	可载
5	总体评价		临界超载	临界超载

3. 综合评价结果（基于热点分析）

基于热点分析的综合评价结果显示，环境评价、资源空间、设施服务指标存在超载，西湖风景名胜区为超载类型区域。由于资源环境耗损过程评价趋良，总预警等级为橙色预警（表 6-14）。可见，热点时段和热门景点超载是西湖风景名胜区应重点关注的问题。

表 6-14　综合评价结果（基于热点分析）

序号	大类指标	分项指标	分项评价结果	总体评价结果
1	生态环境承载力	污染物浓度综合超标指数	超载	超载
		生态系统健康度	可载	
2	资源空间承载力	基于瞬时空间容量的超标指数	临界超载	超载
		热点区域空间容量的超标指数	超载	
3	设施服务承载力	节假日综合交通承载力指数	超载	超载
		住宿接待能力	可载	
		垃圾清运处理超载率	可载	
4	综合心理承载力	综合心理承载力超标指数	可载	可载
5	总体评价		超载	超载

6.3　超载（临界超载）成因分析及政策建议

本节通过超载和临界超载的因子进行追因分析，对西湖景区面临的资源环境超载问题，从应急管理对策和长效缓解机制 2 个方面提出若干建议。

6.3.1　超载（临界超载）成因分析

6.3.1.1　区域性 $PM_{2.5}$ 超标影响景区大气环境

（1）背景区域现状。根据杭州市环境空气 $PM_{2.5}$ 来源第二轮解析结果，2014 年杭州市市区环境空气中 $PM_{2.5}$ 主要来源于本地排放，贡献占 62%～82%，平均约为 72%，夏季污染的本地贡献相对更高。在本地排放中，第一位是机动车，贡献了

28.0%;第二位是工业生产(工业锅炉及窑炉、生产工艺过程等排放),贡献了22.8%;第三位是扬尘(裸露表面、建筑施工、道路扬尘、土壤风沙等排放),比例为20.4%;第四位是燃煤(燃煤电厂、居民散烧),比例为18.8%;包括生物质燃烧、餐饮、海盐粒子、农业生产等在内的其他排放源,比例为10.0%(图6-6)。

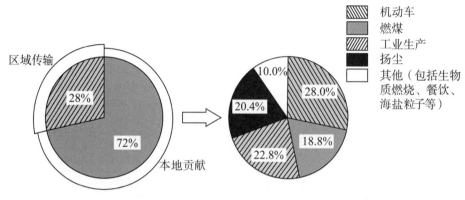

图 6-6　杭州市环境空气 PM$_{2.5}$ 来源

(2)景区逐项排查。从机动车角度,除偶有个别园林、道路和建筑施工外,平时不允许大型货车进入,景区公交车绝大多数已经采用电动公交或天然气公交,黄标小客车也禁止进入景区,汽车尾气主要是达到国家Ⅲ级以上标准的小客车尾气排放,因此汽车尾气不是景区 PM$_{2.5}$ 超标的主要来源。从工业生产角度,景区内工业企业已全部搬迁腾退,未来景区内也不会搬入工业企业,因此不存在工业排放源。从扬尘角度,景区内森林覆盖率高达 75.6%;为保障各景点正常运营,不存在大范围施工,因此,裸露表面、建筑施工、道路扬尘、土壤风沙等排放较小。从燃煤角度,根据《杭州市"无燃煤区"建设实施方案》,2013 年年底前,主城区基本建成"无燃煤区",因此,燃煤也不是景区 PM$_{2.5}$ 超标来源。从餐饮角度,通过加强餐饮业油烟污染防治,景区内排放油烟污染物的餐饮企业和单位食堂均已经安装油烟净化装置,并建立运行维护制度,按要求定期清洗,确保油烟达标排放,从餐饮油烟废气排放达标率保持在 100%,餐饮对 PM$_{2.5}$ 排放影响不大。

可见,西湖风景名胜区 PM$_{2.5}$ 超标,主要是背景区域(即杭州市中心城区)影响,与区域大气问题直接相关。

6.3.1.2　西湖旅游品牌的上升造成热门景点和热门时段客流超载

(1)西湖旅游品牌吸引力不断上升。随着 2002 年西湖风景名胜区实行免费,杭州市深入推进西湖综合保护工程,西湖被列入《世界文化遗产名录》,以及 G20 峰会的召开,杭州城市品牌和西湖旅游品牌在国内外得到进一步提升。同时,根据浙江省地理国情普查数据,西湖水域面积在 50 年间从 5.6 平方公里扩大到 6.39 平方公里,水域面积增加了近 1/7(图 6-7)。"西湖西进"区域处于人工气氛已较浓厚的西湖与自然的西部山区的过渡地带,新开挖的近 80 公顷水面使 300 年前"水随山转,山因水活"的意境重现。西湖风景名胜区对本地和外地游客的吸引力进一步上升。从长远来看,景区可供游览面积增长有一定的极限,核心景区可供浏览的面积日趋达到峰值。目前全年游客量已经稳定在 2500 万~3000 万人次的台阶,断桥、白堤、花港观鱼、岳庙等知名景点在节假日时常出现游客爆棚的现象,钱江新城的灯光秀等新兴热点对游客吸引力不可小觑、每场演出前后游客井喷,热门景点和热门时段客流超载问题值得持续关注(图 6-8)。

图 6-7　近 50 年西湖遥感影像比照

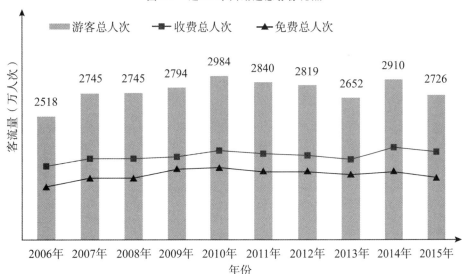

图 6-8　近 10 年西湖风景名胜区客流量

（2）游客量缺少价格机制的调节渠道。2002 年西湖风景名胜区成为全国第一个免费开放的 5A 级景区。逐步免费至今，目前已有 52 处景点免费对游客和市民开放，占杭州全部景点的 73％，仅有灵隐寺、岳飞庙、湖心亭等很受游客追捧的景点没有免费。2011 年西湖申遗成功后，杭州市政府发布了"还湖于民"的目标不改变、门票不涨价、博物馆不收费、土地不出让、文物不破坏、公共资源不占用的"六不"政策，西湖风景名胜区免费政策仍将持续。因此，有别于其他 5A 级景区，西湖风景名胜区游客量无法通过通常的价格机制得到调节。

6.3.1.3 西湖风景名胜区交通路网结构影响区域交通通达性

"城湖一体"的地理格局是杭州交通路网结构的先天不足。西湖位于杭州市城西，长期来与主城区融为一体。翻阅杭州地图，西湖处于西南中心区域，一方面与城区其他方向都有联系，另一方面也导致杭州市西南象限交通路网缺失，再加上景区内有西湖隧道、紫金港隧道、紫之隧道，景区成为城西通往城东、城南的交通要道，内部道路常常成为两个目的地之间的一条捷径，形成过境车辆和旅游车辆相互交织的局面。

西湖的定位是景区道路网的后天不足。受西湖景区性质的影响，景区现有主要道路建设讲求与景区的协调性，几乎均定位为支路。集中假日的车流过大，造成了景区拥堵现象。因直接加密路网困难，也不可能直接将支路拓建为交通主干道、次干道来加速分流，目前景区道路网成为一种结构性障碍。

各方联动欠缺加剧了景区交通拥堵。景区公共交通间接泊较难：一方面是西湖景区和地铁口、主要集散地的大巴接泊困难，另一方面是公共自行车缺少泊车点，特别是道路宽度较窄的西湖北线闸机位严重缺乏，影响点对点通行需求，需要从规划建设角度加强布局优化。进入景区车辆往往到达后才被告知车位已满，在停车场出入口处易形成堵点，缺少部门间交通协作的信息共享和发布平台。

6.3.2 政策建议

6.3.2.1 应急管理对策

（1）实时监控，建立应对高峰客流的多部门协调机制。建议西湖风景名胜区在现有监测平台的基础上，依托百度地图热力分析等功能，与景区手机信令监测相结合，对景区资源环境承载能力（尤其是空间和设施承载能力）开展实时监测预警，并将景区实际管理的分区范围与规划的 9 大景区充分衔接，为开展分区监测预警提供基础。同时，景区管委会、公安、交通、环保等部门和公交集团、地铁集团等部门和单位要建立应对高峰客流的多部门协调机制，实时向各单位共享反馈景区承载能力情况,完善各类应急预案,形成快速的协同反应能力,有效缓解景区承载压力。

(2)多维预警,依托各种渠道发布引导游客分流的实时预警信息。西湖风景名胜区中本地游客占比较大,如2017年清明小长假占33.2%,十一黄金周占53.5%,其出行安排往往比外地游客有更大的自由度。因此,建议节假日景区空间承载能力达到临界超载时,在地铁各车站入口处、公交车站台通过电子屏显示、广播播报、手机信息推送等方式,告知游客西湖风景名胜区当前游客人数,超载程度和预警等级,建议改日前往。通过及时预警,可以引导部分本地游客调整出游计划,从而缓解热点时段的景区压力。

(3)总量控制,加强节假日进入景区的私家车数量管控。由于景区内部道路车道较少,在节假日期间应加强对私家车的总量控制,确保公交车、旅游大巴等公共交通的通行能力。建议采用网上预约方式,在杭州市机动车辆管理平台,增设重要节假日进景区预约登记系统,对游客根据计划进入景区地面道路的日期进行登记,每天设置上限数量,约完为止,登记后的车辆当日进入景区不再受单双号限行的限制,未登记车辆不得进入,违者进行相应处罚。同时,加大公交车班次密度,并设置好私家车临时停车场和公交换乘点,确保有序换乘。

(4)优化调度,提升公交服务和公共设施应急保障能力。建议根据历年景区各区域承载能力状况,进一步优化景区公交线路,根据实时承载能力状况,调整相关线路的公交车班次和密度,可采用大站停靠、隔站停靠等多种方式,提升通行速度,尤其是出景区方向,从而减少游客滞留时间,加快疏散。同时,在游客高峰期,加强公共自行车、移动厕所等服务设施调度能力,保障景区必要的公共服务。

6.3.2.2 长效缓解机制

(1)要充分发挥互联网信息大数据,建立客流长效管控机制。一方面,大力推进智慧旅游体系建设,通过互联网大数据信息,向游客推介周边优质景点和线路,使单纯西湖观光向全域旅游转变。另一方面,对断桥—白堤、苏堤、太子湾等半封闭的热门景点,采用网上预约登记,限制游客总量,确保精华景点的旅游品质,从而提升西湖风景名胜区城市名片形象,提升杭州旅游吸引力。

(2)要充分依托拥江发展战略,开辟全域旅游新空间。通过提高"冷点"景区知名度,缓解"热点"景区的游客压力,疏导集中在沿湖一带的游客,增加新景点自身的游客容纳量,有助于缓解热点时段热点地区的压力。因此,要全面贯彻落实拥江发展战略和大花园建设行动,大力推进钱塘江唐诗之路文化旅游带建设,开发一批具有滨水观光、市民游憩、休闲度假、文化体验、生态农旅等功能的优质旅游产品,打造一批以钱塘江为轴心的优质旅游线路,开辟全域旅游新空间,从而从根本上疏解西湖风景名胜区客流量。同时,适时开展黄金周热门景点价格调节机制研究。

(3)要充分衔接交通升级大趋势,打造高效多样的景区交通体系。按照全市轨道交通发展的相关规划,到 2022 年,主城区将基本实现地铁全覆盖,届时将有多条地铁线通达西湖风景名胜区。因此必须提前谋划,建设快速公交、观光公交、社区公交优势互补的高效公交体系,谋划建设西湖环线轨道交通,同时积极倡导步行、骑行等多种出行方式,全面提升景区通行能力。

(4)要充分融入绿色旅游大理念,加强环境管理和世界遗产保护。群体对个体行为具有一定的宣传、感染、带动作用,一个良好群体氛围的营造有利于塑造人人自觉的旅游形态。因此,要提高游客环境保护意识和文化传承意识,切实推进全市环境整治,针对大气环境超标问题,进一步推广绿色清洁能源,推广低碳出行方式,加强景区及周边城区油烟污染管理和控制。强化环湖重点地区水体保护,加强监管力度。加强对景区文物古迹的修缮保护,特别是要定期对世界遗产保护范围内的居民住宅进行集中修缮维护,在科学保护历史建筑的同时,尽可能减少对原居民生活的影响。

参考文献

[1] 刘晓冰,保继刚. 旅游开发的环境影响研究进展. 地理研究,1996,15(4): 92-99.

[2] Lawsom F, Boyd M. Tourism and recreation development. New York: Architectural Press,1977.

[3] Lime L, Stankey GH. Carrying Capacity: Maintaining Outdoor Recreation Quality. Northeastern Forest Experiment Station Recreation Symposium Proceedings, 1972.

[4] O'Reily AM. Tourism carrying capacity concept and issues. Tourism Management, 1986,7(3):154-168.

[5] Saveriades A. Establishing the social tourism carrying capacity for the tourist resorts of the east coast of the Republic of Cyprus. Tourism Management,2000, 21(2): 147-156.

[6] Prato T. Modeling carrying capacity for national parks. Ecological

Economics，2001，39(3)：321-331.

[7] Lawson SR，Robert E，Manning WA，et al. Proactive monitoring and adaptive management of social carrying capacity in Arches National Park：An application of computer simulation modeling. Journal of Environmental Management，2003，68(3)：305-313.

[8] Jurado EN，Tejada MT，Garcia FA，et al. Carrying capacity assessment for tourist estinations：Methodology for the creation of synthetic indicators applied in a coastal area. Tourism Management，2012，(33)：1337-1346.

[9] 赵红红.苏州旅游环境承载力的问题.初探城市规划,1983(5):46-53.

[10] 刘振礼,金健.特定区域内旅游规模的研究.旅游论丛,1985(2):26-29.

[11] 汪嘉熙.苏州园林风景区旅游价值及其环境保护对策研究.环境科学,1996,7(4)：83-88.

[12] 保继刚.颐和园旅游环境承载力研究.中国环境科学,1997,7(2):32-38.

[13] 楚义芳.旅游的空间组织研究.天津:南开大学,1989.

[14] 崔凤军.论旅游环境承载力.经济地理,1995,15(1):105-109.

[15] 胡炳清.旅游环境承载力计算方法.环境科学研究,1995,8(3):20-24.

[16] 刘玲.旅游环境承载力研究方法初探.安徽师大学报,1998,21(3):250-254.

[17] 钱丽萍,罗明,朱生东,等.武夷山世界遗产地旅游环境承载力研究.环境科学与管理,2009(7):187-191.

[18] 米阳.开放型景区旅游环境承载力研究——以北京什刹海景区为例.北京:北京交通大学,2014.

[19] 翁钢民,赵黎明,杨秀平.旅游景区环境承载力预警系统研究.中国地质大学学报(社会科学版),2005,5(4):55-59.

[20] 樊杰,王亚飞,汤青,等.全国资源环境承载能力监测预警(2014 版)学术思路与总体技术流程.地理科学,2015,35(1):1-10.

[21] 颜文洪,张朝枝.旅游环境学.北京:科学出版社,2005.

[22] 赵黎明.旅游景区管理学.天津:南开大学出版社,2002.

[23] 张文静.自然保护区生态旅游开发研究.石家庄:河北师范大学,2004.

[24] 杨振之.旅游资源开发与规划.成都:四川大学出版社,2002.

[25] 王大悟.旅游规划新论.合肥:黄山书社,2002.

[26] 刘焰.中国西部生态旅游产品绿色创新.北京:经济管理出版社,2004.

第7章 资源环境承载能力监测预警平台建设思路研究

本章重点探讨省级资源环境承载能力监测预警技术支撑平台建设思路框架,通过平台建设,将监测预警评价过程中大量多源、异构的时空数据集成到统一的信息平台进行管理,并提供时空数据查询浏览、资源环境承载能力评价预警、可视化演示、遥感辅助分析与校验、超载因素追踪分析等功能,为科学评价国土空间资源环境承载能力状况,分析超载成因,判断预警等级,建立经济社会与资源环境协调发展的科学管理长效机制提供技术支撑。

7.1 平台定位目标

省级资源环境承载能力监测预警平台是政府部门及时掌握全省资源环境主要监控指标、承载能力评价和预警结果的综合性信息管理系统,是研究制定全省区域发展、环境整治、主体功能区建设相关政策的决策支持系统。平台立足服务于政府决策和管理,力求达到完整性、准确性、及时性、规范性和实用性,构建具有资源环境监测(调查)数据联网管理、承载能力评价、超载预警提醒、超载因素追踪、遥感校验分析、可视化演示等功能的监测预警技术支撑平台,实现资源环境监测预警工作的系统化、智能化、网络化、空间可视化。平台建设遵循以下 4 个基本原则。

(1)实用性和可靠性原则。系统建设以满足业务需求为首要目标,采用稳定可靠的成熟技术,保证系统长期安全运行。系统软硬件及信息资源满足可靠性设计要求。平台建设以实际可接受能力为尺度,避免盲目追求新技术。

(2)先进性和开放性原则。在实用可靠的前提下,尽可能跟踪国内外先进的计算机软硬件技术、信息技术及网络通信技术,使系统具有较高的性能价格比。技术上立足于长远发展,坚持选用开放性系统。采用先进的体系结构和技术发展的主流产品,保证整个系统高效运行。

(3)安全性原则。遵循有关信息安全标准,采取切实可行的安全保护和保密措施,提高对计算机犯罪和病毒的防范能力,确保数据永久安全。

（4）可扩充、易维护及易操作原则。充分考虑到联网用户增加和业务扩展,有扩充能力及接口。应用软件的模块化程度要高、适应能力要强,建立友好的用户界面,使操作简单,软件维护方便;面向最终用户,操作简单、直观、灵活,易于学习掌握。

7.2 平台架构

省级资源环境承载能力监测预警平台按用户层、应用系统层、数据资源层、基础设施层、传输层、汇集层 6 层规划,其中基础设施层、数据资源层、应用系统层、用户层 4 层为本系统的核心部分,分别解决资源共享、平台共享、服务共享的问题(图 7-1)。

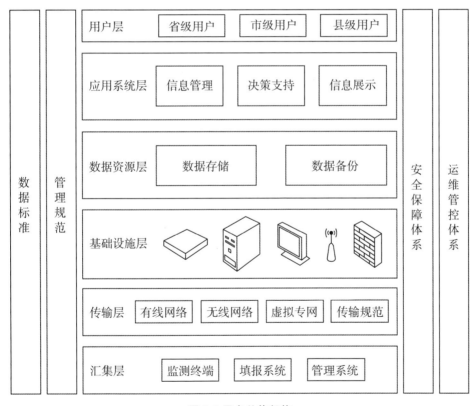

图 7-1 平台总体架构

7.2.1 基础设施层

基础设施层是信息化建设的物理基础,主要包括机房、服务器、网络设备、存储设备等物理设备和操作系统、数据库平台、GIS 平台软件等,是系统的硬件基础。

7.2.2 数据资源层

数据资源层处于基础设施层之上,主要对全省资源环境承载能力监测数据进行存储和备份。数据源包括地理信息数据库、社会经济数据库和资源环境承载能力监测预警业务数据库群。其中,地理信息数据库包括行政区划、土地覆盖、用地类型、地形地貌等相关地理信息图层;社会经济数据库包括承载能力评价预警工作各专题共用的社会经济人口统计数据;资源环境承载能力监测预警业务数据库群分为土地资源、水资源、环境、生态、海洋空间、海洋渔业、海洋生态环境、海岛资源环境、城市化地区、农产品主产区、重点生态功能区、重点开发用海区、海洋渔业保障区、重要海洋生态功能区等专题的资源环境承载能力数据和集成评价预警数据。

7.2.3 应用系统层

应用系统层主要运行着信息管理、决策支持、信息展示等各种信息应用模块,主要实现数据的展示、查询、报表、分析、预警、监测,包括对外的数据接口,以及监控中心、展示大屏幕、桌面端、移动端前端软件平台。

由于资源环境数据有一定的涉密属性,需要对数据传输、存储、分析、使用的过程进行全流程安全规划和管理,保证关键数据及数据接口的安全,系统提供数据安全管理和用户权限管理。

信息管理模块主要对数据清洗、比对、分类和管理,面向客户对象的界面,主要实现对数据中心内的数据进行整合、归集、查询任务。

信息展示模块提供数据查询、GIS 展示、决策分析和主题分析功能,是对数据中心、管理信息系统、决策支持系统的信息和分析结果进行综合展示的平台,为客户提供直观、友好的信息获取界面。

决策支持模块提供数据挖掘、在线分析、模型管理和报表工具等功能,进行各类指标比较分析、资源利用效率分析,为全市发展规划和政策制定提供决策支持。

7.2.4 用户层

用户层包括系统主要的用户,省、市、县级各级专业部门的技术人员、管理人员和决策者。用户之间通过内网专线连接,实现无缝的互联互通。

7.3 数据库框架

数据库建设是省级资源环境承载能力监测预警技术支撑平台项目的重点之一。根据平台建设的目标,通过需求分析,在统一的软件平台上利用大型关系数据库,整合各种空间和非空间的数据资源,建立满足资源环境承载能力监测预警各项业务需要的综合数据库群,包括地理空间数据库、社会经济数据库、专题评价数据库、集成评价数据库、系统管理数据库等。

数据库总体框架如图 7-2 所示。

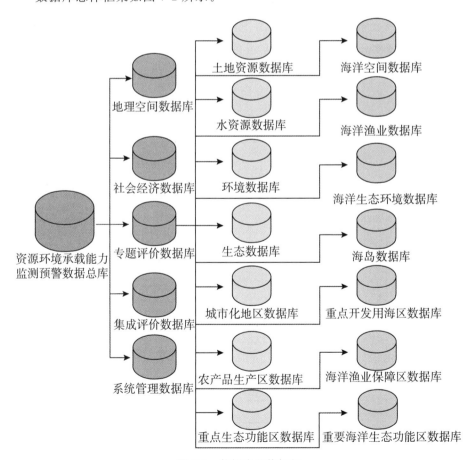

图 7-2　数据库总体框架

数据库使用大型数据库管理系统来管理空间和属性数据，并通过空间数据库引擎实现多源数据的无缝集成。根据系统管理数据特点和功能应用需求，设计由多个不同类型的业务数据库组成的，适合实际数据生产、数据管理维护和数据产品开发的数据库体系。

7.4 功能模块

基于"资源环境承载能力监测预警"数据库，立足"承载能力监测预警"工作需求，定制开发相应的功能模块，实现各评价部门之间评价工作衔接协调，为资源环境承载能力的监测、评价、预警、图表制作、报告编制、可视化演示、决策支持提供技术支撑。考虑到系统安全性和后期的扩展性，系统技术架构采取 C/S（Clint/Server，客户机/服务器）模式和 B/S（Browser-Server，浏览器-服务器）模式相结合的方式。其中数据采集、信息管理、评价预警、分析预测、系统管理等模块采用 C/S 模式，可视化展示部分采用 B/S 模式。其中，B/S 部分采取基于.NET、面向服务的体系架构，地图部分采用基于 OGC 标准的 Web 地图服务。平台的主要功能可以划分为 6 个模块，包括数据采集模块、信息管理模块、评价预警模块、决策支持模块、可视化演示模块、系统管理模块，如图 7-3 所示。

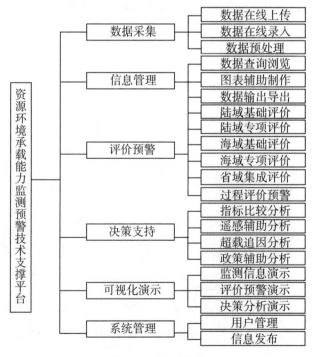

图 7-3 系统功能图

7.4.1 数据采集模块

数据采集模块收集来自部门、监测单位和第三方的数据。主要方式为定期填报数据,采集频率可配置。该模块包括数据在线上传、数据在线录入、数据预处理等功能。

数据在线上传:将部门、监测单位和第三方提供的电子形式的资源环境数据(如 Exel、Access 等电子表格或数据库文件)接入系统数据库,实现批量导入,以及新增数据的自动同步,为更新数据的有效应用奠定基础。

数据在线录入:主要包括统计部门、国土部门、环保部门、建设部门、水利部门、林业部门、经信部门等相关部门以文本形式提供和交换的数据的填报,提供人性化的录入界面和数据库接口。

数据预处理:系统将实时采集的原始数据进行预处理,然后汇总,写入天、月、年数据表中,继而统一各部门在线上传数据的格式,实现各类数据的互融互通。

7.4.2 信息管理模块

信息管理模块是技术支撑平台面向系统操作管理员的界面,主要实现对平台内的数据进行查询浏览检索、输出导出、图表辅助制作等任务,向用户提供数据查询浏览、图表辅助制作和数据输出导出功能。

数据查询浏览:可从时间、指标、类别、地区、单位等多个角度进行详细的数据查询、检索和浏览。

图表辅助制作:在数据查询、检索和浏览的基础上,对筛选出来的数据记录进行表格制作、统计图和地图制作等操作。

数据输出导出:对系统查询筛选出来的数据,制作的表格、统计图和地图进行单个的输出和批量的导出等,以供系统用户便捷地获取相关的资源环境承载能力信息及其图表展现。

7.4.3 评价预警模块

实现资源环境承载能力评价和预警是平台的最主要功能,分别就 14 个领域专题评价、综合集成评价、过程评价预警 3 个方面测算全省各县级行政单元的资源环境承载能力。考虑到系统菜单组织和功能模块化、便利化的需要,将 14 个领域的专题评价分为 4 组,分别是陆域承载能力基础评价、陆域承载能力专项评价、海域承载能力基础评价、海域承载能力专项评价。

陆域承载能力基础评价：根据4个领域的陆域资源环境承载能力专题监测评价指标，运用GIS工具，分别对浙江省各县级行政区土地资源、水资源、环境、生态承载能力现状进行评价，确定超载、临界超载、不超载的评价单元，并根据预警等级划分标准，确定各评价单元预警等级。

陆域承载能力专项评价：根据3个专项的陆域资源环境承载能力专题监测评价指标，运用GIS工具，分别对浙江省各县级行政区的城市化地区、农产品主产区、重点生态功能区的资源环境承载能力现状进行评价，确定超载、临界超载、不超载的评价单元，并根据预警等级划分标准，确定各评价单元预警等级。

海域承载能力基础评价：根据4个领域的海域资源环境承载能力专题监测评价指标，运用GIS工具，分别对浙江省各沿海县级行政区的海洋空间、海洋渔业、海洋生态环境、海岛资源环境承载能力现状进行评价，确定超载、临界超载、不超载的评价单元，并根据预警等级划分标准，确定各评价单元预警等级。

海域承载能力专项评价：根据3个专项的海域资源环境承载能力专题监测评价指标，运用GIS工具，分别对浙江省各沿海县级行政区的重点开发用海区、海洋渔业保障区、重要海洋生态功能区的资源环境承载能力现状进行评价，确定超载、临界超载、不超载的评价单元，并根据预警等级划分标准，确定各评价单元预警等级。

省域承载能力集成评价：在14个领域专题评价的基础上，根据集成评价算法开展省域资源环境承载能力集成评价，确定各县级行政区资源环境承载能力评价结果，明确以县（市、区）为单位的超载类型。

过程评价预警：在集成评价的基础上，依据超载地区资源环境损耗的动态变化开展过程评价，确定各超载地区的预警等级，最终实现浙江省资源环境承载能力监测预警功能。

7.4.4　决策支持模块

决策支持模块是基于核心系统开发的辅助工具，依托核心系统的海量数据支撑，进行指标比较分析、遥感辅助分析、超载追因分析、政策辅助分析，为区域发展政策制定提供决策支持。

指标比较分析：将浙江省资源环境承载能力监测评价各项指标开展横向和纵向的比较分析，同国内平均水平等参照指标情况进行比较，分析差异和共性，并依托指标历年数据信息，对各指标历史变化趋势进行分析。

　　遥感辅助分析:利用遥感影像处理分析技术,对资源环境承载能力监测和评价结果进行校验和分析,特别是与地理空间直接相关的土地覆盖、水土流失、森林覆盖等方面的指标,通过遥感影像分析结果进行辅助决策。

　　超载追因分析:利用时空监测数据,部分领域运用 GIS 工具,对超载和临界超载的评价单元的追因分析辅助指标进行横向和纵向分析,依托各专题领域的追因模型及其相关方法、算法及数据和指标,对评价单元内部子区域进行细化分析,挖掘潜在的超载因子信息,筛选查找出引起超载的关键因素。

　　政策辅助分析:提供资源环境承载能力监测预警相关的各部门法律法规政策文件查询浏览检索功能。进一步通过历史监测信息和政策信息,分析政策对资源开发利用和环境保护的影响特征,为制定区域发展政策、推动各类体制机制改革提供依据。

7.4.5　可视化演示模块

　　可视化演示模块主要依托 GIS 系统,将全省资源环境承载能力监测信息、评价预警及决策分析结果在地图上动态展示。演示模块将充分结合电子地图、统计图及统计表等手段直观地展示资源环境相关信息。根据不同功能菜单选择,显示不同的信息要素,点击具体要素还可展示要素的属性信息。

7.4.6　系统管理模块

　　系统管理模块对系统用户、权限等相关信息进行设置管理,发布信息和提供用户服务。

　　用户管理:管理用户单位账户信息,增加、修改、删除用户基本信息、登录账号密码信息,进行用户角色定义及不同角色权限分配。

　　信息发布:发布相关信息,包括相关通知公告、资源环境领域政策、文献、网站链接等信息;修改和删除已经发布的信息。

7.5　运行维护

7.5.1　应用系统维护

　　随着系统数据的不断更新、用户需求的不断变化和计算机技术的不断进步,必须要对应用系统进行有计划、有组织的更新和维护。应用系统维护主要是从数据维护、程序维护、代码维护、用户管理和日志检查 5 个方面进行。

数据维护：数据是系统核心，数据维护是系统维护的关键，是系统运行维护中工作量最大的一项工作。数据维护主要分需求变化更新维护和监测定期更新维护2个方面。一方面，根据用户功能需求变化，增加新的数据集或者改变原有数据集结构；另一方面，根据监测要求定期录入相关数据和定期督促市县和企业相关数据的上传并检查上传数据的质量。此外，数据的备份与恢复等，都是数据维护的工作内容。

程序维护：系统运行过程中，由于用户需求变化，需要对系统业务逻辑进行调整或者对分析模型进行调整，并对系统程序进行修改和调整，扩充在使用过程中用户提出的新的功能及性能要求。

代码维护：随着系统应用范围的扩大和应用环境的变化，系统中的各种代码都需要进行一定程度的增加、修改、删除，以及设置新的代码。

用户管理：管理系统用户账户信息，包括增加用户、修改用户和删除用户，编辑用户基本信息、用户角色信息、角色权限配置等。

日志检查：定期检查程序错误日志，清除系统运行中发生的故障和错误。

7.5.2　网络及设备维护

网络及设备维护主要是从网络、硬件、机房环境等方面保证系统稳定、安全、高效地运行。主要从以下几个方面进行维护：定期对系统主机（如路由器、交换机、网络服务器主机、数据库服务器等）进行检查，保养和更新相应配件；定期对系统进行安全漏洞扫描，安装更新补丁；定期对防毒软件、防火墙等安装更新补丁，以保证病毒库是最新的；定期进行病毒扫描、木马查杀等工作；定期收集交换机、防火墙、网络服务器主机、数据库服务器等的各项指标信息，以报表形式总结汇报，以及早发现问题；定期测算系统网络速度、数据流量，提前做好服务器扩容等准备工作，以满足访问量、流量逐渐增大的需求；定期清洗、润滑、检修设备机器部件，及时更换损坏部件以保证系统正常有效地工作；定期清扫、检查机房温度、湿度等环境指标，保证系统在良好的环境下运行。以上工作需要专人负责，定期进行。此外，如果数据靠人工录入，考虑数据量大和实效性，需要其他人配合数据更新。

附　录

附录一　资源环境承载能力监测预警技术方法(试行)①

按照党中央、国务院部署要求,国家发展改革委会同工业和信息化部、财政部、国土资源部、环境保护部、住房城乡建设部、水利部、农业部、统计局、林业局、海洋局、测绘地信局等部门和中科院等科研单位,在对京津冀地区进行试评价基础上,研究形成了《资源环境承载能力监测预警技术方法(试行)》。

资源环境承载能力监测预警技术方法,旨在明确资源环境预警类型与评价指标体系,确定预警指标的算法和超载阈值,提出资源环境承载状态解析与政策预研的分析方法,为开展以县为单元的资源环境承载能力评价提供技术指南。

以县级行政区为评价单元,开展陆域评价和海域评价,确定超载类型,划分预警等级,全面反映国土空间资源环境承载能力状况,并分析超载成因、预研对策措施建议。具体技术路线如下:

第一,分别开展陆域评价和海域评价。陆域评价和海域评价均包括基础评价和专项评价两部分。基础评价采用统一指标体系,对所有县级行政单元进行全覆盖评价。专项评价分别根据《全国主体功能区规划》《全国海洋主体功能区规划》,分别对优化开发、重点开发和限制开发区域进行评价。

第二,分别确定陆域和海域超载类型。根据陆域评价和海域评价结果,采取"短板效应"原理,将陆域、海域基础评价与专项评价中任意一个指标超载、两个及以上指标临界超载的组合确定为超载类型,将任意一个指标临界超载的确定为临界超载类型,其余为不超载类型。

第三,分别确定陆域和海域预警等级。针对超载类型开展过程评价,根据资源环境耗损加剧与趋缓程度,进一步确定陆域和海域的预警等级。其中,超载区域分为红色和橙色两个预警等级,临界超载分为黄色和蓝色两个预警等级,不超

---

① 2016 年印发。

载为无警(用绿色表示)。

第四,统筹陆域和海域超载类型和预警等级。将海岸线开发强度、海洋环境承载状况和海洋生态承载状况三个指标的评价结果,分别与陆域沿海县(市、区)基础评价中的土地资源、环境和生态评价的结果进行复合,调整对应指标的评价值,实现同一行政区内陆域和海域超载类型和预警等级的衔接协调。

第五,进行超载成因解析与政策预研。识别和定量评价超载关键因子及其作用程度,解析不同预警等级区域资源环境超载原因。从资源环境整治、功能区建设和监测预警长效机制构建三个方面进行政策预研,为超载区域限制性政策的制定提供依据。

一、陆域评价

(一)基础评价

对陆域所有县级行政单元内的土地资源、水资源、环境和生态四项基础要素进行全覆盖评价,分别采用土地资源压力指数、水资源开发利用量、污染物浓度超标指数和生态系统健康度来测定。

1. 土地资源评价

(1)指标内涵

土地资源评价主要表征区域土地资源对人口集聚、工业化和城镇化发展的支撑能力。采用土地资源压力指数作为评价指标,该指数由现状建设开发程度与适宜建设开发程度的偏移程度来反映。

(2)算法与步骤

①要素筛选与分级

筛选永久基本农田、采空塌陷、生态保护红线、行洪通道、地形坡度、地壳稳定性、突发性地质灾害、地面沉降、蓄滞洪区等影响土地建设开发的构成要素,并根据影响程度对要素进行评价分级。

②建设开发限制性评价

根据构成要素对土地建设开发的限制程度,确定强制性因子与较强限制因子。通常,强限制因子包括:永久基本农田、生态保护红线、行洪通道、采空塌陷区等要素,以及永久冰川、戈壁荒漠等难以利用的区域。较强限制因子包括:优质耕地、园地、林地、草地、地裂缝、地震活动及地震断裂带、地形坡度、地质灾害、蓄滞洪区等要素。

③建设开发适宜性评价

运用专家打分等方法,对区域建设开发适宜性的构成要素进行赋值。其中,对属于强限制因子的要素,采用 0 和 1 赋值;对属于较强限制因子的要素,按限制等级分类进行 0~100 赋值(如附表 1-1 所示)。

采用限制系数法计算土地建设开发适宜性。计算公式如下:

$$E = \prod_{j=1}^{m} F_j \cdot \sum_{k=1}^{n} w_k f_k$$

式中,E 为综合适宜性分值;j 为强限制性因子编号;k 为适宜性因子编号;m 为强限制性因子个数;n 为较强限制因子的构成要素个数;F_j 为第 j 个要素适宜性赋值;f_k 为第 k 个适宜性因子适宜性赋值;w_k 为第 k 个适宜性因子的权重。

附表 1-1　建设开发适宜性评价的要素构成与分类赋值表

因子类型	要素	分类	适宜性赋值	因子类型	要素	分类	适宜性赋值
强限制因子	永久基本农田	永久基本农田	0	较强限制因子	一般农用地	园地、林地	80
		其他	1			其他	100
	采空塌陷区	严重区	0		坡度	15°以上	40
		非严重区	1			>8°~15°	60
	生态保护红线	生态保护红线	0			>2°~8°	80
		其他	1			0~2°	100
	行洪通道	行洪通道	0		突发地质灾害	高易发区	40
		其他	1			中易发区	60
	难以利用土地	永久冰川、戈壁荒漠等	0			低易发区	80
		其他	1			无地质灾害风险	100
较强限制因子	地震活跃及地震断裂	地震设防区	40		蓄滞洪区	重要蓄滞洪区	40
		其他	100			一般蓄滞洪区	60
	一般农用地	高于平均等耕地、人工草地	40			蓄滞洪保留区	80
		低于平均等耕地、天然草地	60			其他	100

根据土地建设开发适宜性得分,将区域建设开发适宜性划分为最适宜、基本适宜、不适宜和特别不适宜四种类型。通常,得分越高的区域越适宜开发建设。

④现状建设开发程度评价

分析现状建设用地与最适宜、基本适宜建设开发土地之间的空间关系,并计算区域现状建设开发程度。计算公式如下:

$$P = \frac{S}{S \cup E}$$

式中,P 为区域现状建设开发程度,S 为区域现状建设用地面积,E 为土地建设开发适宜性评价中的最适宜、基本适宜的区域,$S \cup E$ 为两者空间的并集。

⑤适宜建设开发阈值测算

依据建设开发适宜性评价结果,综合考虑主体功能定位、适宜建设开发空间集中连片情况等,进行适宜建设开发空间的聚集度分析,通过适宜建设开发空间聚集度指数确定离散型、一般聚集型和高度聚集型,并结合各区域主体功能定位,采用专家打分等方法确定各评价单元的适宜建设开发程度阈值。

⑥土地资源压力指数评价

对比分析现状建设开发程度与适宜建设开发程度阈值,通过两者的偏离度计算确定土地资源压力指数。计算公式如下:

$$D = \frac{P - T}{T}$$

式中,D 为土地资源压力指数,P 为现状建设开发程度,T 为适宜建设开发程度阈值。

(3)阈值和重要参数

根据土地资源压力指数,将评价结果划分为土地资源压力大、压力中等和压力小三种类型。土地资源压力指数越小,即现状建设开发程度与适宜建设开发程度的偏离度越低,表明目前建设开发格局与土地资源条件趋于协调。通常,当$D > 0$ 时,土地资源压力大;当 D 介于$-0.3 \sim 0$ 时,土地资源压力中等;当$D < -0.3$时,土地资源压力小。土地资源压力指数的划分标准可结合各类主体功能区对国土开发强度的管控要求进行差异化设置。

2.水资源评价

(1)指标内涵

水资源评价主要表征水资源可支撑经济社会发展的最大负荷。采用满足水功能区水质达标要求的水资源开发利用量(包括用水总量和地下水供水量)作为评价指标,通过对比用水总量、地下水供水量和水质与实行最严格水资源管理制度确立的控制指标,并考虑地下水超采情况进行评价。

（2）算法与步骤

①用水总量

用水总量指正常降水状况下区域内河道外各类用水户从各种水源（地表、地下、其他）取用的包括输水损失在内的水量之和，包括生活用水、工业用水、农业用水和河道外生态环境补水，不包括海水直接利用量。其中，2000 年后新增的火核电直流冷却水、河湖湿地补水量按耗水量统计。采用水资源公报或省区向国家上报的用水量数据，并根据当年降水丰枯程度对农业用水量进行转换，得到评价口径用水总量。

②地下水供水量

地下水供水量指通过地下取水工程，从地下含水层提引用于河道外各类用水户使用的水量。采用水资源公报或省区向国家上报的地下水供水量数据。

（3）阈值和重要参数

根据用水总量和地下水供水量，并考虑水质达标情况，将评价结果划分为水资源超载、临界超载和不超载三种类型。通常，用水总量、地下水供水量其中一项指标大于控制指标的，或存在地下水超采的，划分为水资源超载；其中一项指标介于控制指标的 0.9～1 倍、另一项指标不大于控制指标且不存在地下水超采的，划分为临界超载；两项指标均小于控制指标 0.9 倍且不存在地下水超采的，划分为不超载。

3. 环境评价

（1）指标内涵

环境评价主要表征区域环境系统对经济社会活动产生的各类污染物的承受与自净能力。采用污染物浓度超标指数作为评价指标，通过主要污染物年均浓度监测值与国家现行环境质量标准的对比值反映，由大气、水主要污染物浓度超标指数集成获得。

（2）算法与步骤

在主要大气污染物和水污染物浓度超标指数分项测算的基础上，集成评价形成污染物浓度超标指数的综合结果。

①大气污染物浓度超标指数

单项大气污染物浓度超标指数。以各项污染物的标准限值表征环境系统所能承受人类各种社会经济活动的阈值［限值采用《环境空气质量标准》（GB 3095—2012）中规定的各类大气污染物浓度限值二级标准］，不同区域各项污染指标的超标指数计算公式如下：

$$R_{气_{ij}} = C_{ij} / S_i - 1$$

式中，$R_{气ij}$ 为区域 j 内第 i 项大气污染物浓度超标指数，C_{ij} 污染物的年均浓度监测值（其中 CO 为 24 小时平均浓度第 95 百分位，O_3 为日最大 8 小时平均浓度第 90 百分位），S_i 为该污染物浓度的二级标准限值。$i=1,2,\cdots,6$，分别对应 SO_2、NO_2、PM_{10}、CO、O_3、$PM_{2.5}$。

大气污染物浓度超标指数。计算公式如下：

$$R_{气j} = \max(R_{气ij})$$

式中，$R_{气j}$ 为区域 j 内大气污染物浓度超标指数，其值为各类大气污染物浓度超标指数的最大值。

②水污染物浓度超标指数

单项水污染物浓度超标指数。以各控制断面主要污染物年均浓度与该项污染物一定水质目标下水质标准限值的差值作为水污染物超标量。标准限值采用国家 2020 年各控制单元水环境功能分区目标中确定的各类水污染物浓度的水质标准限值，计算公式如下：

当 $i=1$ 时：

$$R_{水ijk} = 1/(C_{ijk}/S_{ik}) - 1$$

当 $i=2,\cdots,7$ 时：

$$R_{水ijk} = C_{ijk}/S_{ik} - 1$$

$$R_{水ij} = \sum_{k=1}^{N_j} R_{水ijk}/N_j, i=1,2,\cdots,7$$

式中，$R_{水ijk}$ 为区域 j 第 k 个断面第 i 项水污染物浓度超标指数，$R_{水ij}$ 为区域 j 第 i 项水污染物浓度超标指数；C_{ijk} 为区域 j 第 k 个断面第 i 项水污染物的年均监测值，S_{ik} 为第 k 个断面第 i 项水污染物的水质标准限值。$i=1,2,\cdots,7$，分别对应 DO、COD_{Mn}、BOD_5、COD_{Cr}、NH_3-N、TN、TP；k 为某一控制断面，$k=1,2,\cdots,Nj$，Nj 为区域 j 内控制断面个数。当 k 为河流控制断面时，计算 $R_{水ijk}$，$i=1,2,\cdots,7$；当 k 为湖库控制断面时，计算 $R_{水ijk}$，$i=1,2,\cdots,7$。

水污染物浓度超标指数。计算公式如下：

$$R_{水jk} = \max_i(R_{水ijk})$$

$$R_{水j} = \sum_{k=1}^{N_j} R_{水jk}/N_j$$

式中，$R_{水jk}$ 为区域 j 第 k 个断面的水污染物浓度超标指数，$R_{水j}$ 为区域 j 的水污染物浓度超标指数。

③污染物浓度综合超标指数

污染物浓度综合超标指数采用极大值模型集成，计算公式如下：

$$R_j = \max(R_{气j}, R_{水j})$$

式中,R_j 为区域 j 的污染物浓度综合超标指数,$R_{气j}$ 为区域 j 的大气污染物浓度超标指数,$R_{水j}$ 为区域 j 的水污染浓度超标指数。

(3)阈值和重要参数

根据污染物浓度综合超标指数,将评价结果划分为污染物浓度超标、接近超标和未超标三种类型。污染物浓度超标指数越小,表明区域环境系统对社会经济系统的支撑能力越强。通常,当 $R_j>0$ 时,污染物浓度处于超标状态;当 R_j 介于 $-0.2\sim0$ 时,污染物浓度处于接近超标状态;当 $R_j<-0.2$ 时,污染物浓度处于未超标状态。

4. 生态评价

(1)指标内涵

生态评价主要表征社会经济活动压力下生态系统的健康状况。采用生态系统健康度作为评价指标,通过发生水土流失、土地沙化、盐渍化和石漠化等生态退化的土地面积比例反映。

(2)算法与步骤

通过区域内已经发生生态退化的土地面积比例及程度反映,计算公式如下:

$$H=A_d/A_t$$

式中,A_d 为中度及以上退化土地面积,包括中度及以上水土流失、土地沙化、盐渍化和土地石漠化面积;A_t 为评价区土地面积。水土流失、土地沙化、盐渍化和土地石漠化面积及等级可参考水利部、国家林业局的公布结果。

(3)阈值和重要参数

根据生态系统健康度,将评价结果分为生态系统健康度低、健康度中等和健康度高三种类型,生态系统健康度越低,表明区域生态系统退化状况越严重,生态健康问题越大。通常,当 $H>10\%$ 时,生态系统健康度低;当 H 介于 $5\%\sim10\%$ 时,生态系统健康度中等;当 $H<5\%$ 时,生态系统健康度高。由于区域间生态本底状况差异较大,生态系统抗干扰能力不同,生态系统健康度的阈值可根据区域差异进行调整。

(二)专项评价

1. 城市化地区评价

(1)评价指标及含义

城市化地区采用水气环境黑灰指数为特征指标,由城市黑臭水体污染程度和 $PM_{2.5}$ 超标情况集成获得,并结合优化开发区域和重点开发区域,对城市水和大气环境的不同要求设定差异化阈值。

（2）算法与关键参数

①城市水环境质量（黑臭水体）

根据住房和城乡建设部发布的《城市黑臭水体整治工作指南》，城市黑臭水体是指城市建成区内，呈现令人不悦的颜色和（或）散发令人不适气味的水体的统称，城市黑臭水体污染程度的分级标准根据透明度、溶解氧等指标确定，见附表1-2。

附表1-2　城市黑臭水体污染程度分级标准

特征指标（单位）	轻度黑臭	重度黑臭
透明度（厘米）	25～10*	<10*
溶解氧（毫克/升）	0.2～2	<0.2
氧化还原电位（毫伏）	−200～50	<−200
氨氮（毫克/升）	8.0～15	>15

注：* 水深不足25cm时，该指标按水深的40%取值。

以城市河流黑臭水体污染程度及实测长度为基础数据，与建设用地中的城市和建制镇面积进行比较，计算城市黑臭水体密度、重度黑臭比例两项指标，并对优化开发区域和重点开发区域按照不同的阈值处理，划分的参照阈值见附表1-3。

附表1-3　城市黑臭水体单项指标分级参照阈值

功能区	黑臭水体密度（米/平方公里）			重度黑臭比例（%）		
	轻度	中度	重度	轻度	中度	重度
优化开发区域	<100	100～<500	≥500	<25	25～<50	≥50
重点开发区域	<300	300～<800	≥800	<33	33～<60	≥60

按照重度黑臭比例指标权重较高的原则，划分城市水环境质量（黑臭水体）评估等级，方法如附表1-4所示：

附表1-4　城市水环境质量（黑臭水体）等级划分

黑臭水体密度　黑臭水体等级　重度黑臭比例	轻度	中度	重度
轻度	轻度	中度	中度
中度	轻度	中度	重度
重度	中度	重度	重度

②城市环境空气质量(PM_{2.5})

根据国家关于环境空气质量的标准定义(GB 3095—2012),PM$_{2.5}$指环境空气中空气动力学当量直径小于等于 2.5 微米的颗粒物,也称细颗粒物。国家规定的 PM$_{2.5}$测定以空气中的浓度值为主要标准(附表 1-5),年均浓度值和 24 小时平均浓度值分别以超过 35 微克/立方米和 75 微克/立方米为识别空气污染的标准下限。

附表 1-5　PM$_{2.5}$浓度限值

平均时间	一级浓度限值(微克/立方米)	二级浓度限值(微克/立方米)
年平均	15	35
24 小时平均	35	75

注:一级浓度限值适用于一类区,包括自然保护区、风景名胜区和其他需要特殊保护的区域,二级浓度限值适用于二类区,包括居住区、商业交通居民混合区、文化区、工业区和农村地区。

PM$_{2.5}$以年超标天数为评价指标,评价数据为环境监测站点提供的区县 PM$_{2.5}$年均浓度和城市的超标天数,数据缺失区县可采用普通克里金法等插值方法进行推算。PM$_{2.5}$超标天数等级划分的参照阈值见附表 1-6。

附表 1-6　城市环境空气质量(PM$_{2.5}$)等级划分参照阈值

功能区	轻度	中度	重度	严重
优化开发区域	<60	60~<120	120~<210	≥210
其中:核心城市主城区	<30	30~<90	90~<180	≥180
重点开发区域	<120	120~<180	180~<240	≥240
其中:核心城市主城区	<60	60~<120	120~<210	≥210

注:核心城市主要指直辖市、省会或城市人口规模超过 500 万的特大和超大城市,主城区是指城市人口集中分布的中心城区。

③水气环境黑灰指数

根据城市黑臭水体污染程度和 PM$_{2.5}$超标情况,结合优化和重点开发区域对城市水气环境的差异化等级划分,集成得到水气环境黑灰指数评价结果。将两者均为重度污染、或 PM$_{2.5}$严重污染的划为超载,将两者中任意一项为重度污染、或两者均为中度污染的划为临界超载,其余为不超载。

2.农产品主产区评价

(1)评价指标及含义

按照种植业地区和牧业地区分别开展评价。种植业地区采用耕地质量变化指数为特征指标,通过有机质、全氮、有效磷、速效钾、缓效钾和 pH 值六项指标的等级变化反映。牧业地区采用草原草畜平衡指数为特征指标,通过草原实际载畜量与合理载畜量的差值比率反映。

(2)算法与关键参数

根据国家耕地质量监测点数据,分别确定期初年、期末年有机质、全氮、有效磷、速效钾、缓效钾、土壤 pH 值所处等级,土壤养分和土壤 pH 值等级划分标准见附表 1-7 和附表 1-8。

附表 1-7 土壤养分含量分级标准

项目	单位	分级标准					
		1 级	2 级	3 级	4 级	5 级	6 级
		丰富	较丰富	中等	较缺乏	缺乏	极缺乏
有机质	g/kg	≥30	20～<30	15～<20	10～<15	6～<10	<6
全氮	g/kg	≥1.5	1.25～<1.5	1～<1.25	0.75～<1	0.5～<0.75	<0.5
有效磷	mg/kg	≥40	25～<40	20～<25	15～<20	10～<15	<10
速效钾	mg/kg	≥150	120～<150	100～<120	80～<100	50～<80	<50
缓效钾	mg/kg	≥1500	1200～<1500	900～<1200	750～<900	500～<750	<500

附表 1-8 土壤 pH 分级标准

级别	4 极酸性	3 强酸性	2 中弱酸性	1 中性	2 中等碱性	3 强碱性	4 极碱性
pH 值	<4.5	4.5～<5.5	5.5～<6.5	6.5～<7.5	7.5～<8.5	8.5～<9	≥9

由此测算各指标等级变化情况。计算公式如下:

$$\Delta CG_i = CG_{ij} - CG_{i0}$$

式中,ΔCG_i 为单项指标的等级变化量;CG_{ij}、CG_{i0} 为期末年和期初年第 i 个指标所处的等级别。$i=1,2,\cdots,6$,分别为有机质、全氮、有效磷、速效钾、缓效钾、土壤 pH 值 6 个指标。耕地质量变化指数(ΔCG)取各单项指标级别变化量的最大值。

通常,当 $\Delta CG>1$ 时,耕地质量呈恶化态势;当 $\Delta CG=1$ 时,耕地质量呈相对稳定态势;当 $\Delta CG\leq 0$ 时,耕地质量呈趋良态势。

3.重点生态功能区评价

(1)评价指标及含义

按照水源涵养、水土保持、防风固沙和生物多样性维护等不同重点生态功能区类型,分别采用水源涵养指数、水土流失指数、土地沙化指数、栖息地质量指数为特征指标,评价生态系统功能等级。

（2）算法与关键参数

针对水源涵养生态功能区,采用水源涵养功能指数进行评价。计算生态系统单位面积的水源涵养量,与单位面积降雨量进行比较,根据值的大小进行分级,进而明确生态系统功能等级。

①水源涵养量

采用水量平衡方程计算水源涵养量,主要与降水量、蒸发量、地表径流量和植被覆盖类型等因素密切相关,见下式：

$$TQ = \sum_{i=1}^{j} (P_i - R_i - ET_i) \times A_i$$

式中,TQ 为总水源涵养量（立方米）；P_i 为降雨量（毫米）；R_i 为地表径流量（毫米）；ET_i 为蒸散发量（毫米）；A_i 为 i 类生态系统的面积；i 为研究区第 i 类生态系统类型；j 为研究区生态系统类型数。

其中,地表径流量 R_i 由降雨量乘以地表径流系数获得,见下式：

$$R = P \times \alpha$$

式中,R 为地表径流量（毫米）；P 为降雨量（毫米）；α 为平均地表径流系数,见附表 1-9。

附表 1-9　各类型生态系统地表径流系数均值表

一级生态系统类型	二级生态系统类型	平均径流系数
森林	常绿阔叶林	2.67%
	常绿针叶林	3.02%
	针阔混交林	2.29%
	落叶阔叶林	1.33%
	落叶针叶林	0.88%
	稀疏林	19.20%
灌丛	常绿阔叶灌丛	4.26%
	落叶阔叶灌丛	4.17%
	针叶灌丛	4.17%
	稀疏灌丛	19.20%

一级生态系统类型	二级生态系统类型	平均径流系数
草地	草甸	8.20%
	草原	4.78%
	草丛	9.37%
	稀疏草地	18.27%
湿地	湿地	0.00%

②水源涵养功能指数

水源涵养功能指数为单位面积水源涵养量与单位面积降雨量的比值。通常按照水源涵养功能指数>10%、3%~10%、<3%的区域,将水源涵养功能评价结果分别划分为高、中和低3个等级。

二、海域评价

(一)基础评价

基础评价采用统一指标体系对所辖海域进行全覆盖评价,包括海洋空间资源、海洋渔业资源、海洋生态环境和海岛资源环境四项基础要素。

1.海洋空间资源评价

(1)指标内涵

海洋空间资源评价主要表征海岸线和近岸海域空间资源承载状况,采用岸线开发强度、海域开发强度评价指标,分别反映海岸线和近岸海域空间开发状况。

(2)算法与步骤

①岸线开发强度(S_1)

选取围塘坝(围海养殖、渔港等)、防护堤坝、工业与城镇、港口码头岸线等四类主要岸线开发利用类型,根据各类海岸开发活动对海洋资源环境影响程度的差异,计算岸线人工化指数。计算公式如下:

$$P_A = \frac{l_{mB} \times q_B + l_{mT} \times q_T + l_{mG} \times q_G + l_{mH} \times q_H}{l_{总}}$$

式中,P_A为岸线人工化指数,$l_{总}$为海岸线现状总长度,l_{mB}、l_{mT}、l_{mG}、l_{mH}分别为围塘坝岸线、防护堤坝岸线、工业与城镇岸线、港口码头岸线长度。q_B、q_T、q_G、q_H分别为四种人工海岸类型对海洋资源环境的影响程度赋值。如附表1-10所示。

附表 1-10　人工海岸分类及其海洋资源环境影响

分类		海洋资源环境影响描述	影响因子
人工海岸	围塘坝岸线	对海岸生态功能有一定影响,部分影响可恢复	$q_B=0.4$
	防护堤坝岸线	对海岸生态功能有一定影响,部分影响不可恢复	$q_T=0.6$
	工业与城镇岸线	对海岸生态功能影响较大,部分影响不可恢复	$q_G=0.8$
	港口码头岸线	对海岸生态功能影响很大,影响不可恢复	$q_H=1.0$

以海洋功能区划和海洋主体功能区划为基础,测算岸线开发利用标准。计算公式如下:

$$P_{c0} = \frac{\sum_{i=1}^{8} w_i l_i}{l_{总}}$$

式中,P_{c0} 为海岸线开发利用标准,l_i 为第 i 类海洋功能区毗邻海岸线长度,w_i 为第 i 类海洋功能区允许的海岸线开发程度,并遵循海洋主体功能区规划的管控要求,赋值方法如附表 1-11 所示。

附表 1-11　主要海洋功能区海洋开发对海岸线的影响

海洋功能区类型	影响因子
港口航运区	$w_i=0.8$
工业与城镇区	$w_i=0.6$
矿产与能源区	$w_i=0.4$
农渔业区	$w_i=0.4$
旅游休闲娱乐区	$w_i=0.3$
特殊利用区	$wi=0.2$
海洋保护区	$w_i=0$
保留区	$w_i=0$

根据岸线人工化指数与海岸线开发利用标准之比,得到岸线开发强度(S_1)。

②海域开发强度(S_2)

选取渔业、交通运输、工业、旅游娱乐、海底工程、排污倾倒、造地工程用海等海域使用类型,根据各种使用类型对海域资源的耗用程度和对其他用海的排他性强度差异,计算海域开发资源效应指数。计算公式如下:

$$P_E = \frac{\sum_{i=1}^{n}(S_i \times l_i)}{S}$$

式中,P_E为海域开发资源效应指数,n为海域使用类型数,S_i为第i种类型的用海面积;S为省级海洋功能区划的海域总面积,l_i为第i种用海类型的资源耗用指数,如附表 1-12 所示。

附表 1-12　海域使用类型资源耗用指数

海域使用一级类	海域使用二级类	l_i
渔业用海	渔业基础设施用海	1
	围海养殖用海	0.6
	开放式养殖用海和人工鱼礁	0.2
交通运输用海	港口用海用海	1
	航道	0.4
	锚地	0.3
	路桥用海	0.4
工矿用海	盐业用海	0.6
	临海工业用海	1
	固体矿产开采用海	0.2
	油气开采用海	0.3
旅游娱乐用海	旅游基础设施用海	1
	海水浴场	0.2
	海上娱乐用海	0.2
海底工程用海	电缆管道用海	0.2
	海底隧道用海	0.2
	海底场馆用海	0.2
排污倾倒用海	倾倒区用海	1
	污水达标排放用海	0.6
围海造地用海	城镇建设填海造地用海	1
	农业填海造地用海	0.8
	废弃物处置填海造地用海	1
特殊用海	科研教学用海与军事用海	0.2
	海洋保护区用海	0
	海岸防护工程用海	0.1

以海洋功能区划和海洋主体功能区规划为基础,测算海域空间开发利用评价标准。计算公式如下:

$$P_{M0} = \frac{\sum_{i=1}^{8} h_i a_i}{S}$$

式中,P_{M0} 为海域空间开发利用标准,a_i 为第 i 类海洋功能区面积,h_i 为第 i 类海洋功能区允许的海洋开发程度,S 为省级海洋功能区划的海域总面积。赋值方法如附表 1-13 所示。

附表 1-13　海洋功能区海洋开发对海域资源环境的影响

海洋功能区类型	影响因子
工业与城镇区	$h_i = 0.60$
港口航运区	$h_i = 0.70$
矿产与能源区	$h_i = 0.60$
农渔业区	$h_i = 0.60$
旅游休闲娱乐区	$h_i = 0.60$
特殊利用区	$h_i = 0.40$
海洋保护区	$h_i = 0.20$
保留区	$h_i = 0.10$

根据海域开发资源效应指数与海域空间开发利用标准之比,得到海域开发强度(S_2)。

（3）阈值和重要参数

根据岸线和海域开发强度指数,将评价结果划分为适宜、临界和较高三种类型。通常,当 $S_1 \geqslant 1.1$ 时,或区域自然岸线保有率低于海洋生态保护红线等管控要求时,岸线开发强度较高;当 S_1 介于 $0.9 \sim 1.1$ 时,岸线开发强度临界;当 $S_1 \leqslant 0.9$ 时,岸线开发强度适宜。当 $S_2 \geqslant 0.3$ 时,海域开发强度较高;当 S_2 介于 $0.15 \sim 0.3$ 时,海域开发强度临界;当 $S_2 \leqslant 0.15$ 时,海域开发强度适宜。

此外,也可根据全国海洋主体功能区划和海洋功能区划,以及国家、地方省市海洋生态保护红线管控要求,对区域海洋空间资源开发利用强度实行差异化标准设置。

2. 海洋渔业资源评价

（1）指标内涵

海洋渔业资源评价主要表征近岸海洋渔业资源的承载状况，采用渔业资源综合承载指数评价指标，通过游泳动物指数和鱼卵仔稚鱼指数加权平均得到。

（2）算法与步骤

①游泳动物指数（F_1）

渔获物经济种类比例（ES）。根据近海渔业资源监测调查获取的渔获物中经济渔业种类所占比例与近 3 年的平均值的差值，得到经济种类的变化幅度（ΔES）。通常，当 ΔES 与近 3 年平均值之比＞10％时，渔获物中经济种类比例显著下降，ES 赋值为 1；当 ΔES 与近 3 年平均值之比介于 5～10％时，渔获物中经济种类比例下降，ES 赋值为 2；当 ΔES 与近 3 年平均值之比≤5％时，渔获物中经济种类比例基本稳定，ES 赋值为 3。

渔获物营养级状况（TL）。通过近海渔获物平均营养级指数的变化情况，表征区域海洋生态系统结构和功能的稳定性，以及对海洋生物资源开发利用的承载能力。其计算式为：

$$TL = \frac{\sum_{i=1}^{n}(TL_i)(Y_i)}{\sum_{i=1}^{n}(Y_i)}$$

式中，TL 为近海平均营养级指数，Y_i 为海域捕捞的第 i 种鱼类渔获量，TL_i 为第 i 种鱼类的营养级。根据评价单元内近海渔获物的平均营养级指数与区域标准值的差值，得到变化幅度（ΔTL）。通常，当 ΔTL 与标准值之比＞5％时，近海渔获物营养级显著下降，TL 赋值为 1；当 ΔTL 与标准值之比介于 3％～5％时，近海渔获物营养级下降，TL 赋值为 2；当 ΔTL 与标准值之比≤3％时，近海渔获物营养级基本稳定，TL 赋值为 3。

游泳动物指数（F_1）。游泳动物指数（F_1）为渔获物经济种类比例（ES）与渔获物营养级状况（TL）的算术平均数。其计算式为：

$$F_1 = (ES + TL) / 2$$

通常，当 $F_1 < 1.5$ 时，游泳动物指数显著下降；当 $1.5 \leqslant F_1 < 2.5$ 时，游泳动物指数呈下降趋势；当 $F_1 \geqslant 2.5$ 时，游泳动物指数基本稳定。

②鱼卵仔稚鱼指数（F_2）

鱼卵密度（F_E）。根据近海渔业资源监测调查值与近 3 年平均值的差值，得到鱼卵密度变化幅度（ΔF_E）。通常，当 ΔF_E 与近 3 年平均值之比＞30％时，鱼卵密度显著下降，F_E 赋值为 1；当 ΔF_E 与近 3 年平均值之比介于 10％～30％时，鱼卵密度下降，F_E 赋值为 2；当 ΔF_E 与近 3 年平均值之比 $\leqslant 10\%$ 时，鱼卵密度基本稳定，F_E 赋值为 3。

仔稚鱼密度（F_L）。根据近海渔业资源监测调查值与近 3 年平均值的差值，得到仔稚鱼密度变化幅度（ΔF_L）。通常，当 ΔF_L 与近 3 年平均值之比 $>30\%$ 时，仔稚鱼密度显著下降，F_L 赋值为 1；当 ΔF_L 与近 3 年平均值之比介于 $10\% \sim 30\%$ 时，仔稚鱼密度下降，F_L 赋值为 2；当 ΔF_L 与近 3 年平均值之比 $\leqslant 10\%$ 时，仔稚鱼密度基本稳定，F_L 赋值为 3。

鱼卵仔稚鱼指数（F_2）。鱼卵仔稚鱼指数（F_2）是由对鱼卵密度（F_E）与仔稚鱼密度（F_L）的单指标评估结果经加权平均得到，其计算式为：

$$F_2 = F_E \times 0.2 + F_L \times 0.8$$

通常，当 $F_2 < 1.5$ 时，鱼卵仔稚鱼指数显著下降；当 $1.5 \leqslant F_2 < 2.5$ 时，鱼卵仔稚鱼指数呈下降趋势；当 $F_2 \geqslant 2.5$ 时，游泳动物指数基本稳定。

③综合评估（F）

对游泳动物指数（F_1），鱼卵仔稚鱼指数（F_2）的单指标评估结果加权平均得出海洋渔业资源综合承载指数（F）。计算公式如下：

$$F = F_1 \times 0.6 + F_2 \times 0.4$$

（3）阈值和重要参数

根据海洋渔业资源综合承载指数，将评价结果划分为超载、临界和可载三种类型：即，当 $F < 1.5$，海洋渔业资源超载；当 $1.5 \leqslant F < 2.5$，海洋渔业资源临界超载；当 $F \geqslant 2.5$，海洋渔业资源可载。

3. 海洋生态环境评价

（1）指标内涵

海洋生态环境评价主要表征海洋生态环境承载状况，包括海洋环境承载状况和海洋生态承载状况两个方面。其中，海洋环境承载状况通过海洋功能区水质达标率反映，海洋生态承载状况通过浮游动物和大型底栖动物的生物量、生物密度的变化反映。

（2）算法与步骤

①海洋环境承载状况（E_1）

根据近岸海域水质监测与调查结果，依据《海水水质标准》（GB 3097—1997）采用无机氮（DIN）、活性磷酸盐（PO_4-P）、化学需氧量（COD）、石油类等指标计算各类海水水质等级的海域面积；通过统计评估符合海洋功能区水质要求的面积占海域总面积的比重（E_1），反映海洋环境承载状况。其中，海水水质要求按照《海水水质标准》(GB 3097—1997)确定(附表 1-14)。

附表 1-14　一级海洋功能区水质达标率的评价标准

功能区类型	农渔业区	港口航运区	工业与城镇用海区	矿产与能源区
水质要求	不劣于二类	不劣于四类	不劣于三类	不劣于四类
功能区类型	旅游休闲娱乐区	海洋保护区	特殊利用区	保留区
水质要求	不劣于二类	不劣于一类	不劣于现状	不劣于现状

注:由于特殊利用区和保留区的功能特性,《全国海洋功能区划》中对其水质要求为"不劣于现状"。但考虑两类功能区的需求,目前,在实际评价中这两项是按照不劣于四类的标准进行评价的,未来可根据主体功能区划的具体类型确定更为细化的要求。

②海洋生态承载状况(E_2)

——浮游动物变化状况(E_{2-F})。运用海洋生物多样性监测的浮游动物Ⅰ型网监测数据,借鉴《近岸海洋生态健康评价指南》(HY/T 087-2005)相关评价方法进行计算。计算公式如下:

$$E_{2-F} = \frac{|\Delta D_F| + |\Delta N_F|}{2}$$

式中,E_{2-F}为浮游动物变化状况,D_F、N_F分别为近 3 年浮游动物密度、生物量的平均值,ΔD_F、ΔN_F分别为浮游动物密度、生物量现状值与平均值的变化情况。当 $E_{2-F} \geq 50\%$时,浮游动物呈明显变化,赋值为 1;当 E_{2-F}介于 25%～50%时,浮游动物出现波动,赋值为 2;当 $E_{2-F} < 25\%$时,浮游动物基本稳定,赋值为 3。

——大型底栖动物变化状况(E_{2-B})。运用海洋生物多样性监测的大型底栖动物定量监测数据,借鉴《近岸海洋生态健康评价指南》(HY/T 087-2005)相关评价方法进行计算。计算公式如下:

$$E_{2-B} = \frac{|\Delta D_B| + |\Delta N_B|}{2}$$

式中,E_{2-B}为大型底栖动物变化状况,D_B、N_B分别为近 3 年大型底栖动物密度、生物量的平均值,ΔD_B、ΔN_B分别为为大型底栖动物密度、生物量现状值与平均值的变化情况。当 $E_{2-B} \geq 50\%$时,大型底栖动物呈明显变化,赋值为 1;当 E_{2-B}介于 25%～50%时,大型底栖动物出现波动,赋值为 2;当 $E_{2-B} < 25\%$时,大型底栖动物基本稳定,赋值为 3。

——海洋生态综合承载指数(E_2)。对浮游动物指数(E_{2-F})和大型底栖动物指数(E_{2-B})的单指标评估结果加权平均,得出海洋生态综合承载指数(E_2),计算公式如下:

$$E_2 = \frac{E_{2-\mathrm{F}} + E_{2-\mathrm{B}}}{2}$$

（3）阈值与重要参数

通常，当 $E_1 \leqslant 80\%$ 时，海洋环境超载；当 E_1 介于 $80\% \sim 90\%$ 时，海洋环境临界超载；当 $E_1 > 90\%$ 时，海洋环境可载。当 $E_2 < 1.5$ 时，海洋生态超载；当 E_2 介于 $1.5 \sim 2.5$ 时，海洋生态临界超载；当 $E_1 \geqslant 2.5$ 时，海洋生态可载。

4. 海岛资源环境评价

（1）指标内涵

海岛资源环境评价主要表征无居民海岛资源环境的承载状况，包括无居民海岛开发强度和无居民海岛生态状况两个方面。其中，无居民海岛开发强度通过海岛人工岸线比例、海岛开发用岛规模指数的组合关系反映，无居民海岛生态状况通过近 10 年来海岛植被覆盖率的变化情况反映。海岛资源环境评价对象为面积 500 平方米以上的无居民海岛；对于无居民海岛数量较多、分布较为集中的评价单元，选择适当比例的具有代表性的无居民海岛进行评估。

（2）算法与步骤

①无居民海岛开发强度（I_1）

采用无居民海岛人工岸线比例、无居民海岛开发用岛规模指数两项评价结果的组合关系反映。

• 无居民海岛人工岸线比例（I_{11}）。据无居民海岛人工岸线长度占海岛总岸线长度之比，得到无居民海岛人工岸线比例（I_{11}）。计算公式如下：

$$I_{11} = I_{11\mathrm{L}} / I_{11\mathrm{T}}$$

式中，I_{11} 为沿海各县（市、区）无居民海岛人工岸线比例；$I_{11\mathrm{L}}$ 为沿海各县（市、区）无居民海岛人工岸线长度；$I_{11\mathrm{T}}$ 为沿海各县（市、区）无居民海岛总岸线长度。

• 无居民海岛开发用岛规模指数（I_{12}）。根据无居民海岛已开发利用面积占海岛总面积之比，得到无居民海岛开发用岛规模指数（I_{12}）。其中，无居民海岛已开发利用面积（$I_{12\mathrm{C}}$）计算公式如下：

$$I_{12} = I_{12\mathrm{C}} / I_{12\mathrm{T}} \tag{1}$$

$$I_{12\mathrm{C}} = \sum_{i=1}^{4} IA_i \times IF_i \tag{2}$$

式中，I_{12} 为沿海各县（市、区）无居民海岛开发利用比例；$I_{12\mathrm{C}}$ 为沿海各县（市、区）无居民海岛已开发利用面积；$I_{12\mathrm{T}}$ 为沿海各县（市、区）无居民海岛总面积。式（2）中，$i = 1, \cdots, 4$，分别代表工矿仓储及交通、水利设施及坑塘养殖、住宅及公共服务、耕地和园地及经济林四类海岛利用类型，I_{Ai} 为第 i 类海岛利用类型的面积，

I_{Fi}为第i类海岛利用类型对资源环境的影响系数($I_{F1}=1$，$I_{F2}=0.8$，$I_{F3}=0.6$，$I_{F4}=0.2$)。

②无居民海岛生态状况(I_2)

根据近10年来无居民海岛植被覆盖率的变化情况反映。计算公式如下：

$$I_2 = 1 - \frac{I_{2P}}{I_{20}}$$

式中，I_2为沿海各县(市、区)无居民海岛植被覆盖度变化率，I_{2P}为沿海各县(市、区)评价现状年植被覆盖度，I_{20}为沿海各县(市、区)现状年10年前植被覆盖度。

(3)阈值与重要参数

通常，当$I_{11}>30\%$时，无居民海岛岸线开发强度较高；当I_{11}介于$20\%\sim30\%$时，开发强度临界；当$I_{11}\leqslant20\%$时，开发强度适宜。当$I_{12}>40\%$时，开发用岛规模较高；当I_{11}介于$30\%\sim40\%$时，开发用岛规模临界；当$I_{11}\leqslant30\%$时，开发用岛规模适宜。再将海岛人工岸线比例和海岛开发用岛规模指数两项指标中，任意一项为较高的划分为海岛开发强度较高，任意一项为临界的划分为海岛开发强度临界，其余的划分为海岛开发强度适宜。当$I_2>5\%$时，无居民海岛生态状况显著退化；当I_2介于$2\%\sim5\%$时，无居民海岛生态状况退化；当$I_2\leqslant2\%$时，无居民海岛生态状况基本稳定。

(二)专项评价

1. 重点开发用海区评价

(1)评价指标及含义

重点开发用海区评价主要表征海洋功能区内重点开发建设用海区的围填海规模和强度，采用围填海强度指数为特征指标，通过围填海面积比例反映。

(2)算法与关键参数

围填海强度指数为某一海洋基本功能区内围填海的面积比例，计算公式如下：

$$Q = \frac{\sum_{i=1}^{n} a_i}{S_0}$$

式中，Q为围填海强度指数，S_0为某一海洋功能区总面积(公顷)，a_i为该海洋基本功能区内第i宗围填海项目的围填海域面积(公顷)。

通常，当围填海强度指数$Q\geqslant0.4$，围填海强度较大；$0.3\leqslant Q<0.4$，围填海强度中等；$Q<0.3$，围填海强度较小。

2. 海洋渔业保障区评价

（1）评价指标及含义

海洋渔业保障区评价主要表征以提供海洋水产品为主要功能的海洋渔业保障区，包括传统渔场、海水养殖区和水产种质资源保护区的渔业资源状况。采用渔业资源密度指数为特征指标，通过传统渔场主要捕捞对象或水产种质资源保护区保护对象资源量近 5 年与近 10 年平均值的变化率来反映。

（2）算法与关键参数

选择传统渔场主捕对象或水产种质资源保护区保护对象的资源量近 5 年与近 10 年平均值的变化率作为渔业资源密度指数（ΔR_F），计算式为：

$$\Delta R_F = 1 - \bar{R}_{F5} / \bar{R}_{F10}$$

式中，ΔR_F 为渔业资源密度指数；$\bar{R}_{F5}$ 为近 5 年区域主捕对象或水产种质资源保护区对象的资源量平均值；$\bar{R}_{F10}$ 为近 10 年区域主捕对象或水产种质资源保护区对象的资源量平均值。

通常，当 $\Delta R_F < 5\%$ 时，资源较为稳定，功能趋于稳定；当 $5\% \leqslant \Delta R_F < 10\%$ 时，资源存在衰退，功能受损；当 $\Delta R_F \geqslant 10\%$ 时，资源严重衰退，功能严重受损。

3. 重点海洋生态功能区评价

（1）评价指标及含义

重要海洋生态功能区评价主要表征海洋主体功能区规划中对维护海洋生物多样性、保护典型海洋生态系统具有重要作用的海域的生态系统变化情况，采用生态系统变化指数为特征指标，通过典型生境植被覆盖度的变化率和保护对象变化率集成反映。

（2）算法与关键参数

①典型生境植被覆盖度变化率（F_c）

植被覆盖度一般定义为观测区域内植被垂直投影面积占地表面积的百分比，是指示生态环境变化的重要指标之一。

利用基于遥感的像元二分模型法评估典型生境植被（红树、柽柳、芦苇、碱蓬等）覆盖度的变化趋势。像元二分模型估算植被覆盖度时多采用归一化植被指数数据计算，计算公式如下：

$$F_c = \frac{\text{NDVI} - \text{NDVI}_{\text{soil}}}{\text{NDVI}_{\text{veg}} - \text{NDVI}_{\text{soil}}} \times 100\%$$

式中，F_c 为植被覆盖度，NDVI 为影像中各像元的 NDVI 值；$\text{NDVI}_{\text{soil}}$ 为全裸土或

无植被覆盖区域 NDVI 值；NDVI$_{veg}$ 为纯植被覆盖像元的 NDVI 值。F_c 的值介于[0,1]之间，采用等间距重分类可分为 4 个等级，当 $0 \leqslant F_c \leqslant 25\%$ 时，为低覆被；$25\% < F_c \leqslant 50\%$ 时，为较低覆被；当 $50\% < F_c \leqslant 75\%$ 时，为较高覆被；$75\% < F_c \leqslant 100\%$ 时，为高覆被。

根据不同海域典型生境特点，利用植被覆盖变化率，表征评价区域海洋资源生态承载力的状态趋势。计算公式如下：

$$E_v = 1 - \frac{F_{cp}}{F_{c0}}$$

式中，E_v 为植被覆盖变化率，F_{cp} 为评价现状年植被覆盖率；F_{c0} 为评价现状年 10 年前植被覆盖度。通常，当 $E_v > 20\%$ 时，典型生境生态质量状况显著退化；当 E_v 介于 $10\% \sim 20\%$ 时，典型生境生态质量状况退化；$E_v < 10\%$ 时，典型生境生态质量基本稳定，其中，当 $E_v \leqslant 0$ 时，典型生境生态质量状况改善。

②海洋生态保护对象变化率（E_h）

采用海洋保护区监测数据，借鉴《近岸海洋生态健康评价指南》（HY/T 087—2005）相关评价方法，对典型生境、珍稀濒危生物、特殊自然景观等重点保护对象进行评价。其中，对珊瑚礁分布区，计算评价年度活珊瑚盖度与评价年度 10 年前的变化率；对海草床分布区，计算评价年度海草床盖度与评价年度 10 年前的变化率；对于其他珍稀濒危海洋生物物种，计算评价年度保护物种种群规模与评价年度 10 年前的变化率。

当保护对象变化率 $E_h > 10\%$ 时，保护对象显著退化；当 E_h 介于 $5\% \sim 10\%$ 时，保护对象呈退化趋势；当 $E_h < 5\%$ 时，保护对象基本稳定。

③生态系统变化指数（E_e）

重要海洋生态功能区的生态系统变化指数（E_e）采用极大值模型进行集成，计算公式如下：

$$E_e = \max(E_v, E_h)$$

将典型生境植被覆盖度变化率和海洋生态保护对象变化率两项中，任意一项评价结果为显著退化的划分为显著退化，任意一项评价结果为退化的划分为退化，其余的划分为基本稳定。

三、集成评价

在陆域、海域基础评价与专项评价的基础上，通过遴选集成指标，采用"短板效应"原理确定超载、临界超载、不超载三种超载类型，并复合陆和海域评价结果，校验超载类型，最终形成超载类型划分方案。

（一）集成指标遴选

集成指标是资源环境超载类型划分的基本依据，包括 8 个陆域评价指标和 10 个海域评价指标，如附表 1-15 所示。

附表 1-15　超载类型划分中的集成指标及分级

指标来源		指标名称	指标分级		
陆域评价	基础评价	土地资源	土地资源压力指数	压力大	压力中等	压力小
		水资源	水资源开发利用量	超载	临界超载	不超载
		环境	污染物浓度超标指数	超标	接近超标	未超标
		生态	生态系统健康度	健康度低	健康度中等	健康度高
	专项评价	城市化地区	水气环境黑灰指数	超载	临界超载	不超载
		农产品主产区	耕地质量变化指数	恶化	相对稳定	趋良
			草原草畜平衡指数	超载	临界超载	不超载
		重点生态功能区	生态系统功能指数	低等	中等	高等
海域评价	基础评价	海洋空间资源	岸线开发强度	较高	临界	适宜
			海域开发强度	较高	临界	适宜
		海洋渔业资源	渔业资源综合承载指数	超载	临界超载	不超载
		海洋生态环境	海洋环境承载状况	超载	临界超载	不超载
			海洋生态承载状况	超载	临界超载	不超载
		海岛资源环境	无居民海岛开发强度	较高	临界	适宜
			无居民海岛生态状况	显著退化	退化	基本稳定
	专项评价	重点开发用海区	围填海强度指数	较大	中等	较小
		海洋渔业保障区	渔业资源密度指数	严重受损	受损	稳定
		重要海洋生态功能区	生态系统变化指数	显著退化	退化	基本稳定

（二）超载类型确定

在陆域和海域开展基础评价、专项评价的基础上，采取"短板效应"进行综合集成。集成指标中任意一个超载或两个以上临界超载，确定为超载类型；任意一个临界超载，确定为临界超载类型；其余为不超载类型。

（三）超载类型校核

在海域评价基础上，将海岸线开发强度、海洋环境承载状况和海洋生态承载状况三个指标的评价结果，分别与对应的陆域沿海区县基础评价中的土地资源、环境和生态评价的结果进行复合,调整沿海区县对应指标的评价值,统筹陆域和海域超载类型。

• 基于海洋空间资源评价,选取岸线开发强度指标,同所属陆域沿海区县的土地资源压力指数进行复合,将该县实际土地资源压力等级取值为陆域评价的土地资源压力与海域评价的岸线开发强度之间的最高级。

• 基于海洋环境评价,选取海洋环境承载状况指标,通过对不符合水质要求的海洋功能区主要陆源污染物进行核算与分解,对入海污染物贡献程度高的区县,同陆域环境污染物浓度超标指数进行复合,将该县陆域评价的污染物超标指数等级上调一级。

• 基于海洋生态评价,选取海洋生态承载状况指标,同所属陆域沿海区县的生态系统健康度进行复合,将该县实际生态评价等级取值为陆域评价的生态系统健康度与海域评价的海洋生态承载状况之间的最高级。

(四)预警等级划分

针对超载类型划分结果,分别开展陆域、海域的过程评价,根据资源环境耗损的加剧与趋缓态势,划分红色预警、橙色预警、黄色预警、蓝色预警、绿色无警五级警区,并复合陆域和海域过程评价结果,校验预警等级,最终形成预警等级划分方案。

四、过程评价

(一)陆域过程评价

陆域资源环境耗损指数是人类生产生活过程中的资源利用效率、污染排放强度及生态质量等变化过程特征的集合,是反映陆域资源环境承载状态变化及可持续性的重要指标,具体见附表 1-16 所示。

附表 1-16　陆域资源环境耗损指数测度指标集

概念层	类别层	指标层	数据层
陆域资源环境耗损指数	资源利用效率变化	土地资源利用效率变化(建设用地)	10 年年均增速
		水资源利用效率变化(用水量)	10 年年均增速
	污染物排放强度变化	水污染物排放强度变化(化学需氧量、氨氮)	10 年年均增速
		大气污染物排放强度变化(二氧化硫、氮氧化物)	10 年年均增速
	生态质量变化	林草覆盖率变化	10 年年均增速

• 土地资源利用效率变化。计算公式如下：

$$L_e = \sqrt[10]{\frac{\left(\dfrac{L_t}{\text{GDP}_t}\right)}{\left(\dfrac{L_{t+10}}{\text{GDP}_{t+10}}\right)}} - 1$$

式中，L_e 为年均土地资源利用效率增速，t 为基准年，L_t 为基准年行政区域内建设用地面积，GDP_t 为基准年 GDP，L_{t+10} 为基准年后第 10 年行政区域内建设用地面积，GDP_{t+10} 位基准年后第 10 年 GDP。

• 水资源利用效率变化。计算公式如下：

$$W_e = \sqrt[10]{\frac{\left(\dfrac{W_t}{\text{GDP}_t}\right)}{\left(\dfrac{W_{t+10}}{\text{GDP}_{t+10}}\right)}} - 1$$

式中，W_e 为年均水资源利用效率增速，t 为基准年，W_t 为基准年行政区域内用水量，GDP_t 为基准年 GDP，W_{t+10} 为基准年后第 10 年行政区域内用水量，GDP_{t+10} 为基准年后第 10 年 GDP。

• 水污染物（化学需氧量）排放强度变化。计算公式如下：

$$C_e = \sqrt[10]{\frac{\left(\dfrac{C_{t+10}}{\text{GDP}_{t+10}}\right)}{\left(\dfrac{C_t}{\text{GDP}_t}\right)}} - 1$$

式中，C_e 为区域年均主要污染物（化学需氧量）排放强度增速；t 为基准年，$t+10$ 为基准年后第 10 年；C_t 为基准年污染物（化学需氧量）排放量，C_{t+10} 为基准年后第 10 年区域内污染物（化学需氧量）排放量；GDP_t 为基准年 GDP，GDP_{t+10} 为基准年后第 10 年 GDP。

• 水污染物（氨氮）排放强度变化。计算公式如下：

$$A_e = \sqrt[10]{\frac{\left(\dfrac{A_{t+10}}{\text{GDP}_{t+10}}\right)}{\left(\dfrac{A_t}{\text{GDP}_t}\right)}} - 1$$

式中，A_e 为区域年均主要污染物（氨氮）排放强度增速；t 为基准年，$t+10$ 为基准年后第 10 年；A_t 为基准年污染物（氨氮）排放量，A_{t+10} 为基准年后第 10 年区域内污染物（氨氮）排放量；GDP_t 为基准年 GDP，GDP_{t+10} 为基准年后第 10 年 GDP。

• 大气污染物（二氧化硫）排放强度变化。计算公式如下：

$$S_e = \sqrt[10]{\frac{\left(\frac{S_{t+10}}{GDP_{t+10}}\right)}{\left(\frac{S_t}{GDP_t}\right)}} - 1$$

式中，S_e 为区域年均主要污染物（二氧化硫）排放强度增速；t 为基准年，$t+10$ 为基准年后第 10 年；S_t 为基准年污染物（二氧化硫）排放量，A_{t+10} 为基准年后第 10 年区域内污染物（二氧化硫）排放量；GDP_t 为基准年 GDP，GDP_{t+10} 为基准年后第 10 年 GDP。

• 大气污染物（氮氧化物）排放强度变化。计算公式如下：

$$D_e = \sqrt[10]{\frac{\left(\frac{D_{t+10}}{GDP_{t+10}}\right)}{\left(\frac{D_t}{GDP_t}\right)}} - 1$$

式中，D_e 为区域年均主要污染物（氮氧化物）排放强度增速；t 为基准年，$t+10$ 为基准年后第 10 年；D_t 为基准年污染物（氮氧化物）排放量，A_{t+10} 为基准年后第 10 年区域内污染物（氮氧化物）排放量；GDP_t 为基准年 GDP，GDP_{t+10} 为基准年后第 10 年 GDP。

• 林草覆盖率变化。计算公式如下：

$$E_e = \sqrt[10]{\frac{E_{t+10}}{E_t}} - 1$$

式中，E_e 为森林覆盖率年均增速；t 指基准年；E_t 为基准年行政区内森林覆盖率，E_{t+10} 为基准年后 10 年的森林覆盖率。前者是指森林覆盖率年均增速低于全国平均水平，指向为变化趋差；后者则指是森林覆盖率年均增速不低于全国平均水平，指向为变化趋良。

根据上述 7 项指标值的正负及与对应的全国平均值的关系将各区域的各指标值进行分类，再将各项指标依据附表 1-17 集成为资源利用效率变化、污染物排放强度变化、生态质量变化 3 个类别。

附表 1-17　陆域资源消耗指数和环境污染指数类别划分标准

名称	类别	指向	分类标准
资源利用效率变化	低效率类	变化趋差	两类速度指标均低于全国平均水平
	高效率类	变化趋良	除上述情况外的其他情况
污染物排放强度变化	高强度类	变化趋差	至少三类强度指标均高于全国平均水平
	低强度类	变化趋良	除上述情况外的其他情况

名称	类别	指向	分类标准
生态质量 变化	低质量类	变化趋差	林草覆盖率年均增速低于全国平均水平
	高质量类	变化趋良	林草覆盖率年均增速不低于全国平均水平

根据陆域资源利用效率变化、污染物排放强度变化、生态质量变化 3 个类别的匹配关系,得到不同类型的资源环境耗损指数。其中,3 项指标中至少 2 项指标变差的区域,为资源环境耗损加剧型,其他区域为资源环境耗损趋缓型。

(二)海域过程评价

海域过程评价通过海洋资源环境耗损指数反映,该指数由海域或海岛开发强度变化、环境污染程度变化和生态灾害风险变化 3 项指标集合而成,如附表 1-18 所示。

附表 1-18　海域资源环境耗损指数测度指标集

概念层	类别层	指标层	数据层
海洋资源 环境耗损 指数	海洋/海岛开发效率变化	海域开发效率变化;无居民海岛开 发强度变化	10 年年均增速
	环境污染程度变化	优良水质比例变化	10 年年均增速
	生态灾害风险变化	赤潮灾害频次变化	10 年年均增速

——海域/海岛开发效率变化

海域开发效率变化。计算近 10 年沿海县级行政单元的海域开发资源效应指数(P_E)。近 10 年海域开发资源效应指数相对于沿海县级区 GDP 的变化趋势(L),以表征海域开发效率的变化。L 的计算公式如下:

$$L = \sqrt[10]{\frac{\left(\dfrac{P_{E(t+10)}}{GDP_{(t+10)}}\right)}{\left(\dfrac{P_{E(t)}}{GDP_{(t)}}\right)}} - 1$$

通常,当 $L > 10\%$,则海域开发效率变化趋差;$L \leqslant 10\%$,则海域开发效率变化不大或趋良。

海岛开发效率变化。通过近 10 年无居民海岛开发强度(I_1)的增长率与所在省级行政区建设用地面积(C)增长率和海域开发资源效应指数(P_E)增长率对比分析,得出无居民海岛开发强度变化率。鉴于海岛数据资料的难获取性,若缺少评估年或基准年的数据资料,可选择邻近年份的数据资料来替代。计算公式如下:

$$I_{A1} = \frac{1}{2}\left[\sqrt[10]{\frac{\left(\dfrac{I_{11(t+10)}}{I_{11(t)}}\right)}{\left(\dfrac{C_{t+10}}{C_{(t)}}\right)}} + \sqrt[10]{\frac{\left(\dfrac{I_{11(t+10)}}{I_{11(t)}}\right)}{\left(\dfrac{P_{E(t+10)}}{P_{E(t)}}\right)}} \right] - 1$$

$$I_{A2} = \frac{1}{2}\left[\sqrt[10]{\frac{\left(\dfrac{I_{12(t+10)}}{I_{12(t)}}\right)}{\left(\dfrac{C_{t+10}}{C_{(t)}}\right)}} + \sqrt[10]{\frac{\left(\dfrac{I_{12(t+10)}}{I_{12(t)}}\right)}{\left(\dfrac{P_{E(t+10)}}{P_{E(t)}}\right)}} \right] - 1$$

$$I_A = \max(I_{A1}, I_{A2})$$

通常,当 $I_A > 10\%$,则无居民海岛开发强度变化趋高;$I_A \leqslant 10\%$,则无居民海岛开发强度变化不大或趋低。

海域/海岛开发效率变化。根据"短板理论",当海域开发效率或无居民海岛开发适宜度有一项或一项以上变化趋高,则海域/海岛开发效率变化超差;否则,海域/海岛开发效率变化不大或趋良。

• 优良水质比例变化

沿海县级行政区所辖海域优良水质比例(一、二类海水水质面积比例,B_r),计算公式如下:

$$B_r = \frac{S_1 + S_2}{S_x} \times 100\%$$

式中,S_1 为符合第一类海水水质标准的海域面积,S_2 为符合第一类海水水质标准的海域面积,S_x 为评价单元海域总面积。

进一步根据近 10 年沿海县级行政区海域优良水质比例,采用 Mann-Kendall 检验法计算时间序列趋势统计量 S 值和显著性水平 P 值,依据附表 1-19 判断海域优良水质比例的年际变化趋势(B),以表征海域环境污染程度的变化:趋差、变化不大或趋良。

附表 1-19 海域优良水质比例变化趋势的 Mann-Kendall 检验法

检验结果		优良水质比例变化趋势	海域环境污染程度
$P \leqslant 0.1$	$S > 0$	上升趋势	趋良
	$S < 0$	降低趋势	趋差
$P > 0.1$		无显著变化趋势	变化不大

• 生态灾害风险变化

根据近 10 年沿海县级行政区海域赤潮发生频次,采用 Mann-Kendall 检验法计算时间序列趋势统计量 S 值和显著性水平 P 值,依据附表 1-20 判断海域赤潮发生频次的年际变化趋势（D），以表征海域生态灾害风险的变化：趋高、变化不大或趋低。

附表 1-20　海域赤潮发生频次变化趋势的 Mann-Kendall 检验法

检验结果		赤潮发生频次变化趋势	海域生态灾害风险
$P \leqslant 0.1$	$S>0$	上升趋势	趋高
	$S<0$	降低趋势	趋低
$P>0.1$		无显著变化趋势	变化不大

（三）预警等级确定

按照陆域、海域资源环境耗损过程评价结果，对超载类型进行预警等级划分。将资源环境耗损加剧的超载区域定为红色预警区（极重警），资源环境耗损趋缓的超载区域定为橙色预警区（重警），资源环境耗损加剧的临界超载区域定为黄色预警区（中警），资源环境耗损趋缓的临界超载区域定为蓝色预警区（轻重警），不超载的区域为绿色无警区（无警）。如附图 1-1 所示。

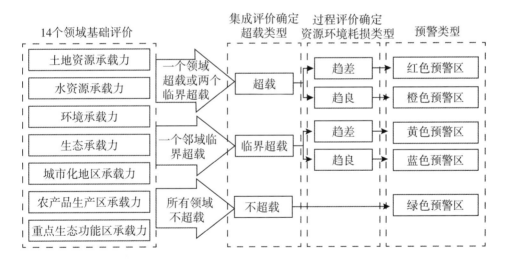

附图 1-1　预警等级划分方式

（四）预警等级校验

对于沿海的县（市、区），将陆域和海域过程评价结果进行复合，对陆域和海域的预警等级进行校验。将资源环境耗损等级取值为陆域资源环境耗损指数与海洋资源环境耗损指数之间的最高级，并以此调整沿海县（市、区）的预警等级，实现同一行政区内陆域和海域预警等级的衔接协调。

附录二　各评价单元超载类型划分结果

附表 2-1　陆域超载类型划分结果

序号	地区	土地资源	水资源	环境	生态	城市化地区	农产品主产区	重点生态功能区	集成评价
1	杭州市区	压力中等	不超载	超标	健康度高	不超载	—	—	超载
2	萧山区	压力中等	不超载	超标	健康度高	不超载	—	—	超载
3	余杭区	压力小	不超载	超标	健康度高	不超载	—	—	超载
4	富阳区	压力小	不超载	超标	健康度高	不超载	—	—	超载
5	临安市	压力小	不超载	超标	健康度高	—	—	高等	超载
6	建德市	压力中等	不超载	超标	健康度高	—	—	高等	超载
7	桐庐县	压力小	不超载	超标	健康度高	—	—	高等	超载
8	淳安县	压力小	不超载	未超标	健康度高	—	—	高等	未超载
9	宁波市区	压力中等	不超载	超标	健康度高	不超载	—	—	超载
10	鄞州区	压力小	不超载	超标	健康度高	不超载	—	—	超载
11	奉化区	压力小	不超载	超标	健康度高	不超载	—	—	超载
12	余姚市	压力中等	不超载	超标	健康度高	不超载	—	—	超载
13	慈溪市	压力小	不超载	超标	健康度高	不超载	—	—	超载
14	象山县	压力小	不超载	接近超标	健康度高	不超载	—	—	临界超载
15	宁海县	压力小	不超载	超标	健康度高	不超载	—	—	超载
16	温州市区	压力小	不超载	超标	健康度低	不超载	—	—	超载

序号	地区	土地资源	水资源	环境	生态	城市化地区	农产品主产区	重点生态功能区	集成评价
17	洞头区	压力小	不超载	接近超标	健康度中等	不超载	—	—	临界超载
18	瑞安市	压力小	不超载	接近超标	健康度中等	不超载	—	—	临界超载
19	乐清市	压力小	不超载	接近超标	健康度中等	不超载	—	—	临界超载
20	永嘉县	压力小	不超载	接近超标	健康度中等	—	—	高等	临界超载
21	平阳县	压力小	不超载	未超标	健康度低	不超载	—	—	超载
22	苍南县	压力小	不超载	超标	健康度低	不超载	—	—	超载
23	文成县	压力小	不超载	未超标	健康度低	—	—	高等	超载
24	泰顺县	压力小	不超载	未超标	健康度中等	—	—	高等	临界超载
25	嘉兴市区	压力小	不超载	超标	健康度高	不超载	—	—	超载
26	平湖市	压力小	不超载	超标	健康度高	—	趋良	—	超载
27	海宁市	压力小	不超载	超标	健康度高	不超载	—	—	超载
28	桐乡市	压力中等	不超载	超标	健康度高	不超载	—	—	超载
29	嘉善县	压力中等	不超载	超标	健康度高	不超载	—	—	超载
30	海盐县	压力中等	不超载	超标	健康度高	—	趋良	—	超载
31	湖州市区	压力小	不超载	超标	健康度高	不超载	—	—	超载
32	德清县	压力小	不超载	超标	健康度高	不超载	—	—	超载
33	长兴县	压力中等	不超载	超标	健康度高	不超载	—	—	超载
34	安吉县	压力小	不超载	超标	健康度高	—	—	高等	超载

序号	地区	土地资源	水资源	环境	生态	城市化地区	农产品主产区	重点生态功能区	集成评价
35	绍兴市区	压力中等	不超载	超标	健康度高	不超载	—	—	超载
36	柯桥区	压力小	不超载	超标	健康度高	不超载	—	—	超载
37	上虞区	压力小	不超载	超标	健康度高	不超载	—	—	超载
38	诸暨市	压力小	不超载	超标	健康度高	不超载	—	—	超载
39	嵊州市	压力小	不超载	超标	健康度中等	不超载	—	—	超载
40	新昌县	压力小	不超载	超标	健康度低	—	—	高等	超载
41	金华市区	压力小	不超载	超标	健康度高	不超载	—	—	超载
42	金东区	压力小	不超载	超标	健康度高	不超载	—	—	超载
43	兰溪市	压力小	不超载	超标	健康度高	不超载	—	—	超载
44	东阳市	压力小	不超载	超标	健康度中等	不超载	—	—	超载
45	义乌市	压力小	不超载	超标	健康度高	不超载	—	—	超载
46	永康市	压力小	不超载	超标	健康度中等	不超载	—	—	超载
47	武义县	压力中等	不超载	超标	健康度高	—	—	高等	超载
48	浦江县	压力小	不超载	超标	健康度高	—	—	高等	超载
49	磐安县	压力小	不超载	未超标	健康度中等	—	—	高等	临界超载
50	衢州市区	压力小	不超载	超标	健康度高	不超载	趋良	—	超载
51	江山市	压力小	不超载	超标	健康度高	—	趋良	—	超载
52	常山县	压力小	不超载	超标	健康度高	—	—	高等	超载

序号	地区	土地资源	水资源	环境	生态	城市化地区	农产品主产区	重点生态功能区	集成评价
53	开化县	压力小	不超载	未超标	健康度中等	—	—	高等	临界超载
54	龙游县	压力中等	不超载	超标	健康度高	—	趋良	—	超载
55	舟山市区	压力小	不超载	未超标	健康度高	不超载	—	—	未超载
56	岱山县	压力小	不超载	未超标	健康度高	不超载	—	—	未超载
57	嵊泗县	压力小	不超载	未超标	健康度高	—	—	—	未超载
58	台州市区	压力小	不超载	超标	健康度高	不超载	—	—	超载
59	温岭市	压力小	不超载	未超标	健康度高	不超载	—	—	未超载
60	临海市	压力小	不超载	接近超标	健康度高	不超载	—	—	临界超载
61	玉环市	压力小	不超载	未超标	健康度中等	不超载	—	—	临界超载
62	三门县	压力小	不超载	接近超标	健康度高	不超载	—	—	临界超载
63	天台县	压力小	不超载	接近超标	健康度高	—	—	高等	临界超载
64	仙居县	压力小	不超载	接近超标	健康度中等	—	—	高等	临界超载
65	丽水市区	压力小	不超载	接近超标	健康度中等	不超载	—	—	临界超载
66	龙泉市	压力中等	不超载	未超标	健康度高	—	—	高等	临界超载
67	青田县	压力小	不超载	未超标	健康度中等	—	—	高等	临界超载
68	云和县	压力中等	不超载	未超标	健康度高	—	—	高等	临界超载
69	庆元县	压力中等	不超载	未超标	健康度高	—	—	高等	临界超载
70	缙云县	压力中等	不超载	接近超标	健康度低	—	—	高等	超载

序号	地区	土地资源	水资源	环境	生态	城市化地区	农产品主产区	重点生态功能区	集成评价
71	遂昌县	压力小	不超载	接近超标	健康度高	—	—	高等	临界超载
72	松阳县	压力中等	不超载	接近超标	健康度中等	—	—	高等	临界超载
73	景宁畲族自治县	压力中等	不超载	未超标	健康度高	—	—	高等	临界超载

附表 2-2　海域超载类型划分结果

序号	地区	海洋空间资源		海洋渔业资源	海洋生态环境		海岛资源环境		重点开发用海区	海洋渔业保障区	重要海洋生态功能区	集成评价
		岸线开发强度	海域开发强度	渔业资源综合承载指数	海洋环境承载状况	海洋生态承载状况	无居民海岛开发强度	无居民海岛生态状况				
1	北仑区	适宜	临界	可载	可载	可载	临界	基本稳定	较小	稳定	—	临界超载
2	镇海区	临界	适宜	可载	可载	可载	适宜	基本稳定	较小	稳定	—	临界超载
3	鄞州区	适宜	临界	可载	可载	可载	适宜	基本稳定	较小	稳定	—	临界超载
4	奉化区	适宜	适宜	可载	超载	可载	适宜	基本稳定	较小	稳定	—	超载
5	余姚市	较高	适宜	可载	可载	可载	—	—	较小	稳定	—	超载
6	慈溪市	较高	适宜	可载	可载	可载	—	—	较小	稳定	—	超载
7	象山县	适宜	适宜	可载	临界	可载	适宜	基本稳定	较小	稳定	基本稳定	临界超载
8	宁海县	适宜	适宜	可载	超载	可载	适宜	基本稳定	较小	稳定	—	超载
9	龙湾区	临界	适宜	可载	临界	临界	—	—	较小	稳定	基本稳定	临界超载
10	洞头区	适宜	适宜	可载	可载	临界	适宜	基本稳定	较小	稳定	基本稳定	临界超载
11	瑞安市	适宜	适宜	可载	可载	临界	适宜	退化	较小	稳定	—	临界超载

续表

序号	地区	海洋空间资源		海洋渔业资源	海洋生态环境		海岛资源环境		重点开发用海区	海洋渔业保障区	重要海洋生态功能区	集成评价
		岸线开发强度	海域开发强度	渔业资源综合承载指数	海洋环境承载状况	海洋生态承载状况	无居民海岛开发强度	无居民海岛生态状况				
12	乐清市	临界	适宜	可载	可载	临界	临界	退化	较小	稳定	基本稳定	临界超载
13	平阳县	适宜	适宜	可载	可载	临界	适宜	基本稳定	较小	稳定	基本稳定	临界超载
14	苍南县	适宜	适宜	可载	临界	临界	适宜	基本稳定	较小	稳定	—	临界超载
15	平湖市	适宜	适宜	—	临界	临界	适宜	基本稳定	较小	稳定	—	临界超载
16	海盐县	适宜	适宜		可载	临界	适宜	基本稳定	较小	稳定	—	临界超载
17	定海区	适宜	适宜	可载	可载	临界	适宜	基本稳定	较小	稳定	基本稳定	临界超载
18	普陀区	适宜	适宜	可载	可载	临界	适宜	基本稳定	较小	稳定	基本稳定	临界超载
19	岱山县	适宜	适宜	可载	临界	临界	适宜	基本稳定	较小	稳定	—	临界超载
20	嵊泗县	适宜	适宜	可载	临界	临界	适宜	基本稳定	较小	稳定	基本稳定	临界超载
21	椒江区	适宜	适宜	可载	可载	临界	适宜	显著退化	较小	稳定	基本稳定	超载
22	路桥区	适宜	适宜	可载	可载	临界	适宜	基本稳定	较小	稳定	—	临界超载
23	温岭市	适宜	适宜	可载	可载	临界	适宜	基本稳定	较小	稳定	—	临界超载
24	临海市	适宜	适宜	可载	可载	临界	适宜	基本稳定	较小	稳定	—	临界超载
25	玉环市	适宜	适宜	可载	可载	临界	适宜	基本稳定	较小	稳定	基本稳定	临界超载
26	三门县	适宜	适宜	可载	可载	临界	适宜	基本稳定	较小	稳定	—	临界超载

注:"—"无相关评价内容或缺数据。

附录三 各评价单元资源环境耗损变化趋势

附表 3-1 各县(市、区)陆域资源环境耗损变化趋势

	地区	资源利用效率变化	污染物排放强度变化	生态质量变化	总趋势
1	杭州市区	趋良	趋良	趋良	趋良
2	萧山区	趋良	趋良	趋良	趋良
3	余杭区	趋良	趋良	趋良	趋良
4	富阳区	趋良	趋良	趋差	趋良
5	临安市	趋良	趋良	趋良	趋良
6	建德市	趋良	趋差	趋差	趋差
7	桐庐县	趋良	趋良	趋良	趋良
8	淳安县	趋良	趋良	趋良	趋良
9	宁波市区	趋良	趋良	趋良	趋良
10	鄞州区	趋良	趋良	趋良	趋良
11	奉化区	趋差	趋差	趋良	趋差
12	余姚市	趋良	趋良	趋差	趋良
13	慈溪市	趋良	趋良	趋良	趋良
14	象山县	趋良	趋良	趋良	趋良
15	宁海县	趋良	趋良	趋良	趋良
16	温州市区	趋良	趋差	趋良	趋良
17	洞头区	趋良	趋良	趋良	趋良
18	瑞安市	趋良	趋良	趋差	趋良
19	乐清市	趋良	趋良	趋差	趋良
20	永嘉县	趋良	趋良	趋良	趋良
21	平阳县	趋良	趋良	趋良	趋良
22	苍南县	趋良	趋良	趋良	趋良
23	文成县	趋良	趋良	趋良	趋良
24	泰顺县	趋良	趋良	趋良	趋良
25	嘉兴市区	趋良	趋差	趋良	趋良

	地区	资源利用效率变化	污染物排放强度变化	生态质量变化	总趋势
26	平湖市	趋良	趋良	趋良	趋良
27	海宁市	趋良	趋良	趋良	趋良
28	桐乡市	趋良	趋良	趋良	趋良
29	嘉善县	趋良	趋良	趋良	趋良
30	海盐县	趋良	趋良	趋良	趋良
31	湖州市区	趋良	趋差	趋良	趋良
32	德清县	趋良	趋良	趋良	趋良
33	长兴县	趋良	趋良	趋差	趋良
34	安吉县	趋良	趋良	趋差	趋良
35	绍兴市区	趋良	趋差	趋差	趋差
36	柯桥区	趋良	趋差	趋良	趋良
37	上虞区	趋良	趋良	趋差	趋良
38	诸暨市	趋良	趋良	趋差	趋良
39	嵊州市	趋良	趋良	趋差	趋良
40	新昌县	趋良	趋良	趋良	趋良
41	金华市区	趋良	趋良	趋良	趋良
42	金东区	趋良	趋良	趋良	趋良
43	兰溪市	趋良	趋良	趋差	趋良
44	东阳市	趋良	趋良	趋良	趋良
45	义乌市	趋良	趋良	趋良	趋良
46	永康市	趋良	趋良	趋差	趋良
47	武义县	趋良	趋良	趋良	趋良
48	浦江县	趋良	趋良	趋差	趋良
49	磐安县	趋良	趋良	趋差	趋良
50	衢州市区	趋差	趋良	趋差	趋差
51	江山市	趋良	趋良	趋差	趋良
52	常山县	趋良	趋良	趋差	趋良
53	开化县	趋良	趋良	趋良	趋良

	地区	资源利用效率变化	污染物排放强度变化	生态质量变化	总趋势
54	龙游县	趋良	趋良	趋差	趋良
55	舟山市	趋良	趋良	趋差	趋良
56	岱山县	趋良	趋良	趋差	趋良
57	嵊泗县	趋差	趋良	趋良	趋良
58	台州市区	趋良	趋良	趋良	趋良
59	温岭市	趋差	趋差	趋良	趋差
60	临海市	趋差	趋差	趋良	趋差
61	玉环市	趋良	趋良	趋良	趋良
62	三门县	趋良	趋良	趋良	趋良
63	天台县	趋良	趋良	趋良	趋良
64	仙居县	趋良	趋良	趋良	趋良
65	丽水市区	趋差	趋差	趋良	趋差
66	龙泉市	趋良	趋良	趋良	趋良
67	青田县	趋良	趋良	趋良	趋良
68	云和县	趋良	趋良	趋良	趋良
69	庆元县	趋良	趋良	趋良	趋良
70	缙云县	趋良	趋差	趋良	趋良
71	遂昌县	趋良	趋良	趋良	趋良
72	松阳县	趋良	趋良	趋良	趋良
73	景宁畲族自治县	趋良	趋良	趋良	趋良

附表 3-2　各县(市、区)海域环境资源耗损变化趋势

序号	地区	海域开发效率变化	优良水质比例变化	生态灾害风险变化	总趋势
1	北仑区	变化不大或趋良	变化不大	变化不大	趋良
2	镇海区	趋差	变化不大	变化不大	趋良
3	鄞州区	趋差	变化不大	变化不大	趋良
4	奉化区	趋差	变化不大	变化不大	趋良
5	余姚市	变化不大或趋良	变化不大	变化不大	趋良

序号	地区	海域开发效率变化	优良水质比例变化	生态灾害风险变化	总趋势
6	慈溪市	变化不大或趋良	变化不大	变化不大	趋良
7	象山县	变化不大或趋良	趋差	趋低	趋良
8	宁海县	变化不大或趋良	变化不大	变化不大	趋良
9	龙湾区	趋差	变化不大	变化不大	趋良
10	洞头区	变化不大或趋良	变化不大	趋低	趋良
11	瑞安市	趋差	变化不大	变化不大	趋良
12	乐清市	变化不大或趋良	变化不大	变化不大	趋良
13	平阳县	变化不大或趋良	变化不大	变化不大	趋良
14	苍南县	趋差	变化不大	变化不大	趋良
15	平湖市	趋差	变化不大	变化不大	趋良
16	海盐县	变化不大或趋良	变化不大	变化不大	趋良
17	定海区	变化不大或趋良	变化不大	变化不大	趋良
18	普陀区	变化不大或趋良	趋差	趋低	趋良
19	岱山县	变化不大或趋良	趋差	趋低	趋良
20	嵊泗县	变化不大或趋良	趋差	趋低	趋良
21	椒江区	趋差	变化不大	趋低	趋良
22	路桥区	趋差	变化不大	变化不大	趋良
23	温岭市	趋差	变化不大	变化不大	趋良
24	临海市	变化不大或趋良	变化不大	趋低	趋良
25	玉环市	趋差	变化不大	变化不大	趋良
26	三门县	趋差	趋差	变化不大	趋差

附录四　各评价单元预警等级划分

附表 4-1　陆域预警等级划分

序号	评价单元	集成评价	过程评价	评价等级
1	杭州市区	超载	趋良	橙色预警
2	萧山区	超载	趋良	橙色预警
3	余杭区	超载	趋良	橙色预警
4	富阳区	超载	趋良	橙色预警
5	临安市	超载	趋良	橙色预警
6	建德市	超载	趋差	红色预警
7	桐庐县	超载	趋良	橙色预警
8	淳安县	未超载	趋良	绿色无警
9	宁波市区	超载	趋良	橙色预警
10	鄞州区	超载	趋良	橙色预警
11	奉化区	超载	趋差	红色预警
12	余姚市	超载	趋良	橙色预警
13	慈溪市	超载	趋良	橙色预警
14	象山县	临界超载	趋良	蓝色预警
15	宁海县	超载	趋良	橙色预警
16	温州市区	超载	趋良	橙色预警
17	洞头区	临界超载	趋良	蓝色预警
18	瑞安市	临界超载	趋良	蓝色预警
19	乐清市	临界超载	趋良	蓝色预警
20	永嘉县	临界超载	趋良	蓝色预警
21	平阳县	超载	趋良	橙色预警
22	苍南县	超载	趋良	橙色预警
23	文成县	超载	趋良	橙色预警
24	泰顺县	临界超载	趋良	蓝色预警
25	嘉兴市区	超载	趋良	橙色预警
26	平湖市	超载	趋良	橙色预警

序号	评价单元	集成评价	过程评价	评价等级
27	海宁市	超载	趋良	橙色预警
28	桐乡市	超载	趋良	橙色预警
29	嘉善县	超载	趋良	橙色预警
30	海盐县	超载	趋良	橙色预警
31	湖州市区	超载	趋良	橙色预警
32	德清县	超载	趋良	橙色预警
33	长兴县	超载	趋良	橙色预警
34	安吉县	超载	趋良	橙色预警
35	绍兴市区	超载	趋差	红色预警
36	柯桥区	超载	趋良	橙色预警
37	上虞区	超载	趋良	橙色预警
38	诸暨市	超载	趋良	橙色预警
39	嵊州市	超载	趋良	橙色预警
40	新昌县	超载	趋良	橙色预警
41	金华市区	超载	趋良	橙色预警
42	金东区	超载	趋良	橙色预警
43	兰溪市	超载	趋良	橙色预警
44	东阳市	超载	趋良	橙色预警
45	义乌市	超载	趋良	橙色预警
46	永康市	超载	趋良	橙色预警
47	武义县	超载	趋良	橙色预警
48	浦江县	超载	趋良	橙色预警
49	磐安县	临界超载	趋良	蓝色预警
50	衢州市区	超载	趋差	红色预警
51	江山市	超载	趋良	橙色预警
52	常山县	超载	趋良	橙色预警
53	开化县	临界超载	趋良	蓝色预警
54	龙游县	超载	趋良	橙色预警

续表

序号	评价单元	集成评价	过程评价	评价等级
55	舟山市	未超载	趋良	绿色无警
56	岱山县	未超载	趋良	绿色无警
57	嵊泗县	未超载	趋良	绿色无警
58	台州市区	超载	趋良	橙色预警
59	温岭市	未超载	趋差	绿色无警
60	临海市	临界超载	趋差	黄色预警
61	玉环市	临界超载	趋良	蓝色预警
62	三门县	临界超载	趋良	蓝色预警
63	天台县	临界超载	趋良	蓝色预警
64	仙居县	临界超载	趋良	蓝色预警
65	丽水市区	临界超载	趋差	黄色预警
66	龙泉市	临界超载	趋良	蓝色预警
67	青田县	临界超载	趋良	蓝色预警
68	云和县	临界超载	趋良	蓝色预警
69	庆元县	临界超载	趋良	蓝色预警
70	缙云县	超载	趋良	橙色预警
71	遂昌县	临界超载	趋良	蓝色预警
72	松阳县	临界超载	趋良	蓝色预警
73	景宁畲族 自治县	临界超载	趋良	蓝色预警

附表 4-2　海域预警等级划分

序号	评价单元	集成评价	过程评价	评价等级
1	北仑区	临界超载	趋良	蓝色预警
2	镇海区	临界超载	趋良	蓝色预警
3	鄞州区	临界超载	趋良	蓝色预警
4	奉化区	超载	趋良	橙色预警
5	余姚市	超载	趋良	橙色预警
6	慈溪市	超载	趋良	橙色预警

续表

序号	评价单元	集成评价	过程评价	评价等级
7	象山县	临界超载	趋良	蓝色预警
8	宁海县	超载	趋良	橙色预警
9	龙湾区	临界超载	趋良	蓝色预警
10	洞头区	临界超载	趋良	蓝色预警
11	瑞安市	临界超载	趋良	蓝色预警
12	乐清市	临界超载	趋良	蓝色预警
13	平阳县	临界超载	趋良	蓝色预警
14	苍南县	临界超载	趋良	蓝色预警
15	平湖市	临界超载	趋良	蓝色预警
16	海盐县	临界超载	趋良	蓝色预警
17	定海区	临界超载	趋良	蓝色预警
18	普陀区	临界超载	趋良	蓝色预警
19	岱山县	临界超载	趋良	蓝色预警
20	嵊泗县	临界超载	趋良	蓝色预警
21	椒江区	超载	趋良	橙色预警
22	路桥区	临界超载	趋良	蓝色预警
23	温岭市	临界超载	趋良	蓝色预警
24	临海市	临界超载	趋良	蓝色预警
25	玉环市	临界超载	趋良	蓝色预警
26	三门县	临界超载	趋差	黄色预警

附表 4-3　海陆校验预警等级划分

序号	评价单元	集成评价结果	过程评价结果	预警等级
1	杭州市区	超载	趋良	橙色预警
2	萧山区	超载	趋良	橙色预警
3	余杭区	超载	趋良	橙色预警
4	富阳区	超载	趋良	橙色预警
5	临安市	超载	趋良	橙色预警

序号	评价单元	集成评价	过程评价	评价等级
6	建德市	超载	趋差	红色预警
7	桐庐县	超载	趋良	橙色预警
8	淳安县	未超载	趋良	绿色无警
9	宁波市区	超载	趋良	橙色预警
10	鄞州区	超载	趋良	橙色预警
11	奉化区	超载	趋差	红色预警
12	余姚市	超载	趋良	橙色预警
13	慈溪市	超载	趋良	橙色预警
14	象山县	临界超载	趋良	蓝色预警
15	宁海县	超载	趋良	橙色预警
16	温州市区	超载	趋良	橙色预警
17	洞头区	临界超载	趋良	蓝色预警
18	瑞安市	临界超载	趋良	蓝色预警
19	乐清市	临界超载	趋良	蓝色预警
20	永嘉县	临界超载	趋良	蓝色预警
21	平阳县	超载	趋良	橙色预警
22	苍南县	超载	趋良	橙色预警
23	文成县	超载	趋良	橙色预警
24	泰顺县	临界超载	趋良	蓝色预警
25	嘉兴市区	超载	趋良	橙色预警
26	平湖市	超载	趋良	橙色预警
27	海宁市	超载	趋良	橙色预警
28	桐乡市	超载	趋良	橙色预警
29	嘉善县	超载	趋良	橙色预警
30	海盐县	超载	趋良	橙色预警
31	湖州市区	超载	趋良	橙色预警
32	德清县	超载	趋良	橙色预警
33	长兴县	超载	趋良	橙色预警

序号	评价单元	集成评价	过程评价	评价等级
34	安吉县	超载	趋良	橙色预警
35	绍兴市区	超载	趋差	红色预警
36	柯桥区	超载	趋良	橙色预警
37	上虞区	超载	趋良	橙色预警
38	诸暨市	超载	趋良	橙色预警
39	嵊州市	超载	趋良	橙色预警
40	新昌县	超载	趋良	橙色预警
41	金华市区	超载	趋良	橙色预警
42	金东区	超载	趋良	橙色预警
43	兰溪市	超载	趋良	橙色预警
44	东阳市	超载	趋良	橙色预警
45	义乌市	超载	趋良	橙色预警
46	永康市	超载	趋良	橙色预警
47	武义县	超载	趋良	橙色预警
48	浦江县	超载	趋良	橙色预警
49	磐安县	临界超载	趋良	蓝色预警
50	衢州市区	超载	趋差	红色预警
51	江山市	超载	趋良	橙色预警
52	常山县	超载	趋良	橙色预警
53	开化县	临界超载	趋良	蓝色预警
54	龙游县	超载	趋良	橙色预警
55	舟山市	临界超载	趋良	蓝色预警
56	岱山县	临界超载	趋良	蓝色预警
57	嵊泗县	临界超载	趋良	蓝色预警
58	台州市区	超载	趋良	橙色预警
59	温岭市	临界超载	趋差	黄色预警
60	临海市	临界超载	趋差	黄色预警
61	玉环市	临界超载	趋良	蓝色预警

续表

序号	评价单元	集成评价	过程评价	评价等级
62	三门县	临界超载	趋差	黄色预警
63	天台县	临界超载	趋良	蓝色预警
64	仙居县	临界超载	趋良	蓝色预警
65	丽水市区	临界超载	趋差	黄色预警
66	龙泉市	临界超载	趋良	蓝色预警
67	青田县	临界超载	趋良	蓝色预警
68	云和县	临界超载	趋良	蓝色预警
69	庆元县	临界超载	趋良	蓝色预警
70	缙云县	超载	趋良	橙色预警
71	遂昌县	临界超载	趋良	蓝色预警
72	松阳县	临界超载	趋良	蓝色预警
73	景宁畲族自治县	临界超载	趋良	蓝色预警

附录五　杭州湾经济区各县(市、区)产业准入和退出要求(负面清单)

附表 5-1　杭州湾经济区各市县单元产业准入和退出要求(负面清单)

序号	单元	管控要求
1	杭州市区(上城、下城、西湖、拱墅、滨江、江干)(管控子类:四、八)	1.禁止新建或扩建有色金属、水泥、玻璃、钢铁、燃煤发电、化学原料药(中间体)及其他含燃煤工艺(煤制品)项目; 2.禁止新建燃煤热电联产项目,改扩建项目必须执行超低排放要求; 3.除省级以上重大项目外,禁止新建或扩建化工、石化项目;新建或扩建化工、石化、化纤、纺织、木业项目必须达到清洁生产一级标准(国际先进水平); 4.新建或改扩建印染、造纸等高能耗产业项目必须达到清洁生产二级以上标准; 5.禁止在产业园区和城市开发边界外新建产业项目; 6.新建、扩建产业项目投资强度≥350万元/亩,容积率≥1.2,亩均产值≥500万元/亩; 7.新建、扩建产业项目大气环境污染物排放减量置换替代比不低于1∶1.5; 8.制定落后产能退出方案,淘汰亩均产值低于250万元的企业,并逐步淘汰水泥、玻璃、钢铁、化学原料药(中间体)行业规下和2020年1月1日后未通过清洁生产审核的规上企业。淘汰不符合《浙江省环境准入指导意见》的染料、化学原料药、热电联产企业
2	萧山区(管控子类:四、五、八)	1.禁止新建或扩建燃煤发电、水泥、玻璃、钢铁、电镀、造纸、印染、氮肥、化学原料药(中间体)、有色金属、制革、羽毛制品、铅蓄电池及其他含燃煤工艺(煤制品)项目; 2.禁止新建燃煤热电联产项目,改扩建项目必须执行超低排放要求; 3.新建或扩建金属表面处理、砂洗、废塑料、农副食品加工项目、化纤、纺织、木业应达到清洁生产一级标准(国际先进水平); 4.除省级以上重大项目外,禁止新建或扩建化工、石化项目;新建、扩建化工、石化项目必须达到清洁生产一级标准; 5.现有未通过清洁生产审核的水污染重点整治行业企业,应在2020年1月1日之前完成升级改造,并达到清洁生产一级水平; 6.新建或改扩建城镇污水处理厂尾水排放标准执行准四类水标准; 7.禁止在产业园区和城市开发边界外新建产业项目; 8.新建、扩建产业项目投资强度≥350万元/亩,容积率≥1.2,亩均产值≥500万元/亩; 9.其他新建、扩建产业项目的单位产品用水量不得高于《浙江省用取水定额》中定额下限的20%; 10.新建、扩建项目水环境污染物排放减量置换替代比不低于1∶2; 11.新建、扩建产业项目大气环境污染物排放减量置换替代比不低于1∶1.5; 12.制定落后产能退出方案,淘汰亩均产值低于250万元的企业,并逐步淘汰水泥、玻璃、钢铁、化学原料药(中间体)、印染、造纸、化工、有色金属、皮革、羽毛制品、铅蓄电池行业规下和2020年1月1日后未通过清洁生产审核的规上企业。淘汰不符合《浙江省环境准入指导意见》的染料、化学原料药、热电联产企业

序号	单元	管控要求
3	余杭区（管控子类：八）	1.禁止新建或扩建燃煤发电、水泥、玻璃、钢铁、有色金属、化学原料药（中间体）及其他含燃煤工艺（煤制品）项目； 2.禁止新建燃煤热电联产项目，改扩建项目必须执行超低排放要求； 3.除省级以上重大项目外，禁止新建或扩建化工、石化项目；新建或扩建化工、石化、化纤、纺织、木业项目必须达到清洁生产一级标准； 4.新建或改扩建印染、造纸等高能耗产业项目必须达到清洁生产二级以上标准； 5.新建、扩建产业项目大气环境污染物排放减量置换替代比不低于1：1.5； 6.制定落后产能退出方案，逐步淘汰水泥、玻璃、钢铁、化学原料药（中间体）行业规下和2020年1月1日后未通过清洁生产审核的规上企业。淘汰不符合《浙江省环境准入指导意见》的染料、化学原料药、热电联产企业
4	富阳区（管控子类：八）	1.禁止新建或扩建燃煤发电、水泥、玻璃、钢铁、有色金属、化学原料药（中间体）及其他含燃煤工艺（煤制品）项目； 2.禁止新建燃煤热电联产项目，改扩建项目必须执行超低排放要求； 3.除省级以上重大项目外，禁止新建或扩建化工、石化项目；新建或扩建化工、石化、化纤、纺织、木业项目必须达到清洁生产一级标准； 4.新建或改扩建印染、造纸等高能耗产业项目必须达到清洁生产二级以上标准； 5.新建、扩建产业项目大气环境污染物排放减量置换替代比不低于1：1.5； 6.制定落后产能退出方案，逐步淘汰水泥、玻璃、钢铁、化学原料药（中间体）行业规下和2020年1月1日后未通过清洁生产审核的规上企业。淘汰不符合《浙江省环境准入指导意见》的染料、化学原料药、热电联产企业
5	临安市（管控子类：二、八）	1.禁止新建或扩建燃煤发电、水泥、玻璃、钢铁、有色金属、印染、基础化学原料、造纸、化学原料药（中间体）及其他含燃煤工艺（煤制品）项目； 2.禁止新建燃煤热电联产项目，改扩建项目必须执行超低排放要求； 3.除省级以上重大项目外，禁止新建或扩建化工、石化项目；新建或扩建化工、石化、化纤、纺织、木业项目必须达到清洁生产一级标准； 4.新建或改扩建印染、造纸等高能耗产业项目必须达到清洁生产二级以上标准； 5.其他新建、扩建产业项目的单位产品用水量不得高于《浙江省用（取）水定额》中定额下限的40％； 6.新建、扩建产业项目大气环境污染物排放减量置换替代比不低于1：1.5； 7.制定落后产能退出方案，逐步淘汰水泥、玻璃、钢铁、化学原料药（中间体）行业规下和2020年1月1日后未通过清洁生产审核的规上企业。淘汰现有不符合《浙江省用（取）水定额》要求的印染、化工、造纸企业，淘汰不符合《浙江省环境准入指导意见》的染料、化学原料药、热电联产企业

序号	单元	管控要求
6	建德市（管控子类：一、二、四、七、八）	1.禁止新建或扩建印染、基础化学原料、造纸、水泥、钢铁、燃煤发电、燃煤热电联产、玻璃、有色金属、化学原料药（中间体）、合成革、橡胶塑料制品、印刷包装及其他含燃煤工艺（煤制品）等项目； 2.除省级重大项目外，禁止新建或扩建化工、石化项目；新建或扩建化工、石化、化纤、纺织、木业项目必须达到清洁生产一级标准； 3.新建、改扩建其他产业项目必须达到清洁生产二级以上标准； 4.禁止在产业园区和城市开发边界外新建产业项目； 5.新建、扩建产业项目投资强度≥350万元/亩，容积率≥1.2，亩均产值≥500万元/亩； 6.其他新建、扩建产业项目的单位产品用水量不得高于《浙江省用取水定额》中定额下限的20%，并淘汰现有不符合《浙江省用取水定额》要求的企业； 7.新建、扩建产业项目大气环境污染物排放减量置换替代比不低于1：2； 8.制定落后产能退出方案，淘汰亩均产值低于250万元的企业，并逐步淘汰水泥、玻璃、钢铁、有色金属、化学原料药（中间体）、合成革、橡胶塑料制品、印刷包装行业规下和2020年1月1日后未通过清洁生产审核的规上企业。淘汰不符合《浙江省环境准入指导意见》的染料、化学原料药、制革、化纤、热电联产企业
7	桐庐县（管控子类：二、八）	1.禁止新建或扩建燃煤发电、水泥、玻璃、钢铁、有色金属、印染、基础化学原料、造纸、化学原料药（中间体）及其他含燃煤工艺（煤制品）项目； 2.禁止新建燃煤热电联产项目，改扩建项目必须执行超低排放要求； 3.除省级以上重大项目外，禁止新建或扩建化工、石化项目；新建或扩建化工、石化、化纤、纺织、木业项目必须达到清洁生产一级标准； 4.新建或改扩建印染、造纸等高能耗产业项目必须达到清洁生产二级以上标准； 5.其他新建、扩建产业项目的单位产品用水量不得高于《浙江省用取水定额》中定额下限的40%； 6.新建、扩建产业项目大气环境污染物排放减量置换替代比不低于1：1.5； 7.制定落后产能退出方案，逐步淘汰水泥、玻璃、钢铁、化学原料药（中间体）行业规下和2020年1月1日后未通过清洁生产审核的规上企业。淘汰现有不符合《浙江省用取水定额》要求的印染、化工、造纸企业，淘汰不符合《浙江省环境准入指导意见》的染料、化学原料药、热电联产企业
8	淳安县	无

序号	单元	管控要求
9	宁波市区（北仑、海曙、江北、镇海）（管控子类：四、八、十三）	1. 禁止新建或扩建有色金属、水泥、玻璃、钢铁、燃煤发电、化学原料药（中间体）及其他含燃煤工艺（煤制品）项目； 2. 禁止新建燃煤热电联产项目，改扩建项目必须执行超低排放要求； 3. 除省级以上重大项目外，禁止新建或扩建化工、石化项目；新建或扩建化工、石化、化纤、纺织、木业项目必须达到清洁生产一级标准（国际先进水平）； 4. 新建或改扩建印染、造纸等高能耗产业项目必须达到清洁生产二级以上标准； 5. 禁止在产业园区和城市开发边界外新建产业项目； 6. 禁止新增占用自然岸线的用海项目和围填海项目； 7. 新建、扩建产业项目投资强度≥350万元/亩，容积率≥1.2，亩均产值≥500万元/亩； 8. 新建、扩建产业项目大气环境污染物排放减量置换替代比不低于1∶1.5； 9. 制定落后产能退出方案，淘汰亩均产值低于250万元的企业，并逐步淘汰水泥、玻璃、钢铁、化学原料药（中间体）行业规上和2020年1月1日后未通过清洁生产审核的规上企业。淘汰不符合《浙江省环境准入指导意见》的染料、化学原料药、热电联产企业
10	鄞州区（管控子类：八、十三、十六）	1. 禁止新建或扩建燃煤发电、水泥、玻璃、钢铁、有色金属、化学原料药（中间体）及其他含燃煤工艺（煤制品）项目； 2. 禁止新建燃煤热电联产项目，改扩建项目必须执行超低排放要求； 3. 除省级以上重大项目外，禁止新建或扩建化工、石化项目；新建或扩建化工、石化、化纤、纺织、木业项目必须达到清洁生产一级标准； 4. 新建或改扩建印染、造纸等高能耗产业项目必须达到清洁生产二级以上标准； 5. 禁止新增占用自然岸线的用海项目和围填海项目； 6. 禁止新增入海排污口； 7. 禁止新建向海排放的污水处理厂； 8. 新建、扩建产业项目大气环境污染物排放减量置换替代比不低于1∶1.5； 9. 制定落后产能退出方案，逐步淘汰水泥、玻璃、钢铁、化学原料药（中间体）行业规上和2020年1月1日后未通过清洁生产审核的规上企业。淘汰不符合《浙江省环境准入指导意见》的染料、化学原料药、热电联产企业
11	奉化区（管控子类：八、十六）	1. 禁止新建或扩建燃煤发电、水泥、玻璃、钢铁、有色金属、化学原料药（中间体）及其他含燃煤工艺（煤制品）项目； 2. 禁止新建燃煤热电联产项目，改扩建项目必须执行超低排放要求； 3. 除省级以上重大项目外，禁止新建或扩建化工、石化项目；新建或扩建化工、石化、化纤、纺织、木业项目必须达到清洁生产一级标准； 4. 新建或改扩建印染、造纸等高能耗产业项目必须达到清洁生产二级以上标准； 5. 禁止新增入海排污口； 6. 禁止新建向海排放的污水处理厂； 7. 新建、扩建产业项目大气环境污染物排放减量置换替代比不低于1∶1.5； 8. 制定落后产能退出方案，逐步淘汰水泥、玻璃、钢铁、化学原料药（中间体）行业规上和2020年1月1日后未通过清洁生产审核的规上企业。淘汰不符合《浙江省环境准入指导意见》的染料、化学原料药、热电联产企业

序号	单元	管控要求
12	余姚市（管控子类：四、八、十二、十六、十八）	1.禁止新建或扩建有色金属、水泥、玻璃、钢铁、燃煤发电、化学原料药（中间体）及其他含燃煤工艺（煤制品）项目； 2.禁止新建燃煤热电联产项目，改扩建项目必须执行超低排放要求； 3.除省级以上重大项目外，禁止新建或扩建化工、石化项目；新建或扩建化工、石化、化纤、纺织、木业项目必须达到清洁生产一级标准（国际先进水平）； 4.新建或改扩建印染、造纸等高能耗产业项目必须达到清洁生产二级以上标准； 5.禁止在产业园区和城市开发边界外新建产业项目； 6.禁止新建岸线开发和围填海项目； 7.控制海岸带港口、工业和城镇的开发建设规模；严格控制占用海岸线、沙滩和沿海防护林的人工设施； 8.禁止新增入海排污口； 9.禁止新建向海排放的污水处理厂； 10.除国家级重点项目外，禁止无居民海岛开发建设； 11.新建、扩建产业项目投资强度≥350万元/亩，容积率≥1.2，亩均产值≥500万元/亩； 12.新建、扩建产业项目大气环境污染物排放减量置换替代比不低于1∶1.5； 13.制定落后产能退出方案，淘汰亩均产值低于250万元的企业，并逐步淘汰水泥、玻璃、钢铁、化学原料药（中间体）行业规下和2020年1月1日后未通过清洁生产审核的规上企业。淘汰不符合《浙江省环境准入指导意见》的染料、化学原料药、热电联产企业
13	慈溪市（管控子类：六、八、十二、十六、十八）	1.禁止新建或扩建燃煤发电、水泥、玻璃、钢铁、有色金属、制革、铅蓄电池、化学原料药（中间体）及其他含燃煤工艺（煤制品）项目； 2.禁止新建燃煤热电联产项目，改扩建项目必须执行超低排放要求； 3.除省级以上重大项目外，禁止新建或扩建化工、石化项目；新建或扩建化工、石化、化纤、纺织、木业项目必须达到清洁生产一级标准； 4.新建或改扩建电镀、化工、印染产业项目必须达到清洁生产一级标准；新建或改扩建印染、造纸等高能耗产业项目必须达到清洁生产二级以上标准； 5.禁止新建岸线开发和围填海项目； 6.控制海岸带港口、工业和城镇的开发建设规模；严格控制占用海岸线、沙滩和沿海防护林的人工设施； 7.禁止新增入海排污口； 8.禁止新建向海排放的污水处理厂； 9.除国家级重点项目外，禁止无居民海岛开发建设； 10.新建、扩建产业项目的单位产品用水量不得低于《浙江省用（取）水定额》中定额下限的40%； 11.新建、扩建产业项目水环境污染物排放减量置换替代比不低于1∶1.5； 12.新建、扩建产业项目大气环境污染物排放减量置换替代比不低于1∶1.5； 13.制定落后产能退出方案，逐步淘汰废纸造纸、制革、铅蓄电池、有色金属、水泥、玻璃、钢铁、化学原料药（中间体）行业规下和2020年1月1日后未通过清洁生产审核的规上企业。淘汰不符合《浙江省环境准入指导意见》的印染、染料、废纸造纸、化学原料药、电镀、制革、热电联产企业

序号	单元	管控要求
14	象山县（管控子类：六、九、十六）	1.禁止新建或扩建燃煤发电、水泥、玻璃、钢铁、化学原料药（中间体）、造纸（废纸造纸）、制革、铅蓄电池、有色金属项目； 2.新建和改扩建电镀、化工、印染产业项目必须达到清洁生产一级标准； 3.新建或扩建化工、石化等大气污染重点治理行业项目必须达到清洁生产二级以上标准； 4.禁止新增入海排污口； 5.禁止新建向海排放的污水处理厂； 6.新建、扩建产业项目的单位产品用水量不得低于《浙江省用取水定额》中定额下限的40%； 7.新建、扩建产业项目水环境污染物排放减量置换替代比不低于1∶1.5； 8.新建、扩建产业项目大气环境污染物排放减量置换替代比不低于1∶1.2； 9.制定落后产能退出方案，逐步淘汰造纸（废纸造纸）、制革、铅蓄电池、有色金属、水泥、玻璃、钢铁、化学原料药（中间体）行业规下和2020年1月1日后未通过清洁生产审核的规上企业。淘汰不符合《浙江省环境准入指导意见》的印染、废纸造纸、化学原料药、电镀、制革企业
15	宁海县（管控子类：八、十六）	1.禁止新建或扩建燃煤发电、水泥、玻璃、钢铁、有色金属、化学原料药（中间体）及其他含燃煤工艺（煤制品）项目； 2.禁止新建燃煤热电联产项目，改扩建项目必须执行超低排放要求； 3.除省级以上重大项目外，禁止新建或扩建化工、石化项目；新建或扩建化工、石化、化纤、纺织、木业项目必须达到清洁生产一级标准； 4.新建或改扩建印染、造纸等高能耗产业项目必须达到清洁生产二级以上标准； 5.禁止新增入海排污口； 6.禁止新建向海排放的污水处理厂； 7.新建、扩建产业项目大气环境污染物排放减量置换替代比不低于1∶1.5； 8.制定落后产能退出方案，逐步淘汰水泥、玻璃、钢铁、化学原料药（中间体）行业规下和2020年1月1日后未通过清洁生产审核的规上企业。淘汰不符合《浙江省环境准入指导意见》的染料、化学原料药、热电联产企业

序号	单元	管控要求
16	嘉兴市区（南湖、秀洲）（管控子类：五、七、八）	1.禁止新建或扩建燃煤发电、燃煤热电联产、水泥、玻璃、钢铁、电镀、造纸、印染、氮肥、有色金属、制革、羽毛制品、铅蓄电池、化学原料药、合成革、涂装、橡胶塑料制品、印刷包装及其他含燃煤工艺（煤制品）项目； 2.除国家级重大项目外，禁止新建或扩建化工、石化项目；新建或扩建化工、石化项目必须达到清洁生产一级标准； 3.禁止新建燃煤热电联产项目，改建项目必须执行超低排放要求； 4.新建或扩建金属表面处理、砂洗、废塑料、农副食品加工项目、化纤、纺织、木业应达到清洁生产一级标准（国际先进水平），其他产业项目必须达到清洁生产二级以上标准； 5.现有未通过清洁生产审核的水污染重点整治行业企业，应在2020年1月1日之前完成升级改造，并达到清洁生产一级水平； 6.新建、改扩建城镇污水处理厂尾水排放标准执行准四类水标准； 7.其他新建、扩建产业项目的单位产品用水量不得高于《浙江省用（取）水定额》中定额下限的20%； 8.新建、扩建项目水环境污染物排放减量置换替代比不低于1：2； 9.新建、扩建产业项目大气环境污染物排放减量置换替代比不低于1：2； 10.制定落后产能退出方案，逐步淘汰水泥、玻璃、钢铁、有色金属、化学原料药（中间体）、橡胶塑料制品、印刷包装、印染、造纸、化工、有色金属、皮革、羽毛制品、铅蓄电池行业规下和2020年1月1日后未通过清洁生产审核的规上企业，淘汰不符合《浙江省环境准入指导意见》的印染、染料、废纸造纸、化学原料药、电镀、农药、制革、啤酒、黄酒、生猪养殖、制革、化纤、热电联产企业
17	平湖市（管控子类：四、八）	1.禁止新建或扩建有色金属、水泥、玻璃、钢铁、燃煤发电、化学原料药（中间体）及其他含燃煤工艺（煤制品）项目； 2.禁止新建燃煤热电联产项目，改扩建项目必须执行超低排放要求； 3.除省级以上重大项目外，禁止新建或扩建化工、石化项目；新建或扩建化工、石化、化纤、纺织、木业项目必须达到清洁生产一级标准（国际先进水平）； 4.新建或改扩建印染、造纸等高能耗产业项目必须达到清洁生产二级以上标准； 5.禁止在产业园区和城市开发边界外新建产业项目； 6.新建、扩建产业项目投资强度≥350万元/亩，容积率≥1.2，亩均产值≥500万元/亩； 7.新建、扩建产业项目大气环境污染物排放减量置换替代比不低于1：1.5； 8.制定落后产能退出方案，淘汰亩均产值低于250万元的企业，并逐步淘汰水泥、玻璃、钢铁、化学原料药（中间体）行业规下和2020年1月1日后未通过清洁生产审核的规上企业。淘汰不符合《浙江省环境准入指导意见》的染料、化学原料药、热电联产企业

序号	单元	管控要求
18	海宁市 (管控 子类: (八)	1.禁止新建或扩建燃煤发电、水泥、玻璃、钢铁、有色金属、化学原料药(中间体)及其他含燃煤工艺(煤制品)项目; 2.禁止新建燃煤热电联产项目,改扩建项目必须执行超低排放要求; 3.除省级以上重大项目外,禁止新建或扩建化工、石化项目;新建或扩建化工、石化、化纤、纺织、木业项目必须达到清洁生产一级标准; 4.新建或改扩建印染、造纸等高能耗产业项目必须达到清洁生产二级以上标准; 5.新建、扩建产业项目大气环境污染物排放减量置换替代比不低于1∶1.5; 6.制定落后产能退出方案,逐步淘汰水泥、玻璃、钢铁、化学原料药(中间体)行业规下和2020年1月1日后未通过清洁生产审核的规上企业。淘汰不符合《浙江省环境准入指导意见》的染料、化学原料药、热电联产企业
19	桐乡市 (管控 子类: 四、八)	1.禁止新建或扩建有色金属、水泥、玻璃、钢铁、燃煤发电、化学原料药(中间体)及其他含燃煤工艺(煤制品)项目; 2.禁止新建燃煤热电联产项目,改扩建项目必须执行超低排放要求; 3.除省级以上重大项目外,禁止新建或扩建化工、石化项目;新建或扩建化工、石化、化纤、纺织、木业项目必须达到清洁生产一级标准(国际先进水平); 4.新建或改扩建印染、造纸等高能耗产业项目必须达到清洁生产二级以上标准; 5.禁止在产业园区和城市开发边界外新建产业项目; 6.新建、扩建产业项目投资强度≥350万元/亩,容积率≥1.2,亩均产值≥500万元/亩; 7.新建、扩建产业项目大气环境污染物排放减量置换替代比不低于1∶1.5; 8.制定落后产能退出方案,淘汰亩均产值低于250万元的企业,并逐步淘汰水泥、玻璃、钢铁、化学原料药(中间体)行业规下和2020年1月1日后未通过清洁生产审核的规上企业。淘汰不符合《浙江省环境准入指导意见》的染料、化学原料药、热电联产企业
20	嘉善县 (管控 子类: 四、八、 十六)	1.禁止新建或扩建有色金属、水泥、玻璃、钢铁、燃煤发电、化学原料药(中间体)及其他含燃煤工艺(煤制品)项目; 2.禁止新建燃煤热电联产项目,改扩建项目必须执行超低排放要求; 3.除省级以上重大项目外,禁止新建或扩建化工、石化项目;新建或扩建化工、石化、化纤、纺织、木业项目必须达到清洁生产一级标准(国际先进水平); 4.新建或改扩建印染、造纸等高能耗产业项目必须达到清洁生产二级以上标准; 5.禁止在产业园区和城市开发边界外新建产业项目; 6.禁止新增入海排污口; 7.禁止新建向海排放的污水处理厂; 8.新建、扩建产业项目投资强度≥350万元/亩,容积率≥1.2,亩均产值≥500万元/亩; 9.新建、扩建产业项目大气环境污染物排放减量置换替代比不低于1∶1.5; 10.制定落后产能退出方案,淘汰亩均产值低于250万元的企业,并逐步淘汰水泥、玻璃、钢铁、化学原料药(中间体)行业规下和2020年1月1日后未通过清洁生产审核的规上企业。淘汰不符合《浙江省环境准入指导意见》的染料、化学原料药、热电联产企业

序号	单元	管控要求
21	海盐县（管控子类：四、五、八、十六）	1.禁止新建或扩建燃煤发电、水泥、玻璃、钢铁、电镀、造纸、印染、氮肥、化学原料药(中间体)、有色金属、制革、羽毛制品、铅蓄电池及其他含燃煤工艺(煤制品)项目； 2.禁止新建燃煤热电联产项目，改扩建项目必须执行超低排放要求； 3.新建或扩建金属表面处理、砂洗、废塑料、农副食品加工项目化纤、纺织、木业应达到清洁生产一级标准(国际先进水平)； 4.除省级以上重大项目外，禁止新建或扩建化工、石化项目；新建或扩建化工、石化项目必须达到清洁生产一级标准； 5.现有未通过清洁生产审核的水污染重点整治行业企业，应在 2020 年 1 月 1 日之前完成升级改造，并达到清洁生产一级水平； 6.新建、改扩建城镇污水处理厂尾水排放标准执行准四类水标准； 7.禁止在产业园区和城市开发边界外新建产业项目； 8.禁止新增入海排污口； 9.禁止新建向海排放的污水处理厂； 10.新建、扩建产业项目投资强度≥350 万元/亩，容积率≥1.2，亩均产值≥500 万元/亩； 11.其他新建、扩建产业项目的单位产品用水量不得高于《浙江省用(取)水定额》中定额下限的 20%； 12.新建、扩建项目水环境污染物排放减量置换替代比不低于 1∶2； 13.新建、扩建产业项目大气环境污染物排放减量置换替代比不低于 1∶1.5； 14.制定落后产能退出方案，淘汰亩均产值低于 250 万元的企业，并逐步淘汰水泥、玻璃、钢铁、化学原料药(中间体)、印染、造纸、化工、有色金属、皮革、羽毛制品、铅蓄电池行业规下和 2020 年 1 月 1 日后未通过清洁生产审核的规上企业。淘汰不符合《浙江省环境准入指导意见》的染料、化学原料药、热电联产、印染、废纸造纸、电镀、农药、制革、啤酒、黄酒、生猪养殖企业
22	绍兴市区（越城）（管控子类：四、七、八）	1.禁止新建或扩建燃煤发电、燃煤热电联产、有色金属、水泥、玻璃、钢铁、化学原料药(中间体)、合成革、橡胶塑料制品、印刷包装及其他含燃煤工艺(煤制品)项目； 2.禁止新建燃煤热电联产项目，改扩建项目必须执行超低排放要求； 3.除国家级以上重大项目外，禁止新建或扩建化工、石化项目；新建或扩建化工、石化、化纤、纺织、木业项目必须达到清洁生产一级标准(国际先进水平)； 4.新建或改扩建印染、造纸等高能耗产业项目必须达到清洁生产二级以上标准； 5.禁止在产业园区和城市开发边界外新建产业项目； 6.新建、扩建产业项目投资强度≥350 万元/亩，容积率≥1.2，亩均产值≥500 万元/亩； 7.新建、扩建产业项目大气环境污染物排放减量置换替代比不低于 1∶2； 8.制定落后产能退出方案，淘汰亩均产值低于 250 万元的企业，并逐步淘汰水泥、玻璃、钢铁、有色金属、化学原料药(中间体)、合成革、橡胶塑料制品、印刷包装行业规下和 2020 年 1 月 1 日后未通过清洁生产审核的规上企业。淘汰不符合《浙江省环境准入指导意见》的染料、化学原料药、热电联产、制革、化纤企业

序号	单元	管控要求
23	柯桥区（管控子类：五、八）	1.禁止新建或扩建燃煤发电、水泥、玻璃、钢铁、电镀、造纸、印染、氮肥、化学原料药(中间体)、有色金属、制革、羽毛制品、铅蓄电池及其他含燃煤工艺(煤制品)项目； 2.禁止新建燃煤热电联产项目,改扩建项目必须执行超低排放要求； 3.新建或扩建金属表面处理、砂洗、废塑料、农副食品加工项目、化纤、纺织、木业应达到清洁生产一级标准(国际先进水平)； 4.除省级以上重大项目外,禁止新建或扩建化工、石化项目；新建或扩建化工、石化项目必须达到清洁生产一级标准； 5.现有未通过清洁生产审核的水污染重点整治行业企业,应在2020年1月1日之前完成升级改造,并达到清洁生产一级水平； 6.新建、改扩建城镇污水处理厂尾水排放标准执行准四类水标准； 7.禁止在产业园区和城市开发边界外新建产业项目； 8.其他新建、扩建产业项目的单位产品用水量不得高于《浙江省用(取)水定额》中定额下限的20%； 9.新建、扩建项目水环境污染物排放减量置换替代比不低于1:2； 10.新建、扩建产业项目大气环境污染物排放减量置换替代比不低于1:1.5； 11.制定落后产能退出方案,逐步淘汰水泥、玻璃、钢铁、化学原料药(中间体)、印染、造纸、化工、有色金属、皮革、羽毛制品、铅蓄电池行业规下和2020年1月1日后未通过清洁生产审核的规上企业。淘汰不符合《浙江省环境准入指导意见》的染料、化学原料药、热电联产、印染、废纸造纸、电镀、农药、制革、啤酒、黄酒、生猪养殖企业
24	上虞区（管控子类：八）	1.禁止新建或扩建燃煤发电、水泥、玻璃、钢铁、有色金属、化学原料药(中间体)及其他含燃煤工艺(煤制品)项目； 2.禁止新建燃煤热电联产项目,改扩建项目必须执行超低排放要求； 3.除省级以上重大项目外,禁止新建或扩建化工、石化项目；新建或扩建化工、石化、化纤、纺织、木业项目必须达到清洁生产一级标准； 4.新建或改扩建印染、造纸等高能耗产业项目必须达到清洁生产二级以上标准； 5.新建、扩建产业项目大气环境污染物排放减量置换替代比不低于1:1.5； 6.制定落后产能退出方案,逐步淘汰水泥、玻璃、钢铁、化学原料药(中间体)行业规下和2020年1月1日后未通过清洁生产审核的规上企业。淘汰不符合《浙江省环境准入指导意见》的染料、化学原料药、热电联产企业

序号	单元	管控要求
25	诸暨市（管控子类：八）	1. 禁止新建或扩建燃煤发电、水泥、玻璃、钢铁、有色金属、化学原料药（中间体）及其他含燃煤工艺（煤制品）项目； 2. 禁止新建燃煤热电联产项目，改扩建项目必须执行超低排放要求； 3. 除省级以上重大项目外，禁止新建或扩建化工、石化项目；新建或扩建化工、石化、化纤、纺织、木业项目必须达到清洁生产一级标准； 4. 新建或改扩建印染、造纸等高能耗产业项目必须达到清洁生产二级以上标准； 5. 新建、扩建产业项目大气环境污染物排放减量置换替代比不低于1∶1.5； 6. 制定落后产能退出方案，逐步淘汰水泥、玻璃、钢铁、化学原料药（中间体）行业规下和2020年1月1日后未通过清洁生产审核的规上企业。淘汰不符合《浙江省环境准入指导意见》的染料、化学原料药、热电联产企业
26	嵊州市（管控子类：八、十一）	1. 禁止新建或扩建燃煤发电、水泥、玻璃、钢铁、有色金属、化学原料药（中间体）及其他含燃煤工艺（煤制品）项目； 2. 禁止新建燃煤热电联产项目，改扩建项目必须执行超低排放要求； 3. 除省级以上重大项目外，禁止新建或扩建化工、石化项目；新建或扩建化工、石化、化纤、纺织、木业项目必须达到清洁生产一级标准； 4. 新建或改扩建印染、造纸等高能耗产业项目必须达到清洁生产二级以上标准； 5. 禁止天然林、35°坡以上及水土流失治理区森林采伐； 6. 对水源涵养林、水土保持林等防护林仅限进行抚育和更新性质的采伐； 7. 新建、扩建产业项目大气环境污染物排放减量置换替代比不低于1∶1.5； 8. 制定落后产能退出方案，逐步淘汰水泥、玻璃、钢铁、化学原料药（中间体）行业规下和2020年1月1日后未通过清洁生产审核的规上企业。淘汰不符合《浙江省环境准入指导意见》的染料、化学原料药、热电联产企业
27	新昌县（管控子类：八、十）	1. 禁止新建或扩建燃煤发电、水泥、玻璃、钢铁、有色金属、化学原料药（中间体）及其他含燃煤工艺（煤制品）项目； 2. 禁止新建燃煤热电联产项目，改扩建项目必须执行超低排放要求； 3. 除省级以上重大项目外，禁止新建或扩建化工、石化项目；新建或扩建化工、石化、化纤、纺织、木业项目必须达到清洁生产一级标准； 4. 新建或改扩建印染、造纸等高能耗产业项目必须达到清洁生产二级以上标准； 5. 禁止天然林、25°坡以上及水土流失重点预防区和治理区森林采伐； 6. 禁止采伐水源涵养林、水土保持林等防护林； 7. 新建、扩建产业项目大气环境污染物排放减量置换替代比不低于1∶1.5； 8. 制定落后产能退出方案，逐步淘汰水泥、玻璃、钢铁、化学原料药（中间体）行业规下和2020年1月1日后未通过清洁生产审核的规上企业。淘汰不符合《浙江省环境准入指导意见》的染料、化学原料药、热电联产企业

序号	单元	管控要求
28	舟山市区（定海、普陀）（管控子类：十六）	1. 禁止新增入海排污口； 2. 禁止新建向海排放的污水处理厂
29	岱山县（管控子类：十六）	1. 禁止新增入海排污口； 2. 禁止新建向海排放的污水处理厂
30	嵊泗县（管控子类：十六、十八）	1. 禁止新增入海排污口； 2. 禁止新建向海排放的污水处理厂； 3. 除国家级重点项目外,禁止无居民海岛开发建设
31	湖州市区（吴兴、南浔）（管控子类：二、八）	1. 禁止新建或扩建燃煤发电、水泥、玻璃、钢铁、有色金属、印染、基础化学原料、造纸、化学原料药(中间体)及其他含燃煤工艺(煤制品)项目； 2. 禁止新建燃煤热电联产项目,改扩建项目必须执行超低排放要求； 3. 除省级以上重大项目外,禁止新建或扩建化工、石化项目；新建或扩建化工、石化、化纤、纺织、木业项目必须达到清洁生产一级标准； 4. 新建或改扩建印染、造纸等高能耗产业项目必须达到清洁生产二级以上标准； 5. 其他新建、扩建产业项目的单位产品用水量不得高于《浙江省用(取)水定额》中定额下限的 40%； 6. 新建、扩建产业项目大气环境污染物排放减量置换替代比不低于 1：1.5； 7. 制定落后产能退出方案,逐步淘汰水泥、玻璃、钢铁、化学原料药(中间体)行业规下和 2020 年 1 月 1 日后未通过清洁生产审核的规上企业。淘汰现有不符合《浙江省环取水定额》要求的印染、化工、造纸企业,淘汰不符合《浙江省环境准入指导意见》的染料、化学原料药、热电联产企业

序号	单元	管控要求
32	德清县（管控子类：二、八）	1.禁止新建或扩建燃煤发电、水泥、玻璃、钢铁、有色金属、印染、基础化学原料、造纸、化学原料药(中间体)及其他含燃煤工艺(煤制品)项目； 2.禁止新建燃煤热电联产项目，改扩建项目必须执行超低排放要求； 3.除省级以上重大项目外，禁止新建或扩建化工、石化项目；新建或扩建化工、石化、化纤、纺织、木业项目必须达到清洁生产一级标准； 4.新建或改扩建印染、造纸等高能耗产业项目必须达到清洁生产二级以上标准； 5.其他新建、扩建产业项目的单位产品用水量不得高于《浙江省用(取)水定额》中定额下限的40%； 6.新建、扩建产业项目大气环境污染物排放减量置换替代比不低于1∶1.5； 7.制定落后产能退出方案，逐步淘汰水泥、玻璃、钢铁、化学原料药(中间体)行业规下和2020年1月1日后未通过清洁生产审核的规上企业。淘汰现有不符合《浙江省用(取)水定额》要求的印染、化工、造纸企业，淘汰不符合《浙江省环境准入指导意见》的染料、化学原料药、热电联产企业
33	长兴县（管控子类：二、四、八）	1.禁止新建或扩建燃煤发电、水泥、玻璃、钢铁、有色金属、印染、基础化学原料、造纸、化学原料药(中间体)及其他含燃煤工艺(煤制品)项目； 2.禁止新建燃煤热电联产项目，改扩建项目必须执行超低排放要求； 3.除省级以上重大项目外，禁止新建或扩建化工、石化项目；新建或扩建化工、石化、化纤、纺织、木业项目必须达到清洁生产一级标准； 4.新建或改扩建印染、造纸等高能耗产业项目必须达到清洁生产二级以上标准； 5.禁止在产业园区和城市开发边界外新建产业项目； 6.其他新建、扩建产业项目的单位产品用水量不得高于《浙江省用取水定额》中定额下限的40%； 7.新建、扩建产业项目投资强度≥350万元/亩，容积率≥1.2，亩均产值≥500万元/亩； 8.新建、扩建产业项目大气环境污染物排放减量置换替代比不低于1∶1.5； 9.制定落后产能退出方案，淘汰亩均产值低于250万元的企业，并逐步淘汰水泥、玻璃、钢铁、化学原料药(中间体)行业规下和2020年1月1日后未通过清洁生产审核的规上企业。淘汰现有不符合《浙江省用(取)水定额》要求的印染、化工、造纸企业，淘汰不符合《浙江省环境准入指导意见》的染料、化学原料药、热电联产企业

序号	单元	管控要求
34	安吉县（管控子类：二、八）	1.禁止新建或扩建燃煤发电、水泥、玻璃、钢铁、有色金属、印染、基础化学原料、造纸、化学原料药（中间体）及其他含燃煤工艺（煤制品）项目； 2.禁止新建燃煤热电联产项目，改扩建项目必须执行超低排放要求； 3.除省级以上重大项目外，禁止新建或扩建化工、石化项目；新建或扩建化工、石化、化纤、纺织、木业项目必须达到清洁生产一级标准； 4.新建或改扩建印染、造纸等高能耗产业项目必须达到清洁生产二级以上标准； 5.其他新建、扩建产业项目的单位产品用水量不得高于《浙江省用（取）水定额》中定额下限的40%； 6.新建、扩建产业项目大气环境污染物排放减量置换替代比不低于1∶1.5； 7.制定落后产能退出方案，逐步淘汰水泥、玻璃、钢铁、化学原料药（中间体）行业规下和2020年1月1日后未通过清洁生产审核的规上企业。淘汰现有不符合《浙江省用（取）水定额》要求的印染、化工、造纸企业，淘汰不符合《浙江省环境准入指导意见》的染料、化学原料药、热电联产企业

附录六　关于建立资源环境承载能力监测预警长效机制的
　　　　实施意见

关于建立资源环境承载能力监测预警长效机制的实施意见

为贯彻落实中共中央办公厅、国务院办公厅《关于建立资源环境承载能力监测预警长效机制的若干意见》(厅字〔2017〕25 号,以下简称《若干意见》),推动实现资源环境承载能力监测预警规范化、常态化、制度化,引导和约束全省各地严格按照资源环境承载能力谋划经济社会发展,现结合浙江省实际,制定以下实施意见。

一、总体要求

(一)指导思想

以习近平新时代中国特色社会主义思想为指导,全面贯彻党的十九大精神,紧紧围绕"五位一体"总体布局和"四个全面"战略布局,牢固树立和贯彻新发展理念,坚定不移实施主体功能区战略和制度,建立手段完备、数据共享、实时高效、管控有力、多方协同的资源环境承载能力监测预警长效机制,有效规范空间开发秩序,合理控制空间开发强度,为全面优化浙江省国土空间开发保护格局、高标准推进生态文明建设、实现资源环境科学精准管理、打造人与自然和谐共生的美丽浙江奠定坚实基础。

(二)基本原则

——坚持统筹推进、上下联动。全面加强全省资源环境承载能力监测预警设施建设和制度建设,增强监测预警能力。按年度开展全省资源环境承载能力专项评价和综合评价,鼓励市县层面自评估,通过互相校验、纵向会商,确保监测预警的有效性、成因解析的准确性、配套政策的科学性。

——坚持体系共建、信息共享。以预警需求为导向,各有关部门协同建设资源环境承载能力监测网络,逐步完善监测预警的数据支撑体系,建立综合监测预警技术支撑平台,实现评价结论和数据实时共享、动态更新。

——坚持奖惩结合、科学管控。针对不同资源环境超载类型,因地制宜制定差异化、可操作的管控制度,既限制资源环境恶化地区,又激励资源环境改善地区。加强监测预警评价结论与现有规划政策的有效衔接,确保各类开发活动和产业、人口布局与资源环境承载能力相适应。

——坚持政府监管、社会监督。各级政府要对影响地方资源环境承载能力的各类活动加强监管，明确责任主体、建立追责机制。鼓励社会各方积极参与，充分发挥社会监督作用，形成监测预警合力。

（三）主要目标

到 2019 年底前，完成全省资源环境承载能力监测体系布局和建设，建立监测预警数据库和信息技术平台。到 2020 年，全面建立符合浙江省实际的资源环境承载能力动态监测机制、定期评价机制、结论应用机制、协同监督机制、长效管控机制，将各类开发活动限制在资源环境承载能力之内。

二、工作任务

（一）完善资源环境承载能力监测体系

1. 完善陆域资源环境监测体系。在各部门现有监测网络的基础上，统一规划、整合提升，完善土地、水、森林资源和环境的调查、监测体系，加快生态评价指标和各类主体功能区专项评价指标的监测网络建设，实现陆域资源环境承载能力监测网络全覆盖。

2. 加强海域资源环境监测能力建设。补足海洋资源环境监测短板，完善海洋空间、海洋生态环境和渔业资源的调查、监测体系，加快建设海岛资源环境、重点开发用海区、海洋渔业保障区和重要海洋生态功能区监测网络，建立符合海域资源环境承载能力评价要求的监测体系。

3. 建设资源环境承载能力监测预警平台。建设全省共建共享的资源环境承载能力监测预警信息技术平台，健全基于各相关部门单项评价的监测预警子系统，实现智能分析、综合监管、决策支持、动态可视化表达以及政务发布等功能，并根据国家要求和浙江省实际动态调整指标、方法。整合集成各部门资源环境承载能力监测数据，补充完善 2015 年至今监测数据，加强历史性数据规范化处理和实时数据标准化采集，实现资源环境监测数据实时共享和动态更新，实现平台运行和应用的常态化。

（二）建立资源环境承载能力监测预警评价机制

1. 完善资源环境承载能力监测预警评价技术方法。按照国家发展改革委等十三部委印发的《资源环境承载能力监测预警技术方法（试行）》，原则上以县级行政区为单元对陆域土地、水、环境和生态四项基础要素进行基础评价，并根据不同主体功能区，选取有针对性的要素指标分别开展专项评价；对海域组织海洋空间、渔业、生态环境和海岛资源等四项基础要素进行基础评价,并根据不同海洋主体功能区,选取有针对性的要素指标开展专项评价。综合基础和专项评价,集成陆域和海域评价结果,对评价单元划分超载、临界超载、不超载;针对超载类型开展过程评价,根据资源环境损耗加剧与趋缓程度,进一步划分红色、橙色、黄色、蓝色、绿色五个预警等级。在全国统一的技术方法基础上,结合浙江实际,科学设置指标权重和阈值,补充反映浙江资源环境特征的特色指标和特殊方法,确保评价方法的科学性和适用性。

2.开展全省资源环境承载能力定期和实时评价。结合浙江省实际,每年开展全省资源环境承载能力单项评价和综合评价。省发展和改革委员会负责加强评价工作统筹协调,综合集成形成综合评价报告,相关部门负责监测数据提供和本领域评价结论校验,可根据需要开展本领域评价工作。其中,省国土资源厅负责土地资源评价;省水利厅负责水资源评价,省环保厅负责环境评价,省林业局负责生态评价和重点生态功能区评价,省建设厅负责开展城市化地区评价,省农业厅负责农产品主产区评价,省海洋与渔业局负责海域基础评价与专项评价。加大对超载单元相关超载指标的监测(调查)频率,开展实时动态监测和评价,加强部门间数据共享,鼓励市、县开展本地资源环境承载能力研究。省级资源环境承载能力综合评价结论,要与各部门和市、县进行纵向和横向会商、校验,提高监测预警结论的准确性。

3.建立超载成因分析调查机制。存在超载和临界超载问题的县(市、区)要开展超载成因分析,形成自查报告上报省发展和改革委员会。省发展和改革委员会同有关部门,针对红色预警区、超载问题加剧地区、资源环境耗损情况恶化地区开展重点调查,解析主要问题成因。

4.定期发布浙江省资源环境承载能力监测预警报告。根据年度评价和超载成因分析结论,经与相关部门共同协商达成一致、报国家审查衔接后,形成《浙江省资源环境承载能力监测预警年度报告》,评价结论经省政府审定后向各市、县(市、区)政府通报。

(三)完善资源环境承载能力监测预警管控机制

1.按照预警等级制定综合性管控措施。严格落实中办、国办《若干意见》的综合配套措施要求,制定相应实施细则,对红色预警区、绿色无警区及资源环境承载能力预警等级降低或提高的地区,制定实施相应的综合奖惩措施。对超载情况恶化或好转的地区可参照红色预警区或绿色无警区,实施不同程度的奖惩措施。

2.按照专项评价超载等级制定专项管控措施。严格落实中办、国办《若干意见》中关于水资源、土地资源、环境、生态、海域等专项管控措施要求,各部门要制定相应实施细则,对专项评价超载地区、临界超载地区、不超载地区分别实行相应的管控措施。

(四)建立监测预警评价结论统筹应用机制

1.评价结论应用于各级各类规划制定。依据资源环境承载能力监测预警评价结论,科学确定各地经济社会发展总体规划、专项规划和区域规划的目标任务和政策措施,合理调整优化产业规模和布局,将资源环境承载能力评价指标和超载阈值与各级各类规划的目标有效衔接。

2.评价结论应用于国土空间管制。将资源环境承载能力监测预警评价结论,作为各级空间规划编制的重要依据,各市县编制空间规划要先行开展资源环境承载能力评价,科学划定空间格局、设定空间开发目标任务、设计空间管控措施,并注重开发强度管控和用途管控。

3.加强评价结论的综合应用。将资源环境承载能力纳入自然资源及其产品价格形成机制,构建反映市场供求和资源稀缺程度的自然资源及其产品价格决策程序。将资源环境承载能力监测预警评价结论纳入领导干部绩效考核体系,将资源环境承载能力变化状况纳入领导干部自然资源资产离任审计范围。

(五)建立政府和社会协同监督机制

1.建立超载和预警监督提醒机制。根据定期评价结论,以书面通知、约谈和公告等形式对超载地区、临界超载地区进行预警提醒,督促相关地区转变发展方式,降低资源环境压力。

2.建立资源环境超载响应机制。超载地区要根据超载状况和超载成因,因地制宜制定治理规划,制定系统性减缓超载程度的行动方案,限期退出超载,明确资源环境达标任务的时间表和路线图。

3.落实限制性措施监督和追责制度。开展超载地区限制性措施落实情况监督考核和责任追究,对限制性措施落实不力、资源环境持续恶化地区的政府和企业等,建立信用记录,纳入信用信息共享平台,依法依规严格追究,并将监督考核和责任追究结果移交组织人事部门。

4.建立社会协同监督机制。开展资源环境承载能力监测预警评价、超载地区资源环境治理等,要主动接受社会监督,畅通监督举报渠道,鼓励举报资源环境破坏行为。加大宣传教育和科普力度,保障公众知情权、参与权和监督权。

三、保障措施

(一)加强组织领导

建立省主要领导负总责的资源环境承载能力监测预警协调机制,省发展改革委加强对资源环境承载能力监测预警工作的统筹协调,会同有关部门通过试评价工作推进监测体系和监测预警信息平台建设。省委组织部、省财政厅、省审计厅、省物价局等部门按责任分工抓好落实。各市、县(市、区)党委和政府要高度重视,鼓励各地开展本地资源环境承载能力监测预警,形成上下联动、部门协调的承载能力监测预警推进机制,共同研究解决重大问题。

(二)细化配套政策

省级有关部门按照职责分工,制定各单项监测能力建设方案,完善监测站网布设,加强监测数据信息共享。研究出台深化实施本领域专项管控措施的管控细则,同时加强对人口、财税、产业、投资、生态补偿等细化配套政策研究,明确具体措施和责任主体。加快建立绩效评估机制,健全领导追责制度,切实发挥资源环境承载能力监测预警的引导约束作用。

(三)提升保障能力

综合多部门、多学科优势力量,建立各领域专家人才库,定期组织开展技术交流培训和研讨会,提升资源环境承载能力监测预警人才队伍专业化水平。建立资源环境承载能力监测预警经费保障机制,确保监测预警长效机制高效运转、发挥实效。

致　谢

改革开放 40 多年，浙江省成功实现了从资源小省到经济大省的跨越，这一过程，虽然实现了人口和财富的集聚，但也付出了一定的资源环境代价。从 2016 年起，我们对全省资源环境承载能力评价和预警进行研究，历时 3 年，旨在探索浙江省经济增长与资源环境协调发展的路径。今年我们对这项研究又做了一次梳理，计划刊印成辑。回顾本研究的资料收集调研、技术路线确定、具体指标调试等，离不开相关职教部门、课题参与单位领导和专家的支持和帮助，在此表示衷心的谢意。

特别要感谢浙江省发展和改革委员会黄勇副主任和谢晓波副主任及规划处朱磊、史先虎、俞奉庆、姜华、陈啸等历任领导，以及杭州市发展和改革委员会江小军、来群英、石峰、赵军等领导的指导和支持，在此谨向他们致以深深的谢意。本研究曾得到省自然资源厅、省生态环境厅、省建设厅、省水利厅、省农业农村厅、省林业局、省统计局、省海洋局、省测绘局、省地震局、省气象局及下属研究机构的极大支持，在此一并致以诚挚的感谢。

同时还要感谢中科院科技战略咨询研究院樊杰研究员的慷慨释疑，使承载力评价预警的技术路线更加科学，也激励着我们结合浙江实际开展创新探索。感谢中国科学院地理科学与资源研究所徐勇研究员、周侃副研究员，中国科学院生态环境研究中心徐卫华研究员，生态环境部环境规划院蒋洪强研究员的无私帮助，对我们的研究起了关键作用，让我们铭念感恩。

在本书即将刊印之际，衷心感谢浙江省发展研究院为我们提供的平台，我们深感荣幸，希望能不负所望、砥砺前行。

本书编写组
2022 年于杭州

图书在版编目(CIP)数据

区域资源环境承载能力监测预警研究与实践 / 吴红梅主编. —杭州：浙江大学出版社，2022.6

ISBN 978-7-308-22707-0

Ⅰ．①区… Ⅱ．①吴… Ⅲ．①区域资源－环境承载力－预警系统－研究－浙江 Ⅳ．①X321.255

中国版本图书馆 CIP 数据核字(2022)第 098508 号

区域资源环境承载能力监测预警研究与实践

主　编　吴红梅

责任编辑	潘晶晶
责任校对	季　峥
封面设计	周　灵

出版发行　浙江大学出版社

（杭州市天目山路 148 号　邮政编码 310007）

（网址：http://www.zjupress.com）

排　　版	杭州朝曦图文设计有限公司
印　　刷	杭州宏雅印刷有限公司
开　　本	710mm×1000mm　1/16
印　　张	18.25
字　　数	318 千
版 印 次	2022 年 6 月第 1 版　2022 年 6 月第 1 次印刷
书　　号	ISBN 978-7-308-22707-0
定　　价	120.00 元